普通高等教育"十一五"国家级规划教材

配套实验教材

化学工程基础实验

第2版

• 李德华　主　编

• 吴正舜　副主编

化学工业出版社

·北京·

《化学工程基础实验》（第2版）在保持第一版体系结构不变的情况下，为适应相关高校化工原理实验采用多种型制实验装置的需要，对有关化工基础实验与综合实验部分的内容作了全面修订。全书保留了化学工程基础实验的基本知识（实验误差的估算与分析、实验数据处理方法、常用数值计算方法、实验设计方法计算机数据处理软件 Excel 的基本功能和科技绘图、origin 科技绘图与数据分析等），化工基础实验参数测量技术，计算机仿真实验（7个）等内容；修改了化工基础实验（包括8个基础实验和8个综合实验），借以突出工程实验的特点，强调工程观念的培养，注重化工实验的共性问题。实验内容涉及化工单元操作中的流体的流动与输送、传热、吸收、精馏、萃取、干燥、超临界流体萃取，以及有关化学反应工程基本原理中物料粒子在反应器中的停留时间分布的测定（脉冲示踪法、阶跃示踪法）等。

《化学工程基础实验》（第2版）可作为高等院校化学、应用化学、环境工程、生物工程、制药工程以及食品工程等专业学生的化学工程基础实验或化工原理实验课程教材，也可供有关部门的专业技术人员参考使用。

图书在版编目（CIP）数据

化学工程基础实验/李德华主编. —2版. —北京：化学工业出版社，2019.7（2023.2重印）
普通高等教育"十一五"国家级规划教材配套实验教材
ISBN 978-7-122-34120-4

Ⅰ.①化… Ⅱ.①李… Ⅲ.①化学工程-化学实验-高等学校-教材 Ⅳ.①TQ016

中国版本图书馆 CIP 数据核字（2019）第 051115 号

责任编辑：刘俊之　　　　　　　　装帧设计：韩　飞
责任校对：宋　玮

出版发行：化学工业出版社（北京市东城区青年湖南街13号　邮政编码100011）
印　　装：涿州市般润文化传播有限公司
787mm×1092mm　1/16　印张11¾　字数303千字　2023年2月北京第2版第2次印刷

购书咨询：010-64518888　　　　　　售后服务：010-64518899
网　　址：http://www.cip.com.cn
凡购买本书，如有缺损质量问题，本社销售中心负责调换。

定　　价：38.00元

前　言

　　《化学工程基础实验》（第2版）是根据教育部化学类专业教学指导委员会制定的、普通高等学校本科化学和应用化学专业化学工程基础教学的基本要求，并参考全国高校化工原理课程教学指导委员会提出的实验教学基本要求，结合以培养学生在实验研究过程中所必需的能力和素质为目的，以强化创新能力为重点的思想，在保留《化学工程基础实验》第一版中化学工程基础实验的基本知识、化工基础实验参数测量技术以及参考由北京东方仿真软件技术有限公司仿真实验等内容的基础上，结合目前国内相关理工院校较多采用的实验装置，如：天津大学化工学院化工基础实验中心，以及莱帕克（北京）科技有限公司开发的配套化工实验装置，且经过多年、众多教师参与教学探索实践而编写的。

　　编者借《化学工程基础实验》（第2版），使学生在理论学习的基础上，通过化工实验从实践上掌握单元操作的过程与设备原理，进而完成相应设计型和操作型过程与设备计算，以提高学生分析问题和解决实际问题的能力。

　　《化学工程基础实验》（第2版）从仿真实验、常规验证性实验（基础实验）、综合实验三个方面筛选化工原理实验，包括：流体的流动与输送、传热、吸收、精馏、萃取、固体流态化、干燥、超临界流体萃取，以及化学反应过程——化学反应器基本原理中的脉冲示踪法和阶跃示踪法测定基本反应器中物料粒子的停留时间分布等。内容实用，可操作性强。

　　《化学工程基础实验》（第2版）既可以和李德华编著、化学工业出版社出版的普通高等教育"十一五"国家级规划教材《化学工程基础》（第三版）配套使用，又可以供单独设置化学工程基础实验或化工原理实验课程之用。

　　本书由吴正舜编写第4章化学工程实验中的综合实验部分，李德华编写全书其余部分，并负责修订、统稿。

　　化工实验装置是学生进行化工实验的物质基础，同时，也可以体现一个实验室的综合水平。实验指导教师对实验装置性能、实验操作技能，及其与理论知识的融会贯通与传授，使学生在实验过程中愉悦地掌握所学知识，并获得一定的成就感，这些都离不开教师们的辛勤探索和付出。

　　近年来，参与修订本书承担所涉及相关化学工程实验、实训的指导教师有：华中师范大学化学学院艾智慧、朱先军、陈义锋、伍强贤、曹郁、邓红涛、肖旺、吴正舜、李德华等；武汉工商学院环境与生物工程学院柯斌清、周锦兰、廖庆玲、刘勇、刘瑶等。对他们为本书编写修订工作的支持和提出的宝贵建议，谨表诚挚谢意。对书中所引用文献资料的作者和单位，表示衷心感谢。

　　书中不妥之处，敬请批评指正。

李德华

2019 年 2 月

第一版前言

在理科化学和应用化学专业的工程技术教育中，化学工程基础实验作为化学化工类创新人才培养过程中重要的实践环节，起着十分重要的作用。化学工程基础实验与化学工程基础课堂教学、化学工业实习等教学环节相互衔接、彼此照应，构成了一个有机整体。隶属工程实验范畴的化学工程基础实验因其具有较强的直观性、实践性、综合性和创新性，因此，既可用来验证各化工单元的操作过程的机理、规律，帮助学生巩固和强化在化学工程基础课程中所学基本理论，又可用以培养学生一丝不苟、严谨的工作作风和实事求是的工作态度。

本书根据教育部所属化学类专业教学指导委员会制定的普通高等学校本科化学和应用化学专业化学工程基础教学的基本要求编写，以培养学生在实验研究过程中所必需的能力和素质为目的，以强化创新能力为重点，在我校自编并经多年实践的《化学工程基础实验》讲义的基础上，对其中的实验进行了相应的组合与改革，充实了部分实验内容，并将化学工程基础实验与计算机仿真、模拟及处理结合起来，突出"三传一反"中的最基本的单元操作实验，如：流体的流动与输送、传热、吸收、精馏、干燥、固体流态化、超临界流体萃取，以及化学反应器基本原理中的脉冲示踪法和阶跃示踪法、测定基本反应器的停留时间分布等。特别是基本反应器停留时间分布测定的实验内容，包括实验装置的设计、制作等，是我校从20世纪80年代初开始，经过多年的探索和研究完成的。因其结构简单、组装方便、价格低廉、实验直观，深受兄弟院校好评。此外，其他实验采用了不同厂家生产的实验设备，特别是有些装置由计算机联机控制，方便学生能够在遵循相同的实验原理的基础上，明了实验装置的设计理念，开拓思路，同时，也可以比较好地解决实验教材的通用性。

本书既可以和李德华编著、化学工业出版社出版的普通高等教育"十一五"国家级规划教材《化学工程基础》（第二版）以及其他版本的《化学工程基础》教材配套使用，又可以供单独设置化学工程基础实验课程之用。

参加本书编写的有李德华（第1章，第2章，第3章，第4章基础实验部分、综合实验部分的实验四和实验六以及附录等），吴正舜（第4章综合实验部分的实验二、实验三和实验五），陈义锋（第4章综合实验部分的实验一）。全书由李德华负责统稿、修订。

本书得到了华中师范大学教务处和化学学院领导的支持，在此表示诚挚的谢意。对书中所引用文献资料的作者和单位，谨表衷心感谢。

由于时间仓促，书中不妥之处在所难免，恳请广大读者批评指正。

李德华
2008 年 4 月

目　录

绪 论

《化学工程基础》是紧密联系化工生产实际、实践性很强的一门工程技术基础课程。《化学工程基础实验》则是学习、掌握和运用这门课程必不可少的重要环节，它与理论教学、课程设计等教学环节构成了一个有机整体。通过实验，可以增加学生的感性知识；掌握一些常用物理量的测定方法；深化理论知识，使理论与实际结合起来；培养学生具有一定的设计试验方案的能力，对实验采集的原始数据进行分析与处理，从而得到实验结果，并运用文字表达完成技术报告的能力等，为学生今后从事科学研究与开发工作打下良好的基础。

化学工程基础实验与一般化学实验不同之处在于其具有明显的工程特点，有些实验具有工程或中间实验的规模，所得结论对于化工单元操作设备的设计具有重要的指导意义。

0.1 化学工程基础实验课的教学目的

化工基础实验是化学工程基础课程的重要组成部分，是理论联系实际的重要环节。其教学目的主要如下。

① 巩固并验证学生所学的有关单元操作和反应工程的基本理论，培养学生从事应用和开发研究的能力，即：对实验现象的敏锐观察能力；运用各种实验手段正确采集、科学分析和归纳实验数据并实事求是地得出合理结论的能力；对所研究的问题具有旺盛的探索精神和创造能力。

② 通过化工基础实验的基本技能训练，使学生熟悉典型化工单元操作工艺流程和设备，以及化工常用仪器、仪表的使用方法和测控技术（包括操作变量 T、p、q_V 等，设备特性参数包括阻力系数、传热系数、传质系数、研究特性曲线的测试等），以提高学生从事实验研究的能力。

③ 培养学生运用所学的基础理论知识分析和解决有关化工实际问题的能力，并完整地撰写实验报告。

0.2 化学工程基础实验课的教学要求

由于化学工程基础实验设备较大，又涉及流体的流动与输送、传热与传质等，实验装置的控制点（如 T、p、q_V 等）较多，操作比较复杂。因此，为了使每个实验都能达到预期的教学目的，使实验数据处理结果能够揭示过程的基本规律，要求学生必须以严谨的科学态度和实事求是的学风、独立钻研与分工协作相结合的精神进行实验。具体要求如下。

① 根据实验安排，认真阅读实验教材和化工基础的相关内容，弄清实验的目的、原理和要求，写出实验的预习报告。实验预习报告须经指导教师检查认可后，学生才能进行实验。

② 对照实验装置和流程，熟悉实验操作步骤、设备构造、仪表使用方法和实验中有关注意事项。

③ 根据实验操作条件，进一步确定待测参数的实验点数目及其间距大小，做到严格准确。

④ 做好实验的组织工作，使之既有分工又有协作，既能保证实验质量，又能使每个学生得到全面训练；小组共同完成的实验，注重培养团队协作精神。

⑤ 在实验过程中，应保持设备的正常启动和运转。实验数据尽可能在条件正常、过程稳定时读取，不仅要记录数值，而且还须注明其单位，保证实验数据的正确和可靠。若发现不正常情况，应立即报告指导教师。

⑥ 实验数据采集完毕，应交指导教师检查记录结果，经教师同意后方可停止实验。

⑦ 实验结束后，应检查水、电、气，将设备恢复原状，清理现场，并征得指导教师同意后才能离开实验室。

⑧ 认真计算和处理实验数据。

⑨ 实验报告是学生完成实验的最终书面总结，实验报告的格式和基本内容与科研论文要求基本相同。因此，实验报告既是对实验工作本身以及实验对象进行评价的主要依据，又是对学生撰写毕业论文、毕业设计和科研论文的一个基本训练，因此，学生必须根据小组分工情况，列出各自的实验点数据处理计算示例，独立完成实验报告。

0.3 化学工程基础实验预习报告和实验报告的基本内容

无论是实验预习报告还是实验报告，都应当做到层次分明、观点正确、文理通顺、字迹清晰、图表规范、内容充实可靠。

实验预习报告的内容包括：①实验名称；②实验目的；③实验原理；④实验装置及流程；⑤实验操作要点，实验数据布点、数目及间隔；⑥设计原始数据记录表格。

实验报告：实验报告是实验工作顺利结束之后，以实验数据的准确性和可靠性为基础，将实验结果整理成一份书面形式的材料。其部分内容与预习报告的①~④项要求相同。值得注意的是，实验报告首页应将同组人员的姓名列出。除了前四项之外，其它内容还有：⑤实验方法和操作步骤。⑥实验数据。实验数据又包括：a. 实验数据记录（标明温度、大气压等实验条件）；b. 实验数据整理。整理时可以选取某一组实验数据为例，列出其详细计算过程。同组人员应分别取不同的数据进行计算，以便于对整组实验数据进行分析。⑦实验结果分析与讨论。根据实验规定的任务，明确书写本次实验的结论。至于是采用图示法还是列表法，可按实际情况而定。对于实验结果，可做出相应的评价，分析误差大小以及引起误差的原因等，对实验中存在的问题做出必要的讨论和建议。

0.4 化学工程基础实验室的安全防护知识

实验室的安全防护是关系培养参与实验的学生的良好实验素质，保证实验得以顺利进行以及学生和国家财产安全的大事。现在，化学工程基础实验室经常会遇到高温、低温、高气压（各种高压储气钢瓶）、低气压（各种真空系统）、高电压、高频、高位水槽、带有辐射线的实验装置以及电器设备，还会使用到易燃、有毒和腐蚀性的试剂等，因此，参与实验的人员应当具备一定的安全防护知识，以及一旦发生事故后所应采取的应急措施。

(1) 实验室一般急救规则

① 烧伤急救

a. 对于普通的轻度烧伤，可涂抹清洁的凡士林软膏于患处，并包扎好；略重的烧伤可视烧伤情况立即送医院处理；遇有休克的伤员应立即通知医院前来抢救、处理。

b. 化学烧伤时，应首先清除残存在皮肤上的化学药品，用清水多次冲洗，同时视烧伤情况立即送医院救治或通知医院前来救治。

c. 眼睛受到任何伤害时，应立即请眼科医生诊断。遇到化学灼伤时，应立即用蒸馏水冲洗眼睛，冲洗时须用细水流，切不能直射眼球，然后送医院救治。

② 创伤的急救

a. 较小的创伤，可用消毒纱布把伤口清洗干净，并用3.5%的碘酒涂在伤口周围，包扎起来。若出血较多时，可用压迫法止血，同时处理好伤口，敷上止血消炎粉，然后予以包扎。

b. 较大的创伤或动、静脉出血，甚至骨折时，应立即用急救绷带在伤口出血部位的上方扎紧止血，用消毒纱布盖住伤口，立即送医院救治。注意，止血时间较长时，应每隔1~2h适当放松一下，以免肢体缺血而坏死。

③ 中毒的急救　对中毒者的急救，主要在于把患者送往医院或医生到达之前，尽快将患者从有毒物质区域中移出，并尽量弄清致毒物质的性质，以便协助医生排除中毒者体内毒物。如遇中毒者呼吸停止、心脏停搏时，应立即施行人工呼吸、心脏按压，直至医生到达或送到医院为止。

④ 触电的急救　当有人触电时，应立即切断电源或设法使触电人脱离电源。患者呼吸停止或心脏停搏时，应立即施行人工呼吸或心脏按压，竭尽全力抢救，尽快送医院救治。

(2) 高压钢瓶的安全防护　高压钢瓶是一种贮存各种压缩气体或液化气体的高压容器。钢瓶容积一般为40~60L，工作压力多在15MPa，瓶内压力很高，加之贮存的某些气体又是有毒或易燃、易爆的，故使用高压钢瓶一定要掌握其构造特点和安全知识，以确保安全。

我国曾颁布了气瓶颜色标志（GB 7144—2016），规定了各类气瓶的颜色及其色标，表0-1所列为实验室常用的各类气瓶的颜色及其标识。

表0-1　常用的各类气瓶的颜色及其标识

充装气体	化学式（或符号）	体色	字样	字色	色环
空气	Air	黑	空气	白	$P=20$，白色单环
氦	He	银灰	氦	深绿	$P \geqslant 30$，白色双环
一氧化氮	NO	白	一氧化氮	黑	
氮	N_2	黑	氮	白	$P=20$，白色单环
氧	O_2	浅（酞）蓝	氧	黑	$P \geqslant 30$，白色双环
氢	H_2	浅绿	氢	大红	$P=20$，大红单环 $P \geqslant 30$，大红双环
二氧化碳	CO_2	铝白	液化二氧化碳	黑	$P=20$，黑色单环
一氧化氮	NO_2	白	液化二氧化碳	黑	
氨	NH_3	浅黄	液氨	黑	

注：色环栏内的P是气瓶的公称工作压力，单位为兆帕（MPa）。

为了确保安全，在使用钢瓶时，一定要注意以下几点。

① 储气钢瓶在运输、保存和使用时，应远离热源（明火、暖气、炉子等），并应使钢瓶免遭日光暴晒，尤其在夏天更应注意，以避免气体因受热膨胀，使瓶内压力大于工作压力，导致爆炸。

② 钢瓶即使在温度不高的情况下受到猛烈撞击或不小心将其碰倒跌落，都有可能引起爆炸，因此，运输过程中，要轻搬轻放，避免跌落撞击，使用时要固定牢靠，防止碰倒，更不允许用金属器具敲打钢瓶。

③ 使用钢瓶时，必须采用专用的减压阀和压力表，特别要防止氢和氧两类气体的减压

阀混用而造成事故。

④ 瓶阀是钢瓶的关键部件，必须保护好。开关瓶阀时一定要按规定方向缓慢转动。旋转方向错误或用力过猛会使螺纹受损，导致瓶阀冲脱而出，引起事故。关闭瓶阀时，不漏气即可，不要关得过紧。使用完毕或搬运钢瓶时，关闭瓶阀，并装上保护瓶阀的安全帽。

⑤ 每次使用钢瓶之前都要在瓶阀附近做漏气检查。对于储有易燃、易爆或有毒气体的钢瓶，除了保证严密不漏气外，最好单独放置在远离实验室的隔离间内。例如氢气瓶可采用紫铜管连接后，再引入实验室内，并安装防止回火的装置。

⑥ 一般钢瓶使用到压力为 0.5MPa 时，应停止使用，因为压力过低时，一方面会给充气带来不安全因素，另一方面容易造成空气倒灌。

(3) 实验室用电安全 化工基础实验室中的电器设备较多，而且某些设备的电负荷也较大，因此，在接通电源之前，必须认真检查电器设备和电路是否符合规定要求，必须清楚整套实验装置的启动和停车操作顺序以及紧急停车的方法。实验室应安装空气开关，其作用是当通过开关的电流超过一定值时，其自身会发热（利用双金属片受热弯曲的原理）导致开关里面的脱扣装置脱扣，从而切断电源，保护电路不因过大的电流而烧毁。实验室安全用电非常重要，对电器设备必须采取安全措施，同时，参与实验的操作人员也应当严格遵守以下有关操作规定。

① 进行实验之前必须了解室内总电闸与分电闸的位置，以便出现用电事故时能及时切断电源。

② 在对电器设备进行检查和维修时，必须切断电源方可作业。

③ 带金属外壳的电器设备必须接地，并定期检查接点是否良好。

④ 电器设备导线的接头应连接牢固，降低接触电阻。裸露的接头部分必须用绝缘胶布包好，或者套上绝缘套管。

⑤ 所有电器设备应当保持干燥清洁。在其运行时不能用湿布擦拭，更不能有水落于其上。

⑥ 电源或电器设备上的保护熔断丝或保险管，都应按规定电流标准使用，严禁私自加粗保险丝或采用铜或铝丝代替。当保险丝被熔断后，一定要查找原因，消除隐患，然后再换上新的保险丝。

⑦ 电热设备不能直接放在木制实验台上使用，必须采用隔热材料垫架，以免引起火灾。

⑧ 外接电源因故停电时，必须关闭实验使用的所有电闸，并将电压表、电流调节器等调至"零位状态"，以防止因突然供电，电器设备在较大功率下运行，造成电器设备损坏。

⑨ 合电闸时动作要快，要合得牢。若合闸后发现有异常声音或气味，应立即拉闸，进行检查。如发现设备上的保险丝或保险管损坏，应立刻检查带电设备上是否有问题，切忌不经检查便在换上保险丝或保险管后就合闸，从而可能导致设备损坏。

⑩ 离开实验室前，必须把本实验室的总电闸拉下。

(4) 汞的安全使用 化学工程基础实验中，压差计中的汞往往是被人们所忽视的毒物。实验中如果操作不慎，压差计中的汞可能被冲洒出来。汞蒸气的最大安全浓度为0.1mg/m³，而20℃时汞的饱和蒸气压为 0.0012mmHg，超过安全浓度 100 倍。所以，使用汞时必须严格遵守安全用汞操作规定。

汞是一种累计性的毒物，一旦进入人体很难被排除，累计多了就会中毒，因此，一方面实验装置中尽量避免采用汞；另一方面操作必须谨慎，开关阀门要缓慢，防止汞从压差计中冲走。此外，实验操作前应检查压差计和仪器连接处是否牢固，及时更换已老化的橡皮管或塑料管。橡皮管或塑料管的连接处一律用金属丝结扎牢，以免在实验时脱落使汞流出。操作时要小心，不要碰破压差计。一旦汞从压差计中冲洒出来，应尽可能地用吸管将汞珠收集起来，再用金属 Zn 片在汞溅落处多次刮扫，最后用硫黄粉覆盖在有汞溅落的地方，并摩擦之，使汞变为 HgS，也可用 KMnO$_4$ 溶液使汞氧化。擦过汞的滤纸或布块必须放在有水的陶瓷缸内，统一处理。

(5) 实验室用水安全 化学工程基础实验中，使用循环水系统的场合较多。为了维护大型实验装置的水循环系统的正常运行，应保证循环水箱、循环水泵或高位水槽的严密、完好、畅通。如果发生跑、冒、滴、漏等故障，应及时进行维修。切忌将水渗漏或冲进电器设备。实验室中任何个人不得擅自拆卸、改装供水管道或安装取水龙头。实验完毕，必须及时关好水闸、水龙头和电闸。

(6) 防止火灾发生 实验室使用的许多药品和试剂是易燃的，着火是实验室最易发生的事故之一。一旦起火，应保持沉着镇静。为防止火势蔓延，应立即熄灭所有火源，关闭实验室内的总电源，尽快搬走易燃物品。同时，立即着手灭火。无论使用那种灭火器材，都应当从火焰的四周向中心扑灭，保持 3m 距离，将灭火器的喷出物对准火焰的根部。表 0-2 列出了常用灭火器的种类及其适用范围。

表 0-2 常用灭火器种类及其适用范围

名　称	药液成分	适用范围
泡沫灭火器	Al$_2$(SO$_4$)$_3$ 和 NaHCO$_3$	用于一般失火及油类着火。因为泡沫能导电，所以不能用于扑灭电器设备着火。火后现场清理较麻烦
四氯化碳灭火器	液态 CCl$_4$	用于电器设备及汽油、丙酮等着火。四氯化碳在高温下生成剧毒的光气，不能在狭小和通风不良实验室使用。注意四氯化碳与金属钠接触将发生爆炸
1211 灭火器	CF$_2$ClBr 液化气体	用于油类、有机溶剂、精密仪器、高压电气设备
二氧化碳灭火器	液态 CO$_2$	用于电器设备失火及忌水的物质或有机物着火。注意喷出的二氧化碳使温度骤降，手若握在喇叭筒上易被冻伤
干粉灭火器	NaHCO$_3$ 等盐类与适宜的润滑剂和防潮剂	用于油类、电器设备、可燃气体及遇水燃烧等物质着火

① 如果小器皿内着火（如烧杯或烧瓶）可盖上石棉板或瓷片等，使之隔绝空气而灭火，绝不能用嘴吹。

② 当可燃液体燃着时，应立即拿开着火区域内的一切可燃物质，关闭通风器，防止扩大燃烧。若着火面积较小，可用湿抹布、铁片或砂土覆盖，隔绝空气使之熄灭。覆盖时动作要轻，避免碰翻或打破盛有易燃溶剂的玻璃器皿，导致更多的溶剂流出而助长火势。

③ 如果衣服着火，切勿奔跑而应立即在地上打滚，或迅速将着火的衣服脱下浸入水中，或用其他湿物件包住起火部位，使之隔绝空气而灭火。

④ 如果油类着火，要用沙或灭火器灭火，也可以撒上干燥的固体碳酸氢钠粉末扑灭。

⑤ 使用易燃有机溶剂（如乙醚、丙酮、乙醇、苯、甲苯等）时，应特别小心。不要将它们大量放在实验台上，更不要放在靠近火焰处。低沸点的有机溶剂不准在火上直接加热，只能使用水浴，利用回流冷凝管加热或蒸馏。有机溶剂着火时，应用砂土扑灭，绝对不能用水，否则会扩大燃烧面积。

⑥ 如果电器着火，应切断电源，然后再用二氧化碳灭火器或四氯化碳灭火器灭火。四氯化碳的导电性很差，可以用来扑救电器设备着火，亦可用于扑救少量可燃液体着火，使用

时要站在上风。但是，四氯化碳在高温时会生成剧毒光气，不能在狭小和通风不良的实验室里使用。为保护自然环境和人身安全，目前，我国已禁止生产和使用四氯化碳灭火器。

　　高等学校应该成为全社会环境保护的典范。目前，实验室的环保就是对化学反应后产生的废液、废气和废渣的正确回收和处理。当然，从环境与可持续发展的要求出发，教师的首要任务就是在实验内容的设计过程中遵照原子经济性的规律，尽量选择无公害、无毒或低毒的化学药品做实验。探索提高反应效率的方法和设计可替代、更环保的反应和流程，最终最小化或消除有害物质的形成，保护生态环境。

第1章　化学工程实验基础知识

1.1　实验误差和有效数字

1.1.1　误差的基本概念

化学工程基础实验和其他化学课程的实验一样，是通过仪器、仪表对所研究的对象进行直接的或间接的观察、测量，将所得的原始数据经过加工处理，寻找有关变量之间规律的过程。然而，实验中由于仪器、仪表、测量方法、实验人员的观察态度和方法等原因，使得实验观测值和真值之间总是存在一定的差异——误差。

1.1.1.1　真值与平均值

某物理量客观存在的确定值称为真值。当测量次数无限多时，若正、负误差出现的概率相同，那么，测量结果的平均值，可以无限趋近于真值。一次实验中的测量次数总是有限的，对于有限的测量次数，其测量值的平均值只能近似地接近于真值。

化工基础实验中常用的平均值有以下几种。

(1) 算术平均值　设 x_1，x_2，x_3，$\cdots$，x_i，$\cdots$，x_n 代表各次测量值，n 代表测量次数；x_i 代表第 i 次的测量值，则算术平均值为：

$$\bar{x} = \frac{x_1 + x_2 + x_3 + \cdots + x_n}{n} = \frac{\sum\limits_{i=1}^{n} x_i}{n} \tag{1-1}$$

(2) 几何平均值　几何平均值是将 n 个测量值连乘，再开 n 次方求得，即

$$\bar{x} = \sqrt[n]{x_1 \cdot x_2 \cdot x_3 \cdot \cdots \cdot x_n} \tag{1-2}$$

例如，在精馏操作实验中相对挥发度 α 的求取，一般可采用塔顶和塔底相对挥发度 α_t、α_b 的几何平均值。

$$\alpha = \sqrt{\alpha_t \alpha_b}$$

(3) 对数平均值　当物理量的分布曲线具有对数特性时，一般采用对数平均值表示量的平均值，其表达式为：

$$\bar{x} = \frac{x_1 - x_2}{\ln \dfrac{x_1}{x_2}} \tag{1-3}$$

对于不同的过程，式中 x_1、x_2 有不同的物理意义。如求圆筒壁的对数平均半径时，x_1、x_2 分别表示圆筒壁半径 r_1、r_2，则 $\bar{x}$ 表示为 r_m；在表示对数平均温差时，x_1、x_2 分别表示 ΔT_1 和 ΔT_2，而 $\bar{x}$ 则表示 ΔT_m。

平均值计算方法的选择，取决于一组观测值的分布类型。一般情况下，观测值多属正态分布，故通常采用算术平均值。

1.1.1.2　误差的分类及表示方法

误差是指实验测量值与真值之差。实验中的误差，按照其产生的原因和性质，可以分为

三类，即系统误差、随机误差和过失误差。

系统误差是由某些固定不变的因素引起的。例如，在同一条件下进行多次测量时，其误差的大小和正负均保持恒定不变，或随测量条件的变化而有一定规律的变化等。引起系统误差的原因有环境因素、测量仪器的因素、测量方法和测量人员习惯等。随机误差是由某些难以控制的因素造成的，例如，进行多次测量时，误差时大时小，符号时正时负等。减小随机误差的方法是增加测量次数。过失误差主要是由于实验人员的粗心大意，如记录错误、操作失误等引起，这种误差与实际结果明显不符，相差较大，应该在整理实验数据时剔除。

误差有多种表示方法，化工实验中常用的误差有绝对误差、相对误差、算术平均误差和标准误差等。

(1) 绝对误差 在测量集合中某次观测值 x_i 与其真值之差的绝对值称为绝对误差。实际测量中以最佳值——平均值 $\bar{x}$ 代替真值，则绝对误差 d_i 可表示为：

$$d_i = |x_i - \bar{x}| \tag{1-4}$$

(2) 相对误差 绝对误差 d_i 与真值（或最佳值 $\bar{x}$）之比称为相对误差 d_{ri}，常以百分数（％）来表示，即

$$d_{ri} = \frac{d_i}{\bar{x}} \times 100\% \tag{1-5}$$

(3) 算术平均误差 通常将各项测量的误差的平均值定义为算术平均误差，即

$$\delta = \frac{\sum\limits_{i=1}^{n} |x_i - \bar{x}|}{n} = \frac{\sum\limits_{i=1}^{n} |d_i|}{n} \tag{1-6}$$

(4) 标准误差 σ 为了衡量观测数据的精密度，一般采用标准误差（简称标准差）表示各项测值 x_i 对最佳值 $\bar{x}$ 的偏离程度，其表达式为：

$$\sigma = \sqrt{\frac{\sum\limits_{i=1}^{n} (x_i - \bar{x})^2}{n}} = \sqrt{\frac{\sum\limits_{i=1}^{n} d_i^2}{n}} \quad (n > 30) \tag{1-7}$$

化工实验中，由于只做有限次的测定（$n < 30$），故标准误差 S 可用下式计算：

$$S = \sqrt{\frac{\sum\limits_{i=1}^{n} d_i^2}{n-1}} \tag{1-8}$$

标准误差是用以说明在一定条件下，等精度测量集合所属的每一个观测值对其算术平均值的离散程度。如果标准误差值小，则该集合中误差较小的观测值就占优势，各次观测值对其算术平均值的分散度就小，测量的可靠性就大，即测量的精度高，反之精度就低。

1.1.1.3 精确度与准确度

有了误差的概念以后，可以简要地说明精确度和准确度的问题。

精确度用以表示测量中观测值重现性的程度。精确度的高低取决于随机误差的大小。如果观测值彼此接近，则测定的精确度高；相反，若数据分散，则精确度就低，说明随机误差的影响较大。由于平均值反映了观测值的集中趋势，因此，各观测值与平均值（最佳值）之差，即绝对误差 d_i 的大小也就体现了精确度的高低。

准确度表示观测值与真值相接近的程度，即测量的正确性或可靠性。其高低反映了系统误差和随机误差对观测值综合影响的大小，误差越小，准确度越高。

在实验过程中，精确度高的实验观测值，其准确度不一定就高，同样，准确度高的观测值其精确度也不一定高。为说明二者的区别，特以靶子的中弹情况予以说明，如图1-1所示。

科学实验研究中，考察一个实验方法的好坏，首先应着重考察实验数据的准确度，其次考虑实验数据的精确度。

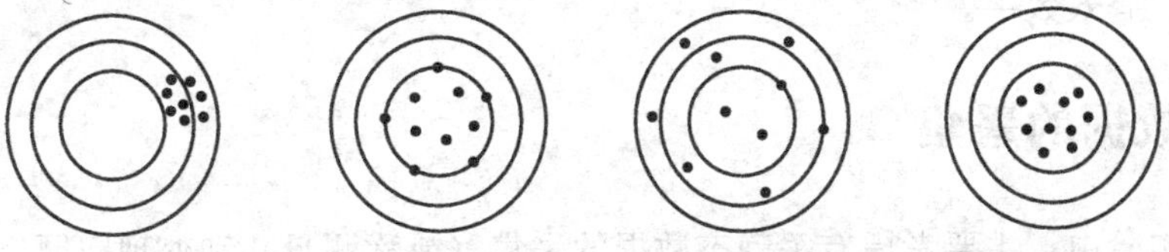

(a) 精确度高而准确度低，说明系统误差大而随机误差小　(b) 精确度低而准确度高，说明系统误差小而随机误差大　(c) 精确度和准确度都不好，说明系统误差和随机误差都较大　(d) 精确度和准确度都很好，说明系统误差和随机误差都较小

图 1-1　精确度与准确度的关系示意图

1.1.2　有效数字

正确地确定实验数据的有效位数，是研究数据误差的内容之一，因为在数据处理时要求数据的有效数字和误差相匹配。有效数字的位数的多少，是和仪器、仪表、测量以及计算的精度有关的。例如，某 U 形管压差计的标尺的最小刻度是以 mm 为单位，其读数可以读到 0.1mm（估计值）。当测试系统压强时，其读数为 45.6mm（水银计压差示数），则最后的一位数字 6 即为估计值。如果将之读成 45.64mm，则易使人误解此数据精度较高，而实际上这最后一位数字 4 是没有价值的，因此，数据的读取、记录均不应超越仪器仪表所允许的精度范围。有效数字的读取原则是，仪器、仪表上刻度确定的基准单位以上的位数均为直读可靠数字，两刻度之间的一位估计值，也可视为有效数字，如上述数字 45.6 表示三位有效数字。

不同位数的有效数字在运算时，其结果值究竟应取多少位？一般可按下述规则取舍。

（1）加减法。此时运算结果的有效数位，应以参加运算的数据中小数位数最少的为基准。运算过程中，其余数据经过适当的舍入处理，使之成为比该基准数据多保留一位小数（这多取的一位数字为安全数字）的数据，加减之后的结果值保留的小数位数则应和选取的基准数相同。例如：$1.23+0.0456+12.345$ 可将之化为 $1.23+0.046+12.345=13.621$，结果取 13.62。

（2）乘除法。在运算过程中，以有效数位最少者为基准，其余数据经适当舍入处理成比该数多保留一位有效数字，所得的积或商的有效数位应与基准数据的相同。例如：$1.2\times0.0345\times56.789$ 可化成 $1.2\times0.0345\times56.8=2.35152$，结果应取 2.4。

上述所讲适当舍入处理，是指当有效数字位数确定之后，其数字应按照"四舍六入五单双"的数字修约规则进行，即"四舍六入五考虑，五后非零必进一；五后皆零视奇偶；五前为奇应进一，五前为偶则舍去"。

例如：将下列数字修约为四位有效数字：45.0342→45.03，此时，欲进位的数字≤4 时舍去；45.0578→45.06，即欲进位的数字≥6 时则进位。而当遇着 5 时，则考虑如下：有效数字后面第一位数字是 5，而 5 之后的数不全为 0，则在 5 的前一位数字上加 1（进位），如 45.0458→45.05；若 5 之后的数字全为 0，而 5 的前一位又是奇数，则在 5 的前一位数字上加 1。如 45.0150→45.02；若 5 之后全为 0，而 5 的前一位是偶数，则把 5 舍去不计，如 45.0450→45.04。

（3）在所有计算式中，常数（如 π，e 等）的有效数字的位数，可以认为是没有限制的，在计算中需要几位就取几位。

（4）在对数计算中，所取对数位数应和真数有效数字位数相同。

（5）乘方、平方运算时，其结果值的有效数字位数应和其底数相同。

（6）当表示测量精度时，标准差一般只取两位有效数字，但若测量次数 $n>50$ 时，则可以再多取一位有效数字。

1.2 实验数据的采集

化工基础实验中，主要考虑有关静态数据的采集（或称测量）和处理问题。数据采集方法通常可分为直接和间接两种。直接从仪器、仪表上读得数据的方法称为直接法。如用温度计测量系统或介质的温度，用压力计测量系统的压强等。若由直接法采集的数据，需要再按一定的函数关系，通过计算才能确定结果的方法，称为间接法。如用压差计测出孔板前后的压力差（p_1-p_2）后，再经孔板流量计算式

$$q_V=C_0A_0\sqrt{\frac{2gR(\rho_i-\rho)}{\rho}}$$

计算出流体的体积流量，此时 q_V 即为间接采集的物理量。

1.2.1 测量仪器的主要性能指标

（1）量程 指某一仪器或仪表所能测量或显示的最小值和最大值之间的范围。例如，DDS-ⅡA 型电导率仪的测量范围在 $0\sim10^5\mu S\cdot cm^{-1}$（即 $0\sim100mS\cdot cm^{-1}$），其相当的电阻率范围为 $\infty\sim10\Omega\cdot cm$，此范围为 12 个量程。选用仪表量程时，应使测量值尽可能处在满量程的 $1/2\sim3/4$ 范围内，以减少测量误差。

（2）灵敏度 一般用仪器能检测出的最小变化量（最小感量）表示仪器的灵敏程度。如72 型分光光度计的光电检测系统中用以显示光电流强弱的微电计，其灵敏度为 $10^{-9}A$/格。

（3）稳定性 指仪器在使用时对周围环境的温度、大气压以及湿度等条件变化的反应。仪器稳定性好，则外界条件变化对仪器读数的影响就小。

（4）重复性 某一仪器对同一物理量测量的每一次读数和反复多次测量值的算术平均值之差，称为重复性误差，它代表了该仪器重复性的好坏。

（5）零点漂移 在仪器使用过程中，或隔段时间再次使用时，初始读数的变化称为零点漂移。零点漂移和稳定性都将影响仪器的重复性。

（6）精度等级 仪器的精度是用仪器的基本误差表示的。基本误差可按下式定义：

$$\delta=\frac{A-A_0}{A_{max}-A_{min}}\times100\%\qquad(1-9)$$

式中　　A——仪表的指示值；

A_0——被测量的真值，常用标准仪表的读数代替；

$A_{max}-A_{min}$——仪表的量程。

基本误差是在规定条件（20℃，101.325kPa，相对湿度80%，保证一定的供电电压和频率）下与标准仪表相比较而确定的。表示精度的方法是把基本误差值的百分数去掉，剩下的数即为仪表的精度等级。例如某仪器的基本误差为 1%，则其精度等级为 1 级。提高测量仪器的精度，可以减少测量误差，但仪器的价格随之增高。

1.2.2 实验数据的人工采集

① 先拟好实验记录表格，做到条理清楚，以保证数据完整无误。

②根据实验要求合理地选择测量仪器的精密等级。

③为减少"零点漂移"的影响，测试之前和测试过程中应经常调整零读数。

④当实验数据有波动或仪器重复性较差时，应将同一条件下的同一物理量至少测取三次，然后取平均值作为该物理量的测量值。

⑤实验过程中要仔细操作仪器，以减少过失；读数应当认真、规范。

1.2.3　实验数据的计算机自动采集与控制

(1) 实验数据的计算机自动采集　所谓计算机数据自动采集，是指将过程中某些物理参量（如温度、压力、流量、液位以及成分等）通过传感器转化为直流电信号，并将其通过放大器放大，转化为 $0\sim5V$ 的直流电信号，再通过 A/D 转换器转化为数字量，经过 I/O 接口送到计算机中存储起来。计算机数据自动采集系统如图 1-2 所示。根据以上叙述可知，它由计算机、输入/输出（I/O）接口、模拟/数字（A/D）转换器、多路开关、采样/保持器（S/H）、放大器、测量仪器以及被测对象构成。

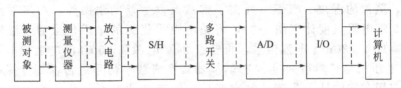

图 1-2　计算机数据采集系统示意图

由于化工实验过程比较复杂，往往需要把实验过程中的多个物理参量的信号都送入到计算机中进行处理。而计算机只能分时地将测量仪器中由传感器检测到的信号，经放大器放大后，送到采样/保持器（S/H），S/H 根据系统的要求再进行采样并保持其采样值。多路开关从 S/H 输入数据中选择一路送到 A/D 转换器进行模拟/数字转换。转换后的数字量经输入/输出（I/O）接口送到计算机中。

测量仪器——传感器的主要作用是把被测参量（如 T、p、c、g_v 等各种非电量）转换成电量，以进行测量。

放大器的作用一方面是把从传感器输出的微弱信号加以放大，转化为 $0\sim5V$ 的直流电压，包括对检测信号进行滤波、降低噪声、增益控制以及阻抗变换等。

采样/保持器（S/H）的功能是对被转换的信号进行采样，并保持在 A/D 转换过程中参数值不变。因为 A/D 完成一次转换需要一定的时间，而在转换期间高速变化的信号可能已经发生了变化。

多路开关相当于一个模拟开关，其作用是分时地将各个被测参量与一个共用的 A/D 转换器接通，以进行 A/D 转换。

A/D 转换器的作用是把被测参数的模拟量（由前段输入的 $0\sim5V$ 的直流电信号）转换成计算机能够识别的二进制数字量，故该装置称为模/数转换器。其量化的过程是用一基准电压 U_{REF} 来量度模拟电压 U_A，输出的数字量为 $D_{out}=U_A/U_{REF}$。

使用计算机数据采集系统时，为了获得正确有效的数据，必须正确选择采样频率和采样周期。

采样频率的选择是依据香农（Shannon）定理，即：采样不失真的条件是采样频率不低于被测信号中所含最高频率的 2 倍。而采样周期至少应大于被测信号变化的周期。据此而确定的经验数据是：流量和压力信号的采样周期是 $1\sim5s$ 和 $3\sim10s$；温度、成分的采样周期是 $15\sim20s$。

　　计算机数据采集系统必须由采样程序加以控制。通常，可以采用高级语言编程。对于采样频率要求较高的实验，可以用汇编语言编制采样程序，但因其烦琐，故可用"软件接口"，即用高级语言调用汇编语言编写的采样子程序进行采样、数据存放，然后，用高级语言程序取出存放于内存中的数据再进行处理，具体指令的编制方法可参阅有关专著。

　　（2）计算机自动控制　为对实验系统进行自动控制，必须将经采集、转换、存储于计算机中的数字量转换成模拟量，以便进行显示和控制，即经计算机处理后的数据根据系统提供的控制参量（如压力）进行修正运算、选择和报警等。最后，修正后的信号经 D/A（数/模）转换器、反多路开关及采样保持器等输出，从而达到控制系统的目的，即使得被测参数的测量值与给定值（在计算机软件内）的偏差在允许的范围内为止。

1.2.4　采集和控制示例

　　以传热实验为例，介绍温度、电压、电流数据的采集和蒸汽发生器电功率的控制。

　　（1）温度数据的采集　在气-汽对流传热膜系数的测定实验过程中，需测定空气的进出口温度、蒸汽的温度、壁温，并需了解蒸汽发生器的水温等。在需要测温的部位安装有 Pt100 铂电阻温度计（图 1-3），将铂电阻采集到的电阻信号通过温度变送器把电阻信号转换成 4～20mA 电流信号，再经过 24V 电源和 250Ω 的电阻把电流信号转化成 1～5V 的电压信号，然后通过 A/D 转换器转换成数字信号后传输到计算机中，在计算机程序中应用数字滤波采集到的数字信号按照其变化关系转化成温度在计算机屏幕上显示出来。

　　（2）电压、电流数据的采集　在电路中串联一个电流变送器，并联一个电压变送器（图1-4）。它们分别将电流、电压信号转换成 0～5V 标准电压信号后经 A/D 转换卡输送到计算机程序中，经计算机处理后在计算机屏幕上显示出电压、电流的数值。

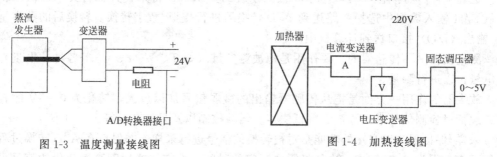

图 1-3　温度测量接线图　　　　　　　图 1-4　加热接线图

　　（3）电功率的计算机控制　在被控参数加热功率与给定值相等时，固态继电器不改变调压方式。如果实际功率与给定值不同，电流、电压变送器将检测到的信号经 A/D 转换卡传输到计算机程序中，此时，计算机向 D/A 转换器发出信号来改变固态继电器中的电压直至加热功率与给定值相等。加热器计算机控制如图 1-5 所示。

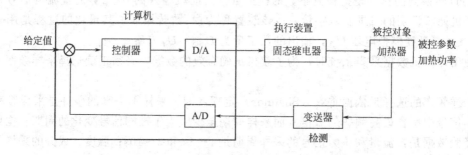

图 1-5　加热器计算机控制基本框图

1.2.5 智能仪表结构、工作方式及其主要优点

1.2.5.1 智能仪表的结构和工作方式

仪表中含有一个单片计算机或微型机或 GP-IB 接口，亦称为内含微处理器的仪表。这类仪表因其功能丰富、灵巧，故常被称为智能仪表。

传统的仪表是通过硬件电路来实现某一特定功能的，如需增加新的功能或拓展测量范围，则需增设新的电路。而智能仪表把仪表的主要功能集中存放在计算机的 ROM 中，不需全面改变硬件设计，只要改变存放在 ROM 中的软件内容，就可改变仪表的功能，增加了仪表的灵活性。

智能仪表的基本组成如图 1-6 所示。作为一个典型的计算机结构，它与一般计算机的差别不仅在于多了一个"专用的外围设备"，即测试电路，而且还在于它与外界的通信通常是通过 GP-IB 接口进行的。智能仪表有本地和遥控两种工作方式。采用本地工作方式时，用户可按面板上的键盘向仪表发布各种命令，指示仪表完成各种功能。其中，仪表的控制作用是由内含的微处理器统一指挥和操纵的。使用遥控工作方式时，用户可通过外部的微型机来指挥控制仪表，外部微型机通过接口总线 GP-IB 向仪表发送命令和数据，仪表根据这些命令完成各种功能。

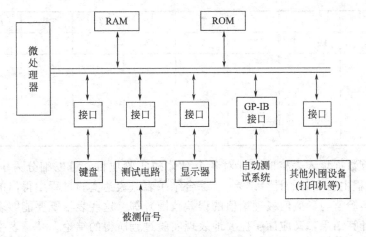

图 1-6 智能仪表的基本组成

1.2.5.2 智能仪表的主要优点

(1) 可以提高测量精度 智能仪表通常具有自选量程、自动校准、自动修正静态、动态误差及系统误差的功能，从而显著提高了测量精度。

(2) 能够进行间接测量 智能仪表利用内含的微处理器，通过测量其他参数而间接地求出难以测量的参数。

(3) 具有自检自诊断的能力 智能仪表如果发生故障，可以自检出来。在自诊断过程中，程序的核心是把被检测各种功能部件上的输出信号与正确的额定信号进行比较，发现不正确的信号就以警报的形式提示给用户。

(4) 能灵活地改变仪器的功能 智能仪表具有方便的硬件模块和软件模块结构。当插入不同模板时，仪表的功能就随之改变。在改变软件模块时，各按键所具有的功能也随之而改变。

(5) 实现多仪器的复杂控制系统 自从国际上制定了串行总线和并行总线的规约之后，智能仪表与其他数字式仪表可方便地实现互联。既可以将若干台仪器组合起来，共同完成

一项特定的测量任务，也可以把许多仪器挂在总线上，形成一个复杂的控制系统。

1.3 实验数据处理方法

实验工作结束之后，必须对实验数据进行整理，以便清楚地反映各变量之间的定量关系，得到明确的结论。在化工基础实验中，通常采用的方法有列表法、图示法和函数表达式法等。

1.3.1 列表法

列表是化工基础实验数据的初步整理形式。实验数据表分为原始数据记录表和整理计算数据表两类。如前述"实验预习报告"内容中所提到的，原始数据记录表格是在实验工作进行之前根据实验的具体内容而设计好的。该表能清楚地表示实验条件、所有待测物理量及其符号和单位等。如液-液热交换器传热系数及传热膜系数的测定实验，其原始数据记录表格见表1-1。

表 1-1　实验数据记录表

实验装置编号：

序号	$q_{m,1}$	$q_{m,2}$	T_1	T_2	T_1'	T_2'	$T_{w,1}$	$T_{w,2}$	备　注
	$kg \cdot s^{-1}$	$kg \cdot s^{-1}$	℃	℃	℃	℃	℃	℃	
1									
2									
3									
...									

整理和计算数据填入表格时，针对各个具体的实验项目，可以细分为中间计算结果表（体现出实验过程主要变量的计算结果）、综合结果表（表达实验过程中得出的结论）和误差分析表（表达实验值与参照值或理论值的误差范围）等。这些表格既要能够表达各物理量之间依从关系的计算结果，又应简明扼要地表现实验过程所得的结论。凡是表格内的数据，均应按照测量精度和有效数字的取舍原则填写。对于较大或较小的数据，则采用科学记数法表示。即以"物理量的符号$\times 10^{\pm n}$/计量单位"的形式记入表头栏内。注意，表头中的$10^{\pm n}$与表中的数据应服从如下关系：

$$物理量的实际值 \times 10^{\pm n} = 表中数据$$

反映液-液热交换器传热系数及传热膜系数的测定实验数据整理表格见表1-2和表1-3。

表 1-2　管内热水在不同流速下的总传热系数 K

序号	管内流速	流体间的温度差			传热速率	传热系数	备　注
	u	ΔT_1	ΔT_2	ΔT_m	Φ	K	
	$m \cdot s^{-1}$	K			W	$W \cdot m^{-2} \cdot K^{-1}$	
1							
2							
3							
...							

表 1-3　流体在圆形直管内作强制对流时传热膜系数

序号	管内流速	流体与壁面的温度差			传热速率	管内传热膜系数	备 注
	u	$T_1 - T_{w,1}$	$T_2 - T_{w,2}$	$\Delta T'_m$	Φ	α	
	$\mathrm{m \cdot s^{-1}}$	K			W	$\mathrm{W \cdot m^{-2} \cdot K^{-1}}$	
1							
2							
3							
...							

　　此外，利用电子制表软件 Excel 可以十分方便地整理实验数据，它不仅具有一般电子表格软件所包含的数据处理、制表和图形功能，而且还具有智能化的计算和数据处理功能。Excel 的数据列表与 FoxPro、Visual DataBase 等数据软件创建的数据库一样，对记录可以进行修改、添加、删除、排序等处理。同时 Excel 还可以十分方便地链接或调用 dBase、FoxPro、Visual DataBase 等数据库软件产生的数据库文件（*·dbf），并将其作为 Excel 的文件来管理和加工，也可以将 Excel 文件转存为*·dbf 数据文件供上述数据库软件处理。

　　采用列表法在制表时应当注意：

　　① 每一张表格须有完整而又简明的表名。同一个表格尽量不跨页，必须要跨页的时候，则应在跨页的表上注名"续表×××"。对于表中存有的个别数据，其含义不易被表名所概括时，则应在表格下方加注，予以说明。

　　② 表格首行栏目中应该以"物理量/单位"的形式来表示，如"T/K"，"p/MPa"，"$q_V/(m^3 \cdot s^{-1})$"，"$q_m/(kg \cdot s^{-1})$"等，而表格中对应的各列则为纯数值。

　　③ 自变量常取整数或其他方便的数值，其排列顺序可取递增或递减方式，并最好按照等间隔分布。

　　④ 表中有效数值的取舍应与测量仪表的准确度相匹配，不可过多或过少。同一列上的小数点应上下对齐，以便互相比较。数值为零时记为"0"，空缺的数据以"—"或"/"表示。

　　⑤ 数据处理表格中应列入处理结果值，必要时在表格下方注明数据处理方法或计算公式，并以某数据为例予以计算说明。

　　⑥ 化学工程基础实验中，各种实验条件均应记录在记录本上，以便保管。

　　列表法简单易行，不需要特殊图纸和仪器，形式紧凑，又便于比较参考。同一表格可同时表示几个变量之间的变化情况。通常，实验的原始数据一般采用列表法记录。

1.3.2　图示法

　　该法是将上述表中所列的实验结果按照因变量和自变量的依从关系，描绘成图形。它能把变量之间的变化趋势，如极大、极小、转折点、变化速率以及周期性等重要特征直观地显示出来，以便进行分析研究，是数据处理的重要方法之一，因此，在科学研究和工程实验中经常使用。图示法一般都包括以下几个步骤。

　　(1) 选择坐标　选择坐标应包含选择坐标类型及坐标的分度值。化学工程研究中常用的坐标有三种：算数坐标系统（笛卡尔坐标）、对数坐标系统（包括单对数坐标和双对数坐标）等，算数坐标系统较对数坐标系统，其区别体现在刻度值增长方式不同，前者均匀增长，后者呈对数增长。坐标的选择可以根据实验结果表现的函数形式加以考虑，其原则是尽量使变量数据的函数关系接近直线，以使数据处理工作更加方便。

　　图 1-7 为单对数坐标纸，由此可知，其一条轴为普通坐标轴，另一轴则是分度不均的对

数坐标轴，以便适应某一变量在所研究的范围内达几个数量级的变化之需要。当然，双对数坐标纸（图1-8）的两条轴均是分度不均的对数坐标轴，以满足自变量和因变量在所研究的范围内都能达到几个数量级变化的需要。

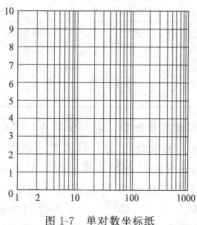

图 1-7 单对数坐标纸

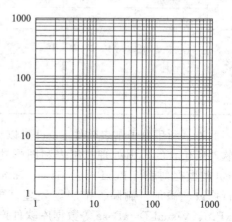

图 1-8 双对数坐标纸

就对数坐标而言，其特点是：某点和原点的距离为该点表示值的对数值，然而，该点标出的值是其本身的数值。以图1-9（其上面一条线标注的是 x 对数刻度，下面一条线标注的是 $\lg x$ 的均匀刻度）为例，图中对数坐标上的1、10、100、1000之间的实际距离是相等的，因为，上述各数相应的对数值为0、1、2、3，它们在均匀刻度上的距离相等。

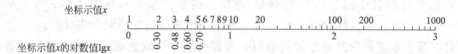

图 1-9 对数坐标的标注方法

在进行实验数据处理时，可按以下原则来选用坐标。

① 变量间的函数关系形式符合 $y = a + bx$ 时，选用直角坐标。

② 单对数坐标的选用

a. 在所研究的实验范围内，某一变量发生了若干个数量级的变化。

b. 实验范围内，在自变量从零开始逐渐增大的初始阶段，自变量的轻微变化即可引起因变量的极大改变，为使曲线变化范围增长，图形轮廓清晰。

c. 变量间的函数关系形式呈指数（如 $y = a^{bx}$）规律变化，如 $y = a^{bx}$，将该式两边取对数得 $\lg y = bx + \lg a$，$\lg y$ 与 x 可呈直线关系。

③ 双对数坐标的选用

a. 被研究的函数 y 和自变量 x 均发生了几个数量级的变化。

b. 需要将曲线开始部分划分成展开的形式。

c. 变量间的函数关系形式呈幂函数规律变化时，如 $y = ax^b$，将该式两边取对数得 $\lg y = \lg a + b \lg x$，$\lg y$ 与 $\lg x$ 呈直线关系。

为了使图形能够正确表达实验结果，坐标的分度应与实验的精度一致，即最小分度值应为实验数据最后一位直读可靠数字。为使图形美观，坐标的分度值不一定从零开始，可以用变量最小值的整数值作为坐标起点，而用略高于变量最大值的某一整数值作为坐标的终点，以使图形占满全幅坐标线为原则。为便于读图，在坐标轴上标注数据的有效数字位数应与原始数据有效数字相同，纵、横坐标均应注明名称、单位和方向。

(2) 曲线的标绘　标绘实验曲线需要有足够的点，习惯上以⊙代表实验点，将实验数据标绘在坐标中。利用曲线板等工具将各离散点连接成光滑曲线，并使曲线尽可能通过较多的实验点，尽可能不出现转折点。若是实验中有必不可少的转折点出现，则在转折点出现的附近区域应有较多的实验点。由于存在实验误差，曲线不一定通过每一个实验点，但这些实验点应当均匀地分布在曲线的两侧，且各点到曲线的距离之和应最小，即符合曲线拟合的最小二乘原理。

如果需要在同一坐标图上表示不同类型的数据时，应当以不同的符号，如＋、×、△、□等代表实验点，以示区别和便于比较。

(3) 图形说明　绘制的图形必须有图号和图题（图名），图号应按出现的顺序编写，并在正文中有所交代。为了更加明确地表明图形的意义，在已经绘好的图形下或图中空白处注明各条曲线、符号的意义以及实验条件等。

1.3.3　数学方程表示法

在化学化工实验中，除了采用表格、图形描述变量的关系外，在很多场合，往往希望把自变量和因变量之间的关系用数学方程式的形式表达出来，即建立过程的数学模型。利用该数学方程式，在其适用范围之内，既可以方便地求出各点所对应的数值，又可以求极值、导数及进行积分运算等。借助于计算机还可以使原来繁琐易错的拟合计算变得快速、准确，因此，可以使用比较复杂的数学解析表达式更精确地去拟合实验所得到的曲线。此外，也可以借助计算机相关软件在屏幕上显示或在打印机上打印出经拟合得到的实验曲线。

对于两个变量的实验数据而言，常用的经验曲线类型有线性函数型 $y=a+bx$、抛物线型 $y=a+bx+cx^2$、对数函数型 $y=a+b\lg x$ 及指数函数型 $y=a\mathrm{e}^{bx}$ 等多种，因此，可以根据实验点不同的形状和趋势，选择不同的解析表达式予以拟合，通过计算以确定表达式中的常数，从而得到恰当的数字表达式。

在经验曲线中，直线型和抛物线型是多项式回归的特例，而其他多项式回归图形则较为复杂。然而，由于任何函数至少在一个比较小的范围内可用多项式任意逼近，因此，在分析比较复杂的工程问题时，通常不论因变量 y 与诸因素的确切关系如何，均采用多项式进行分析计算。

(1) 选择拟合曲线指标　整理在实验过程中获得的实验数据，一般可以用上述经验曲线中的任意一种进行拟合。为了取得最佳拟合效果，在整理实验数据时最好采用不同类型的函数在计算机上进行计算、比较。评价曲线拟合效果的指标是该曲线对实验数据的残差平方和 $Q=\sum_{i=1}^{n}(y_i-\hat{y}_i)^2$（式中 $y_i-\hat{y}_i$ 是第 i 点的偏差，即当 $x=x_i$ 时的原始数据点对应的 y_i 值与 $x=x_i$ 时按照回归方程如 $\hat{y}=a+bx_i$ 计算得到的 y 值之差）。由于回归方程的建立原则是使 y 的残差平方和 Q 最小，因此，比较的结果应当以 $Q_{\min}$ 的曲线为最优。

(2) 建立经验曲线的步骤　当确定了拟合实验数据的函数类型以后，接着应确定该函数式的未知参数，其方法仍是最小二乘法。

如果实验变量关系经绘制得到的是直线，其函数曲线如图1-10所示。根据初等数学可知，$y=a+bx$，其中，a，b 值可由直线的截距和斜率求得。

如果因变量 y 和自变量 x 不呈线性关系，则可将绘制的实验变量关系曲线与典型函数曲线进行对照，以选择与实验曲线相似的典型函数曲线形式，见表1-4。应用曲线化直法将实验曲

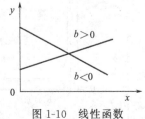

图 1-10　线性函数

线经过变量转换甚至未知数变换，使非线性函数关系 $y=f(x,a,b)$ 转化为线性关系 $Y=A+bX$，即所谓曲线化直。式中：x,y 是实验数据点，X,Y 是 x,y 的函数。变换程序亦见表 1-4。

表 1-4　化工中常见的曲线图形与函数式之间的关系

序号	曲　线　图　形	函数式及直线化方法
1	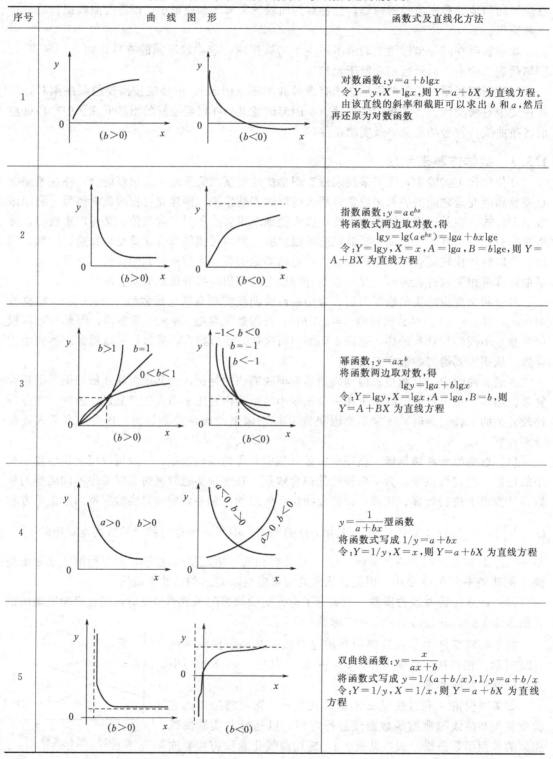	对数函数：$y=a+b\lg x$ 令 $Y=y$，$X=\lg x$，则 $Y=a+bX$ 为直线方程。由该直线的斜率和截距可以求出 b 和 a，然后再还原为对数函数
2		指数函数：$y=ae^{bx}$ 将函数式两边取对数，得 $\lg y=\lg(ae^{bx})=\lg a+bx\lg e$ 令：$Y=\lg y$，$X=x$，$A=\lg a$，$B=b\lg e$，则 $Y=A+BX$ 为直线方程
3		幂函数：$y=ax^b$ 将函数两边取对数，得 $\lg y=\lg a+b\lg x$ 令：$Y=\lg y$，$X=\lg x$，$A=\lg a$，$B=b$，则 $Y=A+BX$ 为直线方程
4		$y=\dfrac{1}{a+bx}$ 型函数 将函数式写成 $1/y=a+bx$ 令：$Y=1/y$，$X=x$，则 $Y=a+bX$ 为直线方程
5		双曲线函数：$y=\dfrac{x}{ax+b}$ 将函数式写成 $y=1/(a+b/x)$，$1/y=a+b/x$ 令：$Y=1/y$，$X=1/x$，则 $Y=a+bX$ 为直线方程

续表

序号	曲　线　图　形	函数式及直线化方法
6	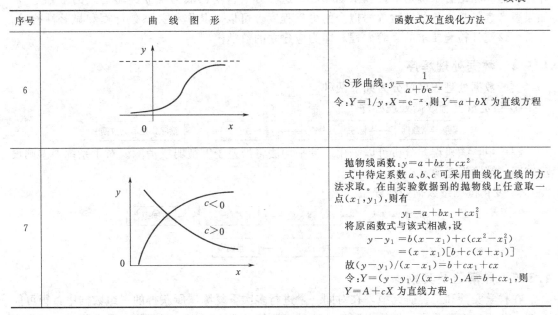	S 形曲线：$y=\dfrac{1}{a+b\mathrm{e}^{-x}}$ 令：$Y=1/y$，$X=\mathrm{e}^{-x}$，则 $Y=a+bX$ 为直线方程
7	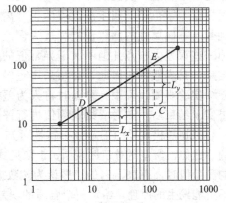	抛物线函数：$y=a+bx+cx^2$ 　式中待定系数 a、b、c 可采用曲线化直线的方法求取。在由实验数据到的抛物线上任意取一点 (x_1,y_1)，则有 $$y_1=a+bx_1+cx_1^2$$ 将原函数式与该式相减，设 $$\begin{aligned}y-y_1&=b(x-x_1)+c(x^2-x_1^2)\\&=(x-x_1)[b+c(x+x_1)]\end{aligned}$$ 故 $(y-y_1)/(x-x_1)=b+cx_1+cx$ 令：$Y=(y-y_1)/(x-x_1)$，$A=b+cx_1$，则 $Y=A+cX$ 为直线方程

上述直线方程 $Y=A+BX$ 确立之后，其常数值可以通过图解直线法求取；若使用双对数坐标，则上述直线方程（其原方程若为幂函数 $y=ax^b$）在图 1-11 中为直线 DE，A 是该直线在纵轴上的截距，B 是该直线的斜率。

直线斜率 B 有两种求算方法：

① 先读数，后计算　在图 1-11 中的直线 DE 上读取两组 x，y 值，然后按下式计算：

$$B=\frac{\lg y_2-\lg y_1}{\lg x_2-\lg x_1} \tag{1-10}$$

在对数坐标上求取斜率与直角坐标上的求法是不同的，因为，在对数坐标上标度的数值是真数而不是对数，因此，双对数坐标纸上直线的斜率需要用 x，y 的对数值来求算。

② 先测量，后计算　在图 1-11 所示的 $\triangle DCE$ 中，量取 $\overline{DC}$ 和 $\overline{EC}$ 的长度，然后按下式计算：

$$B=\frac{EC\ 线段的长度}{DC\ 线段的长度}=\frac{L_y}{L_x} \tag{1-11}$$

图 1-11　对数坐标中直线斜率和截距的图解法

直线截距 A 的求算方法如下。

在双对数坐标上，直线 DE 在 $x=1$ 处与纵轴相交的 y 值，即为幂函数方程 $y=ax^b$ 中的截距值。若所绘的直线在双对数坐标图上不能与 $x=1$ 处的纵轴相交，则可将在直线上任取一组数值 x 和 y（而不是取一组测定结果数据）和已求出的斜率值，代入原幂函数方程 $y=ax^b$ 中，通过计算求得 A 值。

此外，根据已知的实验数据，采用最小二乘法也可以求得常数 A 和 B 的值。

由此可见，用实验数据标绘曲线图形后，再与表 1-4 中的函数曲线进行比较，可以获得与实验数据拟合的经验方程。经验方程也可以应用回归分析法来获得，即采用最小二乘法与计算机运算相结合来确定函数和未知参数，这种方法目前已成为确立经验公式的最好手段。如果要考察经验方程与实验数据拟合的可靠程度，可以对其作相关系数计算和显著性检验，凡符合该统计检验要求的经验方程，即为应建立的数学模型。

1.3.4 数据处理程序

实验数据处理程序可分为如下两种。

① 恒定量测量数据处理程序

程序中，随机误差分析可以采用统计平均法将误差予以削弱或消除。对于系统误差则设法减弱或消除误差源。

② 变化量测量数据处理程序

```
剔除异常数据 → 补充漏失数 → 数据修匀 → 数据拟合
                                         ↓
                            回归分析 → 数学模型
```

1.3.5 异常值及其剔除

在科学实验和工程研究中，在对同一量进行多次重复测试所获得的一组数据中，很可能会有一些明显歪曲测量结果的观测值，这种观测值被称为坏值、可疑值或异常值。为了提高实验的准确度，真正的异常值应从观测数据中剔除出去，但应当注意，异常值有可能来源于过失误差，也可能属于测定值的正常离散，因此，异常值的归属判断问题，可以认为就是区别具有不同属性的随机误差和过失误差。若纯粹是为了获得精度更好的实验结果，而人为丢掉一些误差大一点儿但不属于异常值的数据点，表面上似乎是达到了目的，然而，实质上该结果却是虚假的，因此，必须采用正确方法判别异常值并将之剔除。

实验观测过程中，可随时将人为差错或确因外界干扰的观测值剔除，即物理判别法。如果实验结束后，欲对一组观测值进行评价，找出异常值，则必须借助于统计判别方法。

根据随机误差的正态分布特性可知，在一系列等精度测量中，大误差出现的概率是极小的，比如，误差绝对超过 3σ ［σ 求取见式(1-7)］的概率不到 3‰，即出现这种误差 $>|3\sigma|$ 的测量值时，有 99.7% 的把握认为该数据是不合理的。按照小概率事件在一次测量中实际上是不可能发生的原理，给定一个合适的误差界限（3σ），凡是偏差超过误差限的可疑值，均属于因过失误差造成的异常值，应予舍弃，否则属于随机误差的正常离散，应当保留。

依照上述原则，已经建立了检测异常数据的各种判据，如狄克逊（Dixon）准则、格拉布斯（Grubbs）准则、t 检验准则等（其详细内容可参阅有关著作）。通过比较上述诸判据，一般认为，格拉布斯检验准则的概率意义明确、结果比较严格，该法所用的统计量为：

$$G = \frac{|x_{\mathrm{d}} - \bar{x}|}{S} \tag{1-12}$$

式中 x_{d}——可疑值。

在计算 $\bar{x}$［式(1-1)］和 S［式(1-8)］时，已经将 x_{d} 包括在其中。若统计量 G 大于格鲁布斯检验临界（表 1-5）表中的相应显著水平 α（信度）和测定次数 n 的临界值 $G(\alpha, n)$ 时，则将 x_{d} 视作异常值，应予以剔除，否则将之保留。

此外，还有一种适用于测量次数 $n < 10$ 时的简便检验方法——极差检验法，一般采用如下步骤：

① 计算包括可疑值 x_{e} 在内的所有数据的平均值 $\bar{x}$。

② 计算极差 R（一组测量值中的最大值与最小值之差）。

表 1-5　临界值 $G(\alpha, n)$

n	α 0.05	0.01	n	α 0.05	0.01
3	1.15	1.15	17	2.47	2.79
4	1.46	1.49	18	2.50	2.82
5	1.67	1.75	19	2.53	2.85
6	1.82	1.94	20	2.56	2.88
7	1.94	2.10	21	2.58	2.91
8	2.03	2.22	22	2.60	2.94
9	2.11	2.32	23	2.62	2.96
10	2.18	2.41	24	2.64	2.99
11	2.23	2.48	25	2.66	3.01
12	2.29	2.55	30	2.75	3.10
13	2.33	2.61	35	2.82	3.18
14	2.37	2.66	40	2.87	3.24
15	2.41	2.71	45	2.92	3.29
16	2.44	2.75	50	2.96	3.34

③ 计算包括可疑值 x_d 与平均值 $\bar{x}$ 之差的绝对值与极差之比，即

$$t_1 = \frac{|x_d - \bar{x}|}{R} \tag{1-13}$$

④ 根据测量次数 n 和由表 1-6 查得的 t_1 的临界值 $t_{1,表}$（此表为概率为 95% 的数值）与由式(1-13)计算的 t_1 比较，若 $t_{1,算} > t_{1,表}$，则视为可疑值，应当除去，否则，予以保留。

表 1-6　极差检验法剔除可疑值的 t_1 的临界值

测量次数 n	t_1 的临界值	测量次数 n	t_1 的临界值
3	1.53	10	0.58
4	1.05	11	0.56
5	0.86	12	0.54
6	0.76	13	0.52
7	0.69	14	0.51
8	0.64	15	0.50
9	0.60	20	0.46

注：置信水平为 95%。

【例 1-1】　重复 6 次测定同一样品中的某成分为 93.30%、93.30%、93.40%、93.42%、93.30%、93.55%，试问最后一次测得的明显离群数据是否舍弃？

解：(1) 求 $\bar{x}$

$$\bar{x} = \left(\frac{93.30+93.30+93.40+93.42+93.30+93.55}{6}\right) \times 100\% = 93.38\%$$

(2) 求 R　$R = 93.55\% - 93.30\% = 0.25\%$

(3) 求 t_1　可疑值为 93.55%，则

$$t_1 = \frac{|x_d - \bar{x}|}{R} = \frac{|93.55-93.38|}{0.25} = \frac{0.17}{0.25} = 0.68$$

(4) 由表 1-6 查得，实验数据 $n=6$ 时，$t_{1,表}=0.76$，经比较

$$t_{1,算}(=0.68) < t_{1,表}(=0.76)$$

故可疑值 93.55% 应予以保留，其置信水平在 95%。

1.3.6 实验数据的回归分析与曲线拟合

通常，某系统的性质可以用包含若干参数的数学模型进行描述。这种方法往往要比将数据列表和图示更具有普遍意义，更能够深刻地反映系统的性质。然而，此法至关重要的就是模型参数的求取问题，大致可分为三类，即线性回归、能化为线性回归的非线性回归和非线性回归。

前两种方法可以归并为线性回归（也称拟合）。从数据处理角度就是建立线性代数方程或方程组求解，从而获得模型参数值（注意：能化为一元线性方程的几种非线性方程，已在1.3.3的第（2）点中作过简要介绍）。非线性回归的方法是通过反复地调整模型参数值，以使理论曲线与实验曲线达到最大限度的吻合。如果满足这一要求，则这一组参数即为系统的模型参数。

在线性回归中，根据影响系统性质 y 的因素 x 的多少，可将之分为一元线性回归与多元线性回归。

1.3.6.1 一元线性回归

在化学工程基础实验中，测得了两个变量的实验值之后，若它们在普通直角坐标纸或对数坐标纸上的分布近似于一条直线，即一个被测量值 y 线性地依赖于某变量 x：

$$y = a + bx$$

则可采用一元线性回归法求出其表达式。

用方程表示实验数据比作图法更方便准确。例如，反应速率常数 k 与绝对温度的关系服从阿伦尼乌斯（Arrhenius）方程：

$$k = A e^{-E/RT} \tag{1-14}$$

式中　E——活化能；
　　　T——热力学温度；
　　　A——频率因子；
　　　R——气体常数。

将式(1-14)线性化后得

$$\lg k = \ln A - \frac{E}{R}\left(\frac{1}{T}\right) \tag{1-15}$$

图 1-12 表示 $\ln k$ 对 $1/T$ 的关系图，由图可见，实验数据点近似地分布在直线 A 和 B 的附近，即 $\ln k$ 将受到实验误差的影响，因此，作图法会有一定的误差，难以确定直线 A 和直线 B 中哪一条与实验数据拟合得最好。

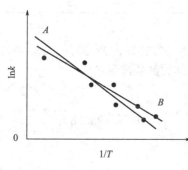

图 1-12　$\ln k \sim 1/T$ 关系图

（1）一元线性最小二乘法　如前所述，按照残差平方和最小的原则求取回归线的方法为最小二乘法，而对于求取只有一个自变量 x 和一个因变量 y 的回归法，称为一元线性最小二乘法。

对于每一个 x_i，由回归方程 $y = a + bx$ 可以确定一个回归值 $\hat{y}_i = a + bx_i$ $(i = 1, 2, 3, \cdots, n)$。实际测量值 y_i 与回归值 $\hat{y}_i$ 之差

$$y_i - \hat{y}_i = y_i - (a + bx_i) \tag{1-16}$$

即为第 i 点的残差，表明了 y_i 与回归直线 $y = a + bx$ 的偏离程度。当然，这种偏离程度越小，说明直线与实验数据点拟合越好。显然，所有测量值 y_i 与回归值 $\hat{y}_i$ 的残差平方和可

以表示为

$$Q = \sum_{i=1}^{n} (y_i - \hat{y}_i)^2 = \sum_{i=1}^{n} (y_i - a - bx_i)^2 \qquad (1\text{-}17)$$

"平方"也称为二乘，因此，按照残差平方和最小的原则求回归线的方法称为最小二乘法。残差平方和为最小时，回归方程的参数 a、b 才是最小二乘估计值。为此，按照微积分中求极值的原理，也就是要满足以下方程：

极值条件 $$\frac{\partial Q}{\partial a} = 0, \frac{\partial Q}{\partial b} = 0 \qquad (1\text{-}18)$$

极小条件 $$\frac{\partial^2 Q}{\partial a^2} > 0, \frac{\partial^2 Q}{\partial b^2} > 0 \qquad (1\text{-}19)$$

将式(1-17) 代入式(1-18)，设

$$\left. \begin{aligned} \frac{\partial Q}{\partial a} &= -2 \sum_{i=1}^{n} (y_i - a - bx_i) = 0 \\ \frac{\partial Q}{\partial b} &= -2 \sum_{i=1}^{n} (y_i - a - bx_i) x_i = 0 \end{aligned} \right\} \qquad (1\text{-}20)$$

整理式(1-20) 得：

$$\left. \begin{aligned} a &= \frac{1}{n} \sum_{i=1}^{n} y_i - \frac{b}{n} \sum_{i=1}^{n} x_i \\ b &= \frac{\sum_{i=1}^{n} x_i y_i - \frac{1}{n} \left(\sum_{i=1}^{n} x_i \right) \left(\sum_{i=1}^{n} y_i \right)}{\sum_{i=1}^{n} x_i^2 - \frac{1}{n} \left(\sum_{i=1}^{n} x_i \right)^2} \end{aligned} \right\} \qquad (1\text{-}21)$$

为了简化 a 和 b 的表达式，以及为以后讨论问题方便，设

$$\bar{x} = \frac{1}{n} \sum_{i=1}^{n} x_i, \quad \bar{y} = \frac{1}{n} \sum_{i=1}^{n} y_i \qquad (1\text{-}22)$$

将 $(x_i - \bar{x})$ 称为 x_i 的离差，而全部 x_i 的离差的平方和称为 x 的离差平方和，记作 l_{xx}。

$$\begin{aligned} l_{xx} &= \sum_{i=1}^{n} (x_i - \bar{x})^2 \\ &= \sum_{i=1}^{n} x_i^2 - \frac{1}{n} \left(\sum_{i=1}^{n} x_i \right)^2 \\ &= \sum_{i=1}^{n} x_i^2 - n(\bar{x})^2 \end{aligned} \qquad (1\text{-}23)$$

同理，$(y_i - \bar{y})$ 为观测点 y_i 的离差，它可以分解为 $(y_i - \hat{y}_i) + (\hat{y}_i - \bar{y})$，$y$ 的离差平方和记为 l_{yy}。

$$\begin{aligned} l_{yy} &= \sum_{i=1}^{n} (y_i - \bar{y})^2 \\ &= \sum_{i=1}^{n} y_i^2 - \frac{1}{n} \left(\sum_{i=1}^{n} y_i \right)^2 \\ &= \sum_{i=1}^{n} y_i^2 - n(\bar{y})^2 \end{aligned} \qquad (1\text{-}24)$$

x 的离差与 y 的离差乘积之和表示 x 和 y 的协方差记作 l_{xy}。

$$l_{xy} = \sum_{i=1}^{n}(x_i - \bar{x})(y_i - \bar{y})$$

$$= \sum_{i=1}^{n}x_i y_i - \frac{1}{n}\left(\sum_{i=1}^{n}x_i\right)\left(\sum_{i=1}^{n}y_i\right) \qquad (1\text{-}25)$$

$$= \sum_{i=1}^{n}x_i y_i - n\bar{x}\bar{y}$$

将以上诸式代入式(1-21)，得

$$\left.\begin{array}{l} a = \bar{y} - b\bar{x} \\ b = l_{xy}/l_{xx} \end{array}\right\} \qquad (1\text{-}26)$$

由式(1-26)计算得到的 a 和 b 究竟能否使残差平方和 Q 取极小值，需要看式(1-19)是否成立。

为此令式(1-20)中的一阶导数分别再对 a 和 b 求导，得 Q 的二阶导数：

$$\left.\begin{array}{l} \dfrac{\partial^2 Q}{\partial a^2} = 2n > 0 \\[3mm] \dfrac{\partial^2 Q}{\partial b^2} = 2\sum_{i=1}^{n}x_i^2 > 0 \end{array}\right\} \qquad (1\text{-}27)$$

显然，求得的 a 和 b 能使 Q 取极小值，故 a 和 b 分别为回归线的截距和斜率。

（2）相关系数 r　由于任何两个不相干的量都可以用最小二乘法拟合成一直线方程，为了确定所建立的线性方程是否有意义，人们常用相关系数 r 来定量描述两个变量之间线性关系的密切程度，其定义为：

$$r = \frac{l_{xy}}{\sqrt{l_{xx}l_{yy}}} \qquad (1\text{-}28)$$

式中，不论 x，y 为何值，分子项的绝对值不会大于分母项的值，即相关系数的取值范围为 $0 \leqslant |r| \leqslant 1$。

图 1-13 所示为不同相关系数 r 的散点示意图。

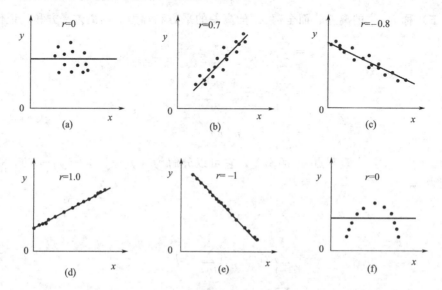

图 1-13　相关系数的几何意义

由该图可知：当 $r = 0$ 时，回归线斜率 $b = 0$。在这种情况下，离散点的分布有两种情况：一种是完全无规则，x 与 y 之间无函数关系，回归方程 $\hat{y} = a + bx$ 是一条平行于 x 轴的直线，如图 1-13(a) 所示；另一种是有某种特殊的非线性关系，如图 1-13(f) 所示。r 越接近于零，说明 x 与 y 之间的线性相关程度越小。

当 $r = | \ 1 \ |$ 时，即 n 组实验值 (x_i, y_i) 全部落在直线 $\hat{y} = a + bx$ 上，此时称 x，y 完全相关，如图 1-13 的中 (d) 称为完全正相关，图 1-13 的中 (e) 称为完全负相关。

当 $0 < | \ r \ | < 1$ 时，代表绝大多数的情况，这时 x 与 y 存在着一定线性关系。当 $r > 0$ 时，散点图的分布是 y 随 x 增加而增加，此时称 x 与 y 正相关，如图 1-13 中的 (b)。当 $r < 0$ 时，散点图的分布是 y 随 x 增加而减少，此时称 x 与 y 负相关，如图 1-13 中的 (c)。r 的绝对值越小，则散点离回归线越远、越分散。当 r 的绝对值接近 1 时，即 n 组实验值 (x_i, y_i) 越靠近 $\hat{y} = a + bx$，变量 y 与 x 之间的关系越接近于线性关系。

根据回归分析的公式和性质，可用以衡量拟合效果好坏的几个参量是相关指数 r^2、残差平方和 Q 及相关系数 r。相关指数 r^2 越大，说明残差平方和越小，模型的拟合效果越好；而用相关系数 r 值判断模型拟合效果时，$| \ r \ |$ 越大，模型的拟合效果越好。

【例 1-2】　为确定某物质中 SiO_2 的含量，用比色法做了 7 次测定，结果列于表 1-7 之中。

表 1-7　某物质中 SiO_2 的分析数据

实验序号	x_i, SiO_2 含量/mg	y_i, 吸收值	实验序号	x_i, SiO_2 含量/mg	y_i, 吸收值
1	0.00	0.032	5	0.08	0.359
2	0.02	0.135	6	0.10	0.435
3	0.04	0.187	7	0.12	0.511
4	0.06	0.268			

选定了吸收值为纵坐标，SiO_2 含量为横坐标的直角坐标系后，将表 1-7 所列数据绘制成如图 1-14 所示的散点图。在散点图上划一条直线，使直线最"接近"这 7 个点。由此可知吸收值是随着 SiO_2 含量的增加而增加的，且基本上呈线性关系 $\hat{y} = a + bx$。

根据最小二乘原理，对上述两个变量进行一元线性回归，计算时可采用手算或计算机计算，手算时一般采用列表方式，将表 1-7 所列数据（x_i—SiO_2；y_i—吸收值）经计算后，列于表 1-8 中。

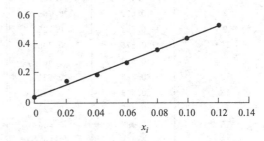

图 1-14　SiO_2 的含量和吸收值的线性关系

表 1-8　实验数据及计算值

序　号	x_i	y_i	x_i^2	$x_i y_i$	y_i^2
1	0.00	0.032	0.00	0.00	0.001024
2	0.02	0.135	0.0004	0.0027	0.018225
3	0.04	0.187	0.0016	0.01018	0.034969
4	0.06	0.268	0.0036	0.01608	0.071824
5	0.08	0.359	0.0064	0.02872	0.128881
6	0.10	0.435	0.01	0.0435	0.189225
7	0.12	0.511	0.0144	0.06132	0.261121
Σ	0.42	1.927	0.0364	0.1625	0.705269

$$\bar{x} = \sum x_i / 7 = 0.42 / 7 = 0.06$$

$$\bar{y} = \sum y_i / 7 = 1.927 / 7 = 0.2753$$

$$b = \frac{l_{xy}}{l_{xx}} = \frac{\sum x_i y_i - n\bar{x}\bar{y}}{\sum x_i^2 - x(\bar{x})^2} = \frac{0.1625 - 7 \times 0.06 \times 0.2753}{0.0364 - 7 \times 0.06^2} = \frac{0.04687}{0.0112} = 4.18$$

$$a = \bar{y} - b\bar{x} = 0.2753 - 4.18 \times 0.06 = 0.025$$

故该例中，SiO_2 的含量和吸收值的回归方程为：

$$\hat{y} = 0.025 + 4.18x$$

(3) 显著性检验 $|r|$ 越接近于 1，x 与 y 的线性关系越明显，那么，r 与 1 接近到什么程度才说明 x 与 y 之间线性相关呢，定量的方法是对相关系数进行显著性检验。

由概率与统计的基础知识可知，由于抽样误差的影响，使相关函数 r 达到显著的值与实验过程中的观测点数 n 有关。表 1-9 给出了不同 n 值和显著性水平（或称信度），α 分别为 0.05 和 0.01 时，相关系数达到显著的最小值 r_{min}。超过此值时，说明 x 与 y 的相关关系在 $1-\alpha$ 水平上显著，即当 $|r|$ 大于表 1-9 中相应的 r_{min} 值时，所得回归直线才有意义。

表 1-9 相关系数检验表

$n-2$ \ α	0.05	0.01	$n-2$ \ α	0.05	0.01
1	0.997	1.000	21	0.413	0.526
2	0.950	0.990	22	0.404	0.515
3	0.878	0.957	23	0.396	0.505
4	0.811	0.917	24	0.388	0.496
5	0.754	0.874	25	0.381	0.487
6	0.707	0.834	26	0.374	0.478
7	0.666	0.798	27	0.367	0.470
8	0.632	0.765	28	0.361	0.463
9	0.602	0.735	29	0.355	0.456
10	0.576	0.708	30	0.349	0.449
11	0.553	0.684	35	0.325	0.418
12	0.532	0.661	40	0.304	0.393
13	0.514	0.641	45	0.288	0.372
14	0.497	0.623	50	0.273	0.354
15	0.482	0.606	60	0.250	0.325
16	0.468	0.590	70	0.232	0.302
17	0.456	0.575	80	0.217	0.283
18	0.444	0.561	90	0.205	0.267
19	0.433	0.549	100	0.195	0.254
20	0.423	0.537	200	0.138	0.181

【例 1-3】 由【例 1-2】可知：

$$l_{xx} = \sum x_i^2 - n(\bar{x})^2 = 0.0364 - 7 \times 0.06^2 = 0.0112$$

$$l_{yy} = \sum y_i^2 - n(\bar{y})^2 = 0.7053 - 7 \times 0.2753^2 = 0.1748$$

$$l_{xy} = \sum x_i y_i - n\bar{x}\bar{y} = 0.1625 - 7 \times 0.06 \times 0.2753 = 0.04687$$

所以

$$r = \frac{l_{xy}}{\sqrt{l_{xx} \cdot l_{yy}}} = \frac{0.04687}{\sqrt{0.0112 \times 0.1748}} \approx 1$$

在测定 SiO_2 的含量时共做了 7 次实验，即 $n=7$，则 $n-2=5$，查表 1-9 中该 n 值的

$r^{0.05}=0.754$，$r^{0.01}=0.874$。经以上计算得到的 r 值近似为 1，既大于显著性水平的最小值 $r^{0.05}$，又大于 $r^{0.01}$，因此，它在 $\alpha=0.01$ 水平上高度显著，亦即 SiO_2 的含量和吸收值之间配制的回归直线方程是合理的。

(4) 回归线的精度　在确定了 x 和 y 的相关关系后，知道了 x 值，但是并不能精确地知道 y 值。由回归线可以知道 y 的平均值在 $\hat{y}=a+bx$ 的直线上，回归方程是否反映客观规律，即实际值离 $\hat{y}$ 可能有多远？这可以用 x 预测 y 的精度的可靠程度加以说明。

在线性最小二乘法中，残差平方和为：

$$Q=\sum_{i=1}^{n}(y_i-\hat{y}_i)^2$$

这里 Q 又称剩余平方和。

剩余平方和除以其自由度 $(n-2)$ 所得的商称为剩余均方。

$$S^2=\frac{Q}{n-2} \tag{1-29}$$

它可以看成是排除了 x 对 y 的线性影响后，衡量 y 随机波动大小的一个估计量，可用剩余均方差（或称剩余标准偏差）的形式表达：

$$S=\sqrt{\frac{Q}{n-2}} \tag{1-30}$$

根据正态分布的性质，对于固定的 $x=x_0$，则 y 的取值是以 $\hat{y}_0(\hat{y}_0=a+bx_0)$ 为中心对称分布的，越靠近 $\hat{y}_0$ 的地方出现的机会越大，反之越小，且与剩余方差 S 之间存在如下关系：

落在 $\hat{y}_0\pm0.5S$ 的区间内的概率约为 38%；
落在 $\hat{y}_0\pm S$ 的区间内的概率约为 68.3%；
落在 $\hat{y}_0\pm2S$ 的区间内的概率约为 95.4%；
落在 $\hat{y}_0\pm3S$ 的区间内的概率约为 99.7%。

由此可以看出，如果剩余方差 S 值越小，则从回归方程预测的 y 值就越精确，故 S 的大小是预报准确度的标志。如果在图 1-14 所得回归直线的两侧作两条平行直线：

$$y_1=a+bx+2S$$
$$y_2=a+bx-2S$$

即可预测对于所选取的 x 值，全部可能出现的 y 值中，大约 95.4% 的点落在这两条直线之间。

【例 1-4】　考虑【例 1-2】中 SiO_2 的含量和吸收值的线性关系图中实验点的落点范围。

由式

$$Q=\sum_{i=1}^{n}(y_i-\hat{y}_i)^2$$

其中，y_i 的值列于表 1-8 $(i=1,2,\cdots,7)$，$\hat{y}=0.025+4.18x$，经计算得到 $Q=0.00114$。然后再根据式(1-30)计算得剩余方差 $S=0.015$。故可得到

$y_1=a+bx+2S=0.025+4.18x+2\times0.015$
　　$=0.055+4.18x$
$y_2=a+bx-2S=0.025+4.18x-2\times0.015$
　　$=-0.005+4.18x$

将这两条直线和回归线画在【例 1-4】图示

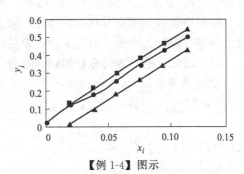

【例 1-4】图示

中，可以清楚地看到所有的观测点都位于这两条直线之间。这说明由【例 1-2】得到的回归方程用以预报 y 值的把握在 95.4%，其绝对误差不大于 $2S=2\times0.015=0.03$；相对误差将随 x，y 的值发生变化。

当 $x=\bar{x}=0.06$，$y=\bar{y}=0.2753$ 时，预报值的相对误差将不大于 $0.03/0.2753=0.1$。

1.3.6.2 多元线性回归

(1) 基本原理 化工实验中，若影响系统性质 y 的因素不止一个时，就必须考察因变量与多个自变量 $x_1,x_2,\cdots,x_n$ 之间的关系，若它们仍然保持线性关系，同样可用线性最小二乘法处理实验数据后建立多元回归方程：

$$\hat{y}=b_0+b_1x_1+b_2x_2+\cdots+b_nx_n \tag{1-31}$$

多元线性回归的任务就是通过实验获得 m 组观测数据 $x_{ij}(i=1,2,\cdots,n;j=1,2,\cdots,m)$ 通过解 $n+1$ 阶线性代数方程组求得适当的线性回归系数 $b_0,b_1,b_2,\cdots,b_n$，同时给 b_i 做统计检验，以确定这些估计值的可靠程度。

其原理同一元线性回归一样，使 $\hat{y}$ 与实验值 y_i 的偏差平方和最小：

$$Q=\sum_{j=1}^{m}(y_i-\hat{y}_i)^2=\sum_{j=1}^{m}(y_i-b_0-b_1x_{1j}-b_2x_{2j}-\cdots-b_nx_{nj})^2 \tag{1-32}$$

令：
$$\frac{\partial Q}{\partial n}=0$$

即
$$\frac{\partial Q}{\partial b_0}=-2\sum_{j=1}^{m}(y_j-b_0-b_1x_{1j}-\cdots-b_nx_{nj})$$
$$\frac{\partial Q}{\partial b_1}=-2\sum_{j=1}^{m}(y_j-b_0-b_1x_{1j}-\cdots-b_nx_{nj})$$
$$\cdots \qquad\qquad \cdots$$
$$\frac{\partial Q}{\partial b_n}=-2\sum_{j=1}^{m}(y_j-b_0-b_1x_{1j}-\cdots-b_nx_{nj})$$

由此经整理，并引入记号后得到正规方程：

$$\begin{cases}l_{11}b_1+l_{12}b_2+\cdots+l_{1n}b_n=l_{1y}\\l_{21}b_1+l_{22}b_2+\cdots+l_{2n}b_n=l_{2y}\\\cdots\quad\cdots\quad\cdots\\l_{n1}b_1+l_{n2}b_2+\cdots+l_{nn}b_n=l_{ny}\end{cases} \tag{1-33}$$

正规方程是以 $b_0,b_1,b_2,\cdots,b_n$ 为未知数的 n 阶线性代数方程组。通常总是假定观测实数据的组数 m 大于自变量的个数 $n(m>n)$，并假设任一自变量不能用其他自变量线性表示，这时正规方程有唯一解。一旦解出 $b_1,b_2,\cdots,b_n$，就可以算出 b_0。计算 b_i 可以采用无回代过程的高斯（Gauss）消去法。$n>3$ 时，须借助计算机程序以得到较好的数字效果。

由于建立多元回归方程时，事先已假定线性关系存在，故在求出回归方程之后，还需要对方程进行验证，以便给出肯定或否定的结论。

(2) 回归问题的方差分析和统计检验 与一元线性回归的方差分析相同，多元线性回归中 y 的离差平方和 l_{yy} 可表示为：

$$l_{yy}=\sum(y_i-\bar{y})^2=\sum[(y_i-\hat{y}_i)+(\hat{y}_i-\bar{y})]^2=\sum(y_i-\hat{y}_i)^2+\sum(\hat{y}_i-\bar{y})^2=Q+U \tag{1-34}$$

式中　Q——残差平方和；
　　　U——回归平方和。

a. 复相关系数　多元回归中 y_i 不是只和一个因子相关,而是与自变量 $x_i(i=1,2,\cdots,n)$ 整体之间相关。对于给定的观测值来说,l_{yy} 是不变的,残差平方和 Q 大则回归平方和 U 小,反之,Q 小则 U 大,因此,二者都可以用来衡量回归效果。为此引入如下指标:

$$R^2=\frac{U}{l_{yy}}=\frac{l_{yy}-Q}{l_{yy}} \tag{1-35}$$

$$R=\sqrt{\frac{l_{yy}-Q}{l_{yy}}} \tag{1-36}$$

R 称为 y 对 x_i 的复相关系数,反映了 y 与 x_i 之间的线性相关程度的大小。$R=1$,说明 y 与 x_i 之间完全按照线性关系变化;$R=0$,表示 y 与 x_i 之间无线性关系;当 $0<R<1$,R 值愈大,表示回归平方和在总离差平方和 l_{yy} 中占据的成分愈大,即回归效果愈好。

b. 剩余标准偏差　和一元线性回归的情形类似,多元回归中也能给出反映回归好坏的指标:

$$S=\sqrt{\frac{Q}{m-n-1}} \tag{1-37}$$

S 为剩余标准偏差,用以反映观测点与回归平面 [式(1-31)] 之间的平均距离。

c. F 检验　复相关系数 R 是总回归效果的一个重要指标,它与回归方程中自变量的个数 n 以及实验组数 m 有关。当 m 相对于 n 不是太大时,R 值较大。当 $m=n+1$ 时,即使变量 $x_i(i=1,2,\cdots,n)$ 与 y 无关,也必然有 $R=1$(即 $Q=0$),因此,实际计算时必须注意 n 与 m 的比例适当。一般认为,$m\geqslant(5\sim10)n$。考虑到 n、m 的作用,可以给出一个比 R 更重要的指标:

$$F=\frac{U/n}{Q/(m-n-1)} \tag{1-38}$$

用 n,$m-n-1$ 的 F 变量作检验,在给定了显著水平 α 之后,可以从有关专著中 F 检验的临界值(F_α)表中查出相应的临界值。如果计算得到的 F 值大于所查的临界值时($F>F_\alpha$),表示显著水平 α 下回归效果是显著的,回归方程是有意义的。

1.3.6.3　非线性回归

在许多实际问题的处理过程中,变量之间的关系是多呈非线性的。如果采用线性描述将丢失大量信息,甚至得出错误结论。这时可以用非线性回归或曲线拟合方法分析。求解非线性函数一般可以采用两种方法:一是将非线性函数直接转化为线性函数(如 1.3.3 中所述),再者是利用非线性最小二乘法处理不能转化为线性的非线性函数模型。

对于 1.3.3 中所述的有关非线性函数 $y=f(x)$,可以通过函数变换,即令 $Y=\varphi(y)$,$X=\Psi(x)$ 来转化成线性关系:

$$Y=a+bX$$

而对于那些较难直线化或无法直接求解的函数,通常采用逐次逼近的方法处理,其实质乃是逐次"线性化"。

例如:非线性方程

$$y=f(\vec{x},\vec{b})$$

f 是参数 b_i 的非线性函数,$\vec{x}$ 是 k 个变量,即 $x=(x_1,x_2,\cdots,x_k)$。

利用非线性最小二乘法确定参数时可遵循以下步骤:

① 人为地给定初值 $b_i^{(0)}$ 并记 $b_i=b_i^{(0)}+\Delta_i$,把求解 b_i 的问题化为求解 Δ_i 的问题。

② 利用泰勒公式在 $b_i^{(0)}$ 附近展开,只取一次项,使 Δ_i 线性模型的待定参数,即线性化过程。

③ 求得 Δ_i 后，修正 $b_i^{(0)}$ 作为新的初值，重复计算，直到 $|\Delta_i|$ 小于允许误差。

由于在线性化过程中忽略泰勒展开的高次项，因此得到的 b_i 是近似值。其近似程度取决于 $|\Delta_i|$ 的大小，故求解过程需要反复迭代和修正。如果迭代过程达到要求，则该过程是收敛的。

非线性问题的困难是在迭代过程中出现不收敛，即所谓"发散"现象。这主要是在迭代开始时初值选得不好，导致泰勒公式失真，而初值的估计往往又是最困难的。如果采用马夸特（Levenberg-Marquardt，LM）算法，即阻力最小二乘法，则可以放宽对初值的要求。其具体解法可参阅有关专著，也可以借助于 Origin 功能强大的拟合工具。Origin 的非线性拟合方法基于非线性最小二乘拟合中普遍使用的 LM 算法，其拟合过程不但灵活，而且用户还可以对拟合过程进行完全控制。

1.4　常用计算方法

在化学学科研究以及化学工程的技术问题当中，人们对一些实际问题的解算方法也有着浓厚的兴趣。科研和工程设计是一种创造性的劳动，但是，其中往往有不少重复性工作。多年来，人们曾想方设法节约重复性工作时间，以便把精力更多地集中到问题的创造性方面。由于计算机能高速度、高精度地完成复杂性计算，因此，已逐渐成为科技工作者的有力工具。如同任何其他新的工艺过程开始应用时那样，计算机也带来一些新的问题。伴随着计算机的高速度，也存在着计算机的失效和计算机的误用等问题，在实际工作中由于使用计算机而带来的许多困难并不是来自计算机本身，而是取决能否恰当地选择和应用一种解决具体问题的正确计算方法（或算法，即指对一些数据按某种规定的顺序进行运算的一个运算序列）。一个科技工作者在解决问题前，若能花一点儿时间在算法的选择上多下一些功夫，那么，在以后的具体工作中就能节省不少无效劳动的时间。

1.4.1　数值计算的基本特点

由于计算机是对数字进行计算的，因此，对问题的考虑一般不是通过数学分析，而是通过数值计算去求解的。

数值方法是一种古老的数学方法，长期以来因其计算量大而限制了它的应用。随着计算机的广泛使用，数值方法重新登上了现代数学的舞台，而且越来越显示出它的威力。

所谓数值方法，是这样一种数学逻辑，即不用求得未知数的解析式，而用级数计算方法、迭代等方法逐步逼真，以得到精确度符合需要的解，或用级数展开的办法，把复杂函数化为简单的算术运算而求得其精确度合适的解。

数值方法有以下特点：

① 数值方法不需要函数有确定的解析式，对于如列表函数等均可求解。

② 数值方法所涉及的只是简单的算术运算，虽然计算次数多，但对计算而言，这是更为合理的计算方法，计算机虽无思维能力（如不能把 $\int_0^\infty f(x)$ 的原函数解析式求出），但其运算速度极快。

③ 几乎所有不能用解析方法求解的超越函数，均可以找到合适的数值方法求解。

④ 对于虽然可用解析方法求解，但表达式过于复杂的数学问题，采用数值方法更加简单、直观。

⑤ 数值计算得到的是一般合乎精度要求的近似值，所以，误差问题是数值计算中必须考虑的问题，算法的优劣往往在于计算中产生误差的严重程度。

　　数值方法有许多，如：误差、优化问题的典型算法、多项式插值、曲线拟合、样条插值、数值微分、数值求积、复合求积、龙贝格算法；常微分方程的欧拉方法、龙格-库塔方法、方程求根的迭代法、牛顿-拉夫森方法；解线性方程组的高斯主元消去法等。下面仅介绍几种常用的数值方法，以帮助学生建立数值分析的基本能力。

1.4.2　方程求根

　　方程在数学的实际应用中具有重要的地位，无论是在化学、化工领域，还是在其他科技领域，为了得到最后答案，必须解方程或方程组。

　　从图 1-15 可以看出，仅有一个方程的是一大类，它包括有一个解的线性方程、有几个解的多项式方程和无穷多个解的超越方程（含有 $\sin x$，$\cos x$，$\tan x$ 这些三角函数，或者含有诸如 $\lg x$，e^x 等特殊函数的非线性方程）。对于多个方程式，它有线性方程和非线性方程组之分，这是根据方程的数学特性加以区分的。

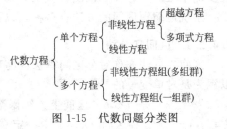

图 1-15　代数问题分类图

　　以上总概括为代数方程。

　　化学、化工中所讨论的问题离不开求方程 $f(x)=0$ 实根的方法。如果 $f(x)$ 是比较简单的函数，人们通常采用数学分析法以方程的系数表现其根。如对一元二次方程 $ax^2+bx+c=0$，可以很方便地按照求根公式求得其解

$$x=\frac{-b\pm\sqrt{b^2-4ac}}{2a}$$

对于三次方程：

$$x^3+px+q=0$$

也有一求解公式，其形式是

$$x=\sqrt{-\frac{q}{2}+\sqrt{\frac{q^2}{4}+\frac{p^3}{27}}}+\sqrt{-\frac{q}{2}-\sqrt{\frac{q^2}{4}+\frac{p^3}{27}}}$$

　　然而，运用该公式求方程的三个根，实际上涉及许多困难，并且需要应用复数。

　　对于四次方程也有求解公式，但它更是复杂。

　　这种数学分析方法有很大的局限性，而且并不是一切方程都有解析式的。对于大多数实际工作中遇到的方程，数学分析法常常是无能为力的，但一般来说，如果方程的系数是纯数字，则可用数值分析的方法求具体任何精确度的解。

　　数值法也称为实验最优的方法，它可以通过少量实验，根据实验在一些已知点获得的数值确定下一个计算点的逐步搜索方法去逼近最优解。由于该法不仅可以处理没有数学解析表达的最优化问题，而且还可以用来求取复杂函数的最优解，因此，在化工系统最优化问题的求解过程中很受重视。

　　在实际工作中，经常需要通过实验寻找与目标有关的一些因素的最优值。由于这类最优化问题可能较复杂，因此，可以借助找出主要因素，而把其他因素视为不变的方法，将之化为单因素问题，一旦找到了搜索方向，即可按一维搜索方法进行寻优。一维搜索方法的效果对多维优化问题整个算法的收敛速度影响很大。通常为加快一维搜索，假定目标函数是"单峰"的，亦即在所讨论区间目标函数上有一个极值。实际上，许多工程问题都具有单峰性态。

　　一维搜索最优化方法，一般分两步进行。

　　① 对于工程问题，变量具有一定的物理意义，例如温度、压力、浓度、流量等，可以

根据这些变量在物理上的限制，确定函数的最小（或最大）值所在初始搜索区间范围。若下限为 a，上限为 b，最优点为 x_0，则 $x_0 \in [a,b]$。当不考虑端点时，$x_0 \in (a,b)$，最优过程产生的区间就是从 a 到 b。

② 若能将实验结果和变量取值的关系写成数学表达式（目标函数），即求 x_0 使下列成立：

$$\max f(x) = f(x_0) \quad \text{或} \quad \min f(x) = f(x_0)$$

若不能写成目标函数形式，甚至不能定量，即实验结果只能以颜色、气味或手感等表达时，就需要以好坏优劣作为评定结果，并设评定结果为 $f(x)$。

搜索法的基本特征是，先选择一个基本点，用直接法中的消去法消去部分搜索空间，找出一个新点，并检验该点是否给出较好的目标函数值，经比较，再选择另一点，如此反复，逐步缩小最优点存在的范围，直至寻找到满足指定精度要求的最优点。

系统地缩短区间的方法有多种，以下仅对区间二分法和黄金分割法简要介绍。

1.4.2.1 区间二分法

区间二分法亦称对分区间算法或简称对分法，是对一般函数方程近似求根的方法，也可以视为是对单变量的寻优问题。

设 $f(x)$ 是 $[a,b]$ 区间上连续函数，且 $f(a) < 0$，$f(b) > 0$。根据连续函数的性质，方程 $f(x) = 0$ 在区间 $[a,b]$ 上一定有实根，即 $[a,b]$ 是 $f(x)$ 的有根区间，假定 $f(x)$ 在 $[a,b]$ 仅有一根，用 $[a,b]$ 的中点 $x_0 = \frac{1}{2}(a+b)$ 平分区间 $[a,b]$，计算中点的函数值 $f(x_0)$，即 $f\left(\frac{a+b}{2}\right)$。

若 $f\left(\frac{a+b}{2}\right) = 0$，则可获得方程的根。若 $f\left(\frac{a+b}{2}\right) > 0$，说明根在 x_0 的左侧，记 $a_1 = a$，$b_1 = x_0$，见图 1-16(a)。若 $f\left(\frac{a+b}{2}\right) < 0$，说明根在 x_0 的右侧，这时令 $a_1 = x_0$，$b_1 = b$，见图 1-16(b)。这样得到方程的新的有根区间 $[a_1, b_1]$，它在原有根区间 $[a,b]$ 的内部，其长度范围仅为 $[a,b]$ 的一半。

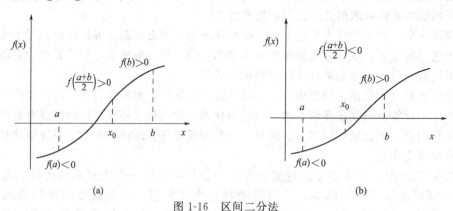

图 1-16　区间二分法

对压缩了的有根区间 $[a_1, b_1]$ 又可施以如上的步骤，即用中点 $x_1 = \frac{1}{2}(a_1, b_1)$，再平分区间 $[a_1, b_1]$，计算 $f\left(\frac{a_1 + b_1}{2}\right)$。若 $f\left(\frac{a_1 + b_1}{2}\right) = 0$，可求得方程的根。若 $f\left(\frac{a_1 + b_1}{2}\right) < 0$ 则说明根在 x_1 的右侧，令 $a_2 = x_1$，$b_2 = b_1$，若 $f\left(\frac{a_1 + b_1}{2}\right) > 0$，说明根在 x_1 的左侧，令

$a_2=a_1$，$b_2=x_1$，于是得到新的有根区间 $[a_2, b_2]$，它在前一有根区间 $[a_1, b_1]$ 内，其长度是前一区间的一半。

如此反复对分几次，就得到一串有根区间：

$$[a,b],[a_1,b_1],[a_2,b_2],[a_3,b_3],\cdots,[a_n,b_n]$$

其中每个区间都包含在它的前一个区间内，且每一区间的长度都是前一区间的二分之一，因此，区间 $[a_n, b_n]$ 的长度为

$$b_n-a_n=2^{-n}(b-a) \tag{1-39}$$

每次对分后，取区间的中点作为根的近似值，即

$$x_1=\frac{1}{2}(a_1,b_1) \tag{1-40}$$

在对分过程中，得到一个近似根的序列：

$$x_0,x_1,x_2,x_3,\cdots,x_n$$

根据计算精度的要求，选取适当的 n，把最后区间的中点 x_0 作为 $f(x)=0$ 的根 x^* 的近似值 x_n^*。

$$x_n^*=\frac{1}{2}(a_n+b_n) \tag{1-41}$$

其误差为：

$$|x^*-x_n^*|\leqslant\frac{b-a}{2^{n+1}} \tag{1-42}$$

因此，只有当相邻的两个函数 $f(a_n)$ 和 $f(b_n)$ 具有相反的符号，且当 $|x^*-x_n^*|$ 足够小时，即可终止该过程。

1.4.2.2　黄金分割法

区间二分法并不能保证最高的寻优效率，而黄金分割的寻优方法提供了比区间二分法更高的寻优效率。

黄金分割法又称 0.618 法。其基本思路是用逐渐缩短单峰区间的长度来搜索目标函数 $f(x)$ 的极小值（或极大值）。它可以通过对给定函数的计算求得，也可以在不能写成目标函数形式时用实验方法求得。

其基本原理是把一复杂线段（L）分成两个不同的部分，两部分中较长的线段（x）对这条线段总长度（L）之比应等于较短的线段（$L-x$）对较长线段（x）之比，即

$$\frac{x}{L}=\frac{L-x}{x}=\lambda \tag{1-43}$$

式中　λ——比例系数。

由式(1-43) 得

$$x^2+Lx-L^2=0,\ \text{即}\left(\frac{x}{L}\right)^2+\left(\frac{x}{L}\right)-1=0,\ \text{则}$$
$$\lambda^2+\lambda-1=0 \tag{1-44}$$

解方程式(1-44) 得两个根，取其正根：

$$\lambda=\frac{-1+\sqrt{5}}{2}=0.61803398874989\cdots\cdots$$

故　$x=\lambda L=0.618L$

即寻查区间是以 0.618 常数率缩小。每缩短一次区间，新的寻查区间的长度是前一次寻查区间长度的 0.618 倍，如在寻查区间 $[a,b]$ 内，

第一次实验点：

$$x_1 = a + 0.618(b-a) \qquad [1\text{-}45(a)]$$

第二次实验点：

$$x_2 = a + b - x_1 \qquad [1\text{-}45(b)]$$

式中　a，b——分别为实验范围 $[a,b]$ 的下限和上限；

　　x_1，x_2——选择的第一和第二次实验点。

将 x_1 和 x_2 分别计算其函数值 $f(x_1)$ 和 $f(x_2)$，并对这两个函数值进行比较。

如图 1-17(a) 所示，$f(x_2) < f(x_1)$，则根据 $f(x)$ 在区间 $[a,b]$ 内的单峰性假定，可以断定极小点（假设欲求函数的极小值）是 x_2（好点），故划掉 $[x_1,b]$，留下 $[a,x_1]$，把 x_1 看成新 b。再在区间 $[a,x_1]$ 范围内寻找好点，则 x_2 的对称点

$$x_3 = a + (x_1 - x_2) \qquad [1\text{-}46(a)]$$

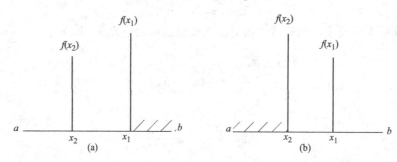

图 1-17　黄金分割法示意图

在 x_3 点安排实验，同时可知，缩小了的寻找区间 $[a,x_1]$ 的长度是原寻找区间 $[a,b]$ 长度的 0.618 倍，即 $(x_1 - a) = 0.618(b-a)$。

如图 1-17(b) 所示，$f(x_2) > f(x_1)$，则根据 $f(x)$ 在区间 $[a,b]$ 内的单峰性假定，可以断定极小点是 x_1（好点），故划掉 $[a,x_2]$，留下 $[x_2,b]$，把 x_2 看成新 a。再在区间 $[x_2,b]$ 范围内寻找好点，则 x_1 的对称点

$$x_3 = b - (x_1 - x_2) \qquad [1\text{-}46(b)]$$

在 x_3 点安排实验，同时可知，缩小了的寻找区间 $[x_2,b]$ 的长度是原寻找区间 $[a,b]$ 长度的 0.618 倍，即 $(b-x_2) = 0.618(b-a)$。

以上 $f(x_1)$ 和 $f(x_2)$ 可分别表示在实验点 x_1 和 x_2 上的实验结果。无论出现哪一种情况，在实验条件范围内，都有两次实验可以比较。去掉一段，留下一段再重复进行 0.618 分割。依次类推，即可在不断缩小的区间内找到真实的极小值或极大值。

【例 1-5】某化工产品的配方中，有一种添加剂的用量在 100～200g 之间进行试验，若按每次增加 1g 试验，则需做 100 次试验才能比较出添加剂最佳用量。现拟采用 0.618 法进行寻优，试确定实验点。

解：寻找区间 $[a,b]$ 为 $[100,200]$。根据式 $[1\text{-}45(a)]$ 和式 $[1\text{-}45(b)]$，得第一和第二实验点添加剂的用量为：

第一次实验点：$100 + 0.618(200-100) = 161.8\text{g}$

第二次实验点：$100 + 200 - 161.8 = 138.2\text{g}$

比较加入 161.8g 和 138.2g 添加剂的两次实验结果，若第一点 161.8g 效果较好，则如图 1-17(b) 所示，应去掉 x_2 点左端，剩 138.2～200g 段，此时的新 a 为 138.2g。再在 $[138.2，200]$ 实验范围内寻找好点 $x_1 = 161.8\text{g}$ 的对称点为第三次实验点，其添加剂用量由式 $[1\text{-}46(b)]$，得

第三次实验点　200－(161.8－138.2)＝176.4g

经实验后，再比较加入176.4g添加剂和加入161.8g添加剂的两次实验结果，若仍然是加入161.8g添加剂为好，则应去掉176.4～200g一段，余138.2～176.4g的寻查范围。此时的寻找区间范围 $[a,b]$ 即 $[138.2, 176.4]$。根据式[1-45(b)]，可得第四次实验点满足添加剂用量为

第四次实验点　138.2＋176.4－161.8＝152.8g

依次类推，重复上述步骤，大约经过几次实验即可取得理想的实验结果。

此外，类似的方法还有斐波那契（Fibonacci）法和抛物线法等，可参阅有关书籍。

1.4.2.3　简单固定点迭代法

该法不同于上一种方法的是仅用一个 x 的初值。

【例 1-6】　计算 $c＝0.100\text{mol}\cdot\text{L}^{-1}$ 的二氯乙酸（$CHCl_2COOH$）溶液的 pH 值（$K_a＝5.0\times10^{-2}$，25℃）。

解　以 HB 表示二氯乙酸，在溶液中有下列平衡

$$HB \rightleftharpoons H^+ + B^-$$

$$\frac{[H^+][B^-]}{HB}＝K_a$$

忽略水的离解，有下列成立

$$[HB]＝c-[H^+]\quad[B^-]＝[H^+]$$

代入式中得　　$[H^+]^2+K_a[H^+]-K_ac＝0$

解之得

$$[H^+]＝-\frac{K_a}{2}+\sqrt{\frac{K_a^2}{4}K_ac}\qquad(舍去负根)$$

$$＝5.0\times10^{-2}\ (\text{mol}\cdot\text{L}^{-1})$$

即　　　　　　　　　　$\text{pH}＝-\lg[H^+]＝1.3$

以上是用公式求解的结果，但是，有的问题不易得到公式，有的虽有公式，但不易求解，因此，需要另外的解法。

如果采用迭代法解决这个问题，由 $[H^+]^2+K_a[H^+]-K_ac＝0$，得

$$[H^+]＝\sqrt{K_a(c-[H^+])}$$

当 K_a 较小时，HB 离解微弱，$[H^+]$ 与 c 相比可忽略，上式可简化为 $[H^+]＝\sqrt{K_ac}$，故可求得 $[H^+]$ 的初近似项。

$$[H^+]^0＝\sqrt{K_ac}＝7.0711\times10^{-2}(\text{mol}\cdot\text{L}^{-1})$$

把初近似值代入 $[H^+]＝\sqrt{K_a(c-[H^+])}$ 的右端，可求得根的近似值

$$[H^+]^1＝\sqrt{K_a(c-[H^+]^0)}＝3.8268\times10^{-2}(\text{mol}\cdot\text{L}^{-1})$$

再把一次近似值代入上式右端，可行二次近似值

$$[H^+]^2＝\sqrt{K_a(c-[H^+]^1)}$$

$$＝5.5557\times10^{-2}(\text{mol}\cdot\text{L}^{-1})$$

重复上述步骤，继续做下去，一般地，把第 k 次近似值 $[H^+]^k$ 代入前式右端，可得 $k+1$ 次近似值

$$[H^+]^{k+1}＝\sqrt{K_a(c-[H^+]^k)}$$

以上结果可见图 1-18 和表 1-10。

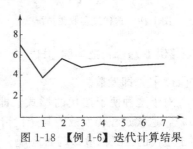

图 1-18　【例 1-6】迭代计算结果

从图 1-18 和表 1-10 可以看出, 计算过程中所得的近似值越来越向根的真值逼近, 而且前后之差也越来越小。如果 e 取 1.0×10^{-6} 进行计算, 那么 $[H^+]^{16}$ 与 $[H^+]^{15}$ 之差已符合要求, 即 $[H^+]$ 已满足方程的近似根为 $[H^+] = [H^+]^{16} = 5.0000 \times 10^{-2}$ $(mol \cdot L^{-1})$。

表 1-10 迭代计算结果

k	$[H^+]^k/(\times 10^{-2})$	k	$[H^+]^k/(\times 10^{-2})$
0	7.0711	9	4.9956
1	3.8268	10	5.0022
2	5.5557	11	4.9989
3	4.714	12	5.0006
4	5.141	13	4.9997
5	4.929	14	5.0001
6	5.0354	15	4.9999
7	4.9823	16	5.0000
8	5.0089		

上述过程中, $[H^+]^{k+1} = \sqrt{K_a(c - [H^+]^k)}$ 为迭代公式, 此计算过程称迭代过程, 所得序列 $[H^+]^0$、$[H^+]^1$、$[H^+]^2$、$\cdots$、$[H^+]^{k+1}$ 称作迭代序列。

抽掉上例的化学意义, 并且用 x 表示未知数, 一般在数学上可做如下描述。

对于方程 $f(x) = 0$

先把它化为便于迭代的形式 $x = F(x)$

把求得的近似初值 x^0 代入 $x = F(x)$ 之中得第二次近似值, $x^2 = F(x^1)$, 继续重复这个步骤使得

$$x^3 = F(x^2) \quad x^4 = F(x^3)$$

一般有 $\quad x^{k+1} = F(x^k)$

于是得序列 $x^0, x^1, x^2, \cdots, x^k, \cdots$

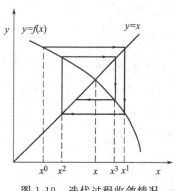

图 1-19 迭代过程收敛情况

如果这个序列有极限 $\lim_{k \to \infty} x^k = x^*$, $F(x)$ 若连续, 则 x^* 就是原方程的根, 此时迭代收敛。

从几何意义上看, 把 $f(x) = 0$ 化为 $x = F(x)$, 就是把求曲线 $y = f(x)$ 与 x 轴交点的横坐标转化为求曲线 $y = f(x)$ 与直线 $y = x$ 交点的横坐标问题。如果迭代过程收敛, 则由近似初值 x^0 出发, 通过折线一步步向根 x 逼近。图 1-19 表示迭代过程收敛的情况。

然而, 把 $f(x) = 0$ 化为便于迭代的形式不是唯一的, 也就是说可以化为各种不同的便于迭代的形式。但是, 并不是每一种迭代形式都是收敛的。

【例 1-7】 若把本例 $[H^+]^2 + K_a[H^+] - K_a c = 0$ 化为 $[H^+] = c - \dfrac{1}{K_a}[H^+] = 0.100 - 20[H^+]^2$, 即发散。

对于这种便于迭代的形式, 即使初值 x^0 很靠近真值 x^*, 例如, 取 $[H^+]^0 = 4.6 \times 10^{-2}$, 迭代过程仍发散, 其迭代情况如表 1-11 和图 1-20 所示。于是这便涉及怎样判断一个便于迭代的公式的收敛与否问题。

表 1-11 迭代结果

K	0	1	2	3
$[H^+] \times 10^{-2}$	4.6	5.768	3.346	7.761

定理：$x = F(x)$ 中，函数 $F(x)$ 在包含原方程 $f(x) = 0$ 的根 x^* 的某一适当邻域 $(x^* - \delta, \ x^* + \delta)$ 内（δ 为大于零的常数），有 $[F'(x)] \leqslant q < 1$（q 为常数），近似初值也选在这个邻域内，迭代过程收敛；若 $[F'(x)] \geqslant q > 1$，则迭代过程发散。

利用该定理可以判定迭代过程的收敛与发散。例如，对于

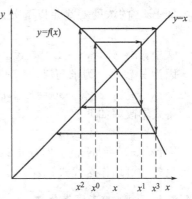

$$[H^+] = \sqrt{K_a(c - [H^+])}$$

$$|F'([H^+])| = \left| \frac{d\sqrt{K_a(c - [H^+])}}{d[H^+]} \right|$$

$$= \left| -\frac{1}{2}\sqrt{\frac{K_a}{c - [H^+]}} \right|$$

$$= \frac{1}{2}\sqrt{\frac{K_a}{c - [H^+]}}$$

图 1-20 迭代过程发散情况

将 $[H^+] = 5.00 \times 10^{-2}$ 代入右端得 $|F'([H^+])| = \frac{1}{2} < 1$

因为 $\frac{1}{2}\sqrt{\dfrac{K_a}{c - [H^+]}}$ 有连续性，在包含原方程根的一个适当邻域中均有 $\frac{1}{2}\sqrt{\dfrac{K_a}{c - [H^+]}} < 1$，此迭代必定收敛。

将 $[H^+] = 5.00 \times 10^{-2}$ 代入得 $40[H^+] = 40 \times 5.00 \times 10^{-2} = 2 > 1$

根据定理，这个迭代过程发散。

近似初值 x^0 有以下求法：

① 图解法；

② 粗略扫描；

③ 从化学意义出发，忽略次要因素，用一个近似方程式替代迭代方程，把其根看成初值 x^0。

方程的近似根是根据具体情况而确定的（要求一定精度），一般来说，预先确定一个很小的正数 ε，如果 $|x^{k+1} - x^k| \leqslant \varepsilon$，则停止迭代。

如上例中，取 $\varepsilon = 10^{-6}$，$[H^+]^{16} - [H^+]^{15} = 5.000 \times 10^{-2} - 4.9999 \times 10^{-2} \leqslant \varepsilon$，停止迭代，则 $[H^+]^{16}$ 作为满足 $\varepsilon = 10^{-6}$ 的根。然而，即使 $|x^{k+1} - x^k| \leqslant \varepsilon$，即 x^{k+1} 和 x^k 相差很小，但并不说明 $|x^{k+1} - x^*| \leqslant \varepsilon$。

$|x^{k+1} - x^k|$ 与 $|x^{k+1} - x^*|$ 的确是两码事，但它们之间也有联系，如 $|F'(x)| \leqslant q < 1$，就有下列误差估计式：

$$|x^{k+1} - x^*| \leqslant \frac{q}{1-q}|x^{k+1} - x^k| \tag{1-47}$$

式中　q——常数。

只要 $|x^{k+1} - x^k|$ 足够小，就能保证 $|x^{k+1} - x^*|$ 足够小，所以一般用 $|x^{k+1} - x^k| \leqslant \varepsilon$ 来控制迭代过程，结果再做适当舍入。

【例 1-8】 已知 BaF_2 的溶度积 K_{sp} 为 1.7×10^{-6}，试计算在浓度 $c = 0.1 mol \cdot L^{-1}$ 的 NaF 溶液中 BaF_2 的溶解度。

解：由题设条件可知 Ba^{2+} 和 F^- 的浓度如下：

$$[Ba^{2+}][F^-]^2 = K_{sp} \qquad \qquad ①$$
$$x \quad c + 2x$$

即 Ba^{2+} 的浓度 x 满足以下关系：

$$x(c + 2x) = K_{sp}$$

式中，$c = 0.1 mol \cdot L^{-1}$，$K_{sp} = 1.7 \times 10^{-6}$

因为 x 较小，为求初值，令 $c + 2x \approx c$，则

$$x_0 = K_{sp}/c^2 = 1.7 \times 10^{-6}/0.01 = 1.7 \times 10^{-4} \qquad ②$$

将式①改写如下：

$$x = K_{sp}(c + 2x)^{-2} = \varphi(x) \qquad \qquad ③$$

因 $|\varphi'(x)| = |K_{sp}(-2)(c + 2x)^{-3}(2)| < 1$

故式③可用作迭代式。

1.4.2.4 牛顿-拉夫森迭代法

牛顿-拉夫森迭代法是使用最广泛的迭代方法，它不要求事先找到两个异号的函数值来把根夹住。牛顿-拉夫森迭代法不是在两个函数值间作内插，而是沿着曲线上一点的切线外推。

当 $f(x)$ 的导数比较容易计算时，牛顿-拉夫森迭代法是一种求解方程 $f(x) = 0$ 的较好的方法。

如图 1-21 所示，设 $f(x)$ 是 $[A, B]$ 区间上的连续函数，且 A 点为曲线上对应于 x_1 的点，A 点的纵坐标即为 $f(x_1)$。过 A 点作这条曲线的切线，该切线在 x 轴上的截距为 x_2，若把 x_1 作为根的第一个近似值，则有

$$f'(x_1) = \tan\theta = \frac{f(x_1)}{x_1 - x_2} \qquad (1-48)$$

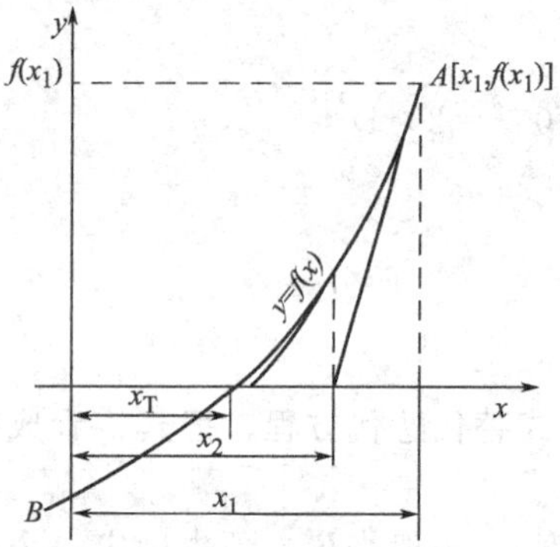

图 1-21 用牛顿法求 $f(x) = 0$ 的实根

其中 $f'(x_1)$ 表示 $f(x)$ 的导数在 $x = x_1$ 处所取的值，于是

$$x_2 = x_1 - \frac{f(x_1)}{f'(x_1)}$$

然后，再将求出的 x_2 作为根的新的估计值，按以上同样过程，进行第二次迭代。

$$x_3 = x_2 - \frac{f(x_2)}{f'(x_2)}$$

如此迭代下去，就能建立如下关系式：

$$x_{n+1} = x_n - \frac{f(x_n)}{f'(x_n)} \qquad (1-49)$$

用此公式反复计算，就能依次求出更好的近似值，一直到两次迭代结果之差的绝对值 $|x_{n+1} - x_n|$ 满足所给的精度，则求解完毕。在该方法中，假定沿 AB 没有拐点。

设 $f(x)$ 的精确根为 x_T，迭代公式 $x_{n+1} = x_n - \dfrac{f(x_n)}{f'(x_n)}$ 也可由 $f(x)$ 在 $x = x_T$ 处的泰勒（Taylor）级数展开式推导出来：

$$f(x_T) = f(x) + (x_T - x)f'(x) + \cdots + \frac{f^{(k)}(x)}{k!}(x_T - x)^k + R$$

略去高次项，仅取前两项，则

$$f(x_T) \approx f(x) + (x_T - x)f'(x)$$
$$0 \approx f(x) + (x_T - x)f'(x) \tag{1-50}$$

由此即可得到迭代公式。

正像简单固定点在迭代法中介绍的那样，当 $|x_{n+1} - x_n|$ 小于或等于某个定值 ε 时，就可取 x_{n+1} 作为方程 $f(x) = 0$ 的近似根。

例如　利用迭代公式 $x_{n+1} = x_n - \dfrac{f(x_n)}{f'(x_n)}$ 来近似求解 $x^2 - c = 0$ 的根，即求算 $\sqrt{c}$ 。取

$$f(x) = x^2 - c$$
$$f'(x) = 2x$$

逐次迭代关系式变成

$$x_{n+1} = x_n - \frac{x_n^2 - c}{2x_n} \quad \text{或} \quad x_{n+1} = \frac{1}{2}\left(x_n + \frac{c}{x_n}\right)$$

假定 $c = 24$ ，并任意取初值

$$x_1 = 1$$

则

$$x_2 = \frac{1}{2}(1 + 24) = 12.5$$

$$x_3 = \frac{1}{2}(12.5 + 24/12.5) = 7.21$$

$$x_4 = \frac{1}{2}(7.21 + 24/7.21) = 5.2694$$

$$x_5 = \frac{1}{2}(5.2694 + 24/5.2694) = 4.9120$$

$$x_6 = \frac{1}{2}(4.9120 + 24/4.9120) = 4.8990$$

$$\vdots$$

该过程一直继续到下面的关系式成立时为止

$$|x_{n+1} - x_n| \leqslant \varepsilon$$

其中，ε 是事先给定的很小的正数，比如，在此求解的问题中给定 $\varepsilon = 0.01$ 。值得注意的是，这种方法只适于求 $f(x)$ 的实根，且函数 $f(x)$ 在 $[A, B]$ 区间要连续。

【例 1-9】　一氧化碳与氢按以下反应成甲醇

$$CO + 2H_2 \Longrightarrow CH_3OH$$

现有 1mol CO 与 2mol H_2 的混合物在 $T = 590℃$ 、$p = 3.04 \times 10^7 Pa$ 下，反应达到平衡（$K_f = 1.393 \times 10^{-15}$ ，$K_r = 0.43$ ），求 CH_3OH 在平衡气体中物质的量分数。

解：反应前及平衡时各物质物元量如下：

$$CO + 2H_2 \Longrightarrow CH_3OH$$

反应前　　　　　　　1　　2
平衡时　　　　　　1-x　2(1-x)　　　x

平衡气总物元量为 $(1-x) + 2(1-x) + x = 3 - 2x$ ，所以，达到平衡时应当满足以下

关系：

$$K=\frac{K_{\mathrm{f}}}{K_{\mathrm{r}}}=\frac{p_{\mathrm{CH_3OH}}}{p_{\mathrm{CO}} \cdot p_{\mathrm{H_2}}}=\frac{\dfrac{x}{3-2x}p}{\dfrac{1-x}{3-2x}p\left(\dfrac{2-2x}{3-2x}\right)^2 p^2}p=\frac{x(3-2x)^2}{(1-x)(2-2x)^2 p^2}$$

上式可改写为：

$$f(x)=4(Kp^2+1)x^3-12(Kp^2+1)x^2+(12Kp^2+9)x-4Kp^2=0$$

或

$$f(x)=K_1x^3-K_2x^2+K_ax-K_4=0$$

其中：$K_1=4(Kp^2+1)$，$K_2=3K_1$，$K_a=12(Kp^2+9)$，$K_4=4Kp^2$

对 $f(x)$ 求导数，得

$$f'(x)=3K_1x^2-2K_2x+K_a$$

1.4.2.5 方程求根小结

① 用数值方法求方程的根，有区间二分法、黄金分割法、简单固定点迭代法和牛顿-拉夫森迭代法等。

② 区间二分法和黄金分割法首先要确定尽可能小的存根区间，对于有重根和函数与 x 轴相切的点都会遇到麻烦，但方法简单，并且可以根据化学知识求解。

③ 简单固定点迭代法、牛顿-拉夫森法首先要把方程化为迭代的形式，再根据判定定理判定此迭代形式是否收敛。

④ 牛顿-拉夫森法的收敛速度快，但不太稳定，而且每迭代一步都要算一次函数值和导数值，若 $f(x)$、$f'(x)$ 都很复杂，则计算量大。简单固定点迭代法收敛慢一些，但不需要计算函数值与导数值，此方法对于解三次以上和超越方程有其实际意义。

1.4.3 插值

一般来说，化学、化工实验过程要输出大量数字化信息。这些信息无论具有什么特性，都必须进行细致的加工处理。对数据的粗劣处理常常会导致人为误差的增加，造成对问题的曲解，引起混乱。以下将介绍实验数据整理方面的内容。比如，在不同条件（x）下测定某物理量的值（y），就会得到一组（x,y）数据，在整理这些实验数据时，最简单的方法是列表法。列表法给出的 $y=f(x)$ 的关系虽然对函数的变化规律有一定的反映，但往往很不方便，因为它不能给出点以外的函数值。若能用一个数学式，即使是近似的，也便于研究和分析函数的性质和计算函数。这种寻找一个简单表达式近似表达某一函数，使它们在给定的若干点处有相同的函数值（即符合实验数据）的方法，就遇到所谓插值问题。

插值法是一种古老的数学方法。它是根据自变量与函数的一组离散值（可能是通过实验得到的，也可能是通过其他某种途径得到的）构造一个近似函数，来代替原未知函数，进而求得某个或某些自变量值所对应的函数值的近似值的方法。

例如，利用插值法找出不同温度下二氧化碳与溶解度关系表格中某两温度间的溶解度；对于化学工程问题中所涉及的牛顿型流体计算，常常利用管路摩擦损失与雷诺数 Re 和管路粗糙度 ε 的关系，而摩擦系数 $\lambda=(Re,\varepsilon)$ 是一个二元函数，通常是可以查图得到的，但当遇到粗糙度 ε 不恰好是图上的数字时，就要求内插求值。同样，在传质过程中，也有不少问题要用到插值法帮助解决。像在 C_2H_5OH-H_2O 二元系统的精馏中，需要正确的平衡曲线。在绘制此曲线时，需要许多不同浓度的平衡数据，这些数据虽然可以从文献中查到，但在具体绘制 y-x 相图时，往往会发现在曲线的拐点附近数据甚少，而高浓度的数据也不敷应用，此时也要求采用内插法予以解决。

利用数学语言，可将插值法作如下表述：设 $y=f(x)$ 在区间 $[a,b]$ 上连续，且已知它在 $[a,b]$ 上几个不同的点 x_0，x_1，x_2，$\cdots$，x_n 上取值为 y_0，y_1，y_2，$\cdots$，y_n，求一个函数 $p(x)$，使它在 x_0，x_1，x_2，$\cdots$，x_n 各点处的函数值和 $f(x)$ 相同，即 $p(x_i)=f(x_i)(i=1,2,\cdots,n)$。

上述各点 x_0，x_1，x_2，$\cdots$，x_n 称为插值结点或简称结点，$p(x)$ 称为插值函数，$f(x)$ 称为被研究函数或被插函数，以两个相距最远的结点为端点的区间称为插值区间。

考虑到化学、化工实验研究的需要，这里介绍一般常用的方法。

1.4.3.1　拉格朗日一元全结点插值

设 $(x_0,y_0),(x_1,y_1),\cdots(x_1,y_1),\cdots,(x_n,y_n)$ 是 $n+1$ 个结点坐标,现选用以下含有 $n+1$ 个系数的 n 次多项式作为插值方程。

$$
\begin{aligned}
y = {} & a_0(x-x_1)(x-x_2)\cdots(x-x_n)+ \\
& a_1(x-x_0)(x-x_2)\cdots(x-x_n)+ \\
& a_2(x-x_0)(x-x_1)\cdots(x-x_n)+\cdots+ \\
& a_n(x-x_0)(x-x_1)\cdots(x-x_n)
\end{aligned}
$$

$$
= \sum_{i=0}^{n}\left[a_i \prod_{\substack{j=0 \\ (j\neq i)}}^{n}(x-x_j) \right] \tag{1-51}
$$

将 $(x_0，y_0)$ 代入式(1-51) 可得

$$
y_0 = a_0(x_0-x_1)(x_0-x_2)\cdots(x_0-x_n)
$$

上式等号以右相应于式(1-51) 中的第一项。

将 $(x_1，y_1)$ 代入式(1-51) 可得

$$
y_1 = a_1(x_1-x_0)(x_1-x_2)\cdots(x_1-x_n)
$$

该式等号以右相应于式(1-51) 中的第二项，因此，一般地，若将 $(x_i，y_i)$ 代入式(1-51)，则可得

$$
y_i = a_i(x_i-x_0)(x_i-x_1)(x_i-x_2)\cdots(x_i-x_{i+1})\cdots(x_i-x_n)=a_i\prod_{j=0}^{n}(x_i-x_j)
$$

于是

$$
a_i = \frac{y_i}{\displaystyle\prod_{\substack{j=0 \\ (j\neq i)}}^{n}(x_i-x_j)} \tag{1-52}
$$

将式(1-52) 再代回到式(1-51) 得

$$
y = \sum_{i=0}^{n}\left[\frac{y_i}{\displaystyle\prod_{\substack{j=0 \\ (j\neq i)}}^{n}(x_i-x_j)} \times \prod_{\substack{j=0 \\ (j\neq i)}}^{n}(x-x_j) \right] = \sum_{i=0}^{n}\left[y_i \prod_{\substack{j=0 \\ (j\neq i)}}^{n}\frac{x-x_j}{x_i-x_j} \right] \tag{1-53}
$$

式(1-53) 等号以右只含有 $n+1$ 个结点坐标 $(x_i，y_i)$ 及被插值点自变量 x，因此，用它可以自 x 求出被插值点的因变量 y 值。

由式(1-53) 的推导过程可以看出，拉格朗日插值法体现出的是两个变量间的关系。任何一个变量都可取做自变量，如果取 y 值做自变量，则按照与上述相同的步骤可得

$$x = \sum_{\substack{j=0 \\ (j \neq i)}}^{n} \left[\prod_{\substack{i=0 \\ (j \neq i)}}^{n} \frac{y - y_j}{y_i - y_j} \right] \tag{1-54}$$

用此方程可以求出各指定 y 值时的 x 值，这样的插值称为反插。拉格朗日法可用于反插，另外，这种插法不是自变量彼此等距，这也是它的一个优点。

1.4.3.2 拉格朗日一元部分结点插值

采用拉格朗日一元全结点插值时，要用到实验中的全部数据，计算工作量比较大，考虑到一般情况下，远离被插值点的结点数据对插值的影响比较小，因而可以只选用被插值点附近的部分数据，即采用一元部分结点插值的算法。

设 x_i，y_i 是编号为 i 的原始数据的自变量与因变量值：数据编号由 $n_0 \rightarrow n_n$，n_0 作为输入量一般可规定为 0 或 1，x 是被插值点自变量。现任务是用拉格朗日内插法求被插值点的因变量值 y，要求在插值时只使用最靠近被插值点的 m 个数据做结点。设这 m 个点的编号为 $n_1 \rightarrow n_2$，则按照拉格朗日一元全结点插值中的推导方法不难求得

$$y = \sum_{i=n_1}^{n_2} \left[y_i \prod_{\substack{j=n_1 \\ (j \neq i)}}^{n_2} \frac{x - x_j}{x_i - x_j} \right] \tag{1-55}$$

为了求出 n_1 和 n_2 值，首先将 x_2 依次与 x 比较，以找出靠近 x 的数据编号 k，再根据此编号 k 确定 n_1 和 n_2 值，最后可按要求确定出 y 值。

1.4.3.3 拉格朗日二元插值

如前所述，在处理化学工程实验数据问题中，也经常会遇到二元函数 $z = (x, y)$ 的插值问题，也就是要在 $m \times n$ 个点 (x_i, y_j) 上给定函数值 $z_{i,j} = (x_i, y_j)$，要求一个简单的函数 $\varphi(x, y)$，使它在这 $m \times n$ 个点上和 $f(x, y)$ 取相同的函数值，而其余各点可作为 $f(x, y)$ 的近似值。其较直观的几何意义为，作一曲面 $\bar{z} = \varphi(x, y)$，使它经过空间 $m \times n$ 个点 $(x_i, y_j, z_{i,j})$ 且与曲面 $z = (x, y)$ 非常接近。

实际上，二元插值问题可转化为一元插值问题来处理，为了说明方便，设有如表 1-12 所示的数据，其中 $x_i (i = n+1, \cdots, n_2)$ 及 $y_j (j = m_1, m_1 + 1, \cdots, m_2)$ 为插值结点的自变量，$z_{i,j}$ 为插值结点的因变量，现在的问题是求被插值点自变量分别为 x 和 y 时相应的被插值点因变量值 z。

表 1-12 二元插值数据

$\dfrac{y_j}{\quad x_i}$	y_{m_1}	y_{m_1+1}	$\cdots$	y_j	$\cdots$	y_{m_2}
x_{n_1}	z_{n_1,m_1}	z_{n_1,m_1+1}	$\cdots$	$z_{n_1,j}$	$\cdots$	z_{n_1,m_2}
x_{n_1+1}	z_{n+1,m_1}	z_{n+1,m_1+1}	$\cdots$	$z_{n_1+1,j}$	$\cdots$	z_{n_1+1,m_2}
$\cdots$	$\cdots$	$\cdots$	$\cdots$	$\cdots$	$\cdots$	$\cdots$
x_i	z_{i,m_1}	z_{i,m_1+1}	$\cdots$	$z_{i,j}$	$\cdots$	z_{i,m_2}
$\cdots$	$\cdots$	$\cdots$	$\cdots$	$\cdots$	$\cdots$	$\cdots$
x_{n_2}	z_{n_2,m_1}	z_{n_2,m_1+1}	$\cdots$	$z_{n_2,j}$	$\cdots$	z_{n_2,m_2}

按照前面对一元插值公式的推导方法，不难导出如下拉格朗日二元插值计算式，它可视为式(1-55)的推广。

$$z = \sum_{i=n_1}^{n_2} \sum_{j=m_1}^{m_2} \left[z_{i,j} \prod_{\substack{k=n_1 \\ (k\neq i)}}^{n_2} \frac{x-x_k}{x_i-x_k} \prod_{\substack{l=m_1 \\ (l\neq j)}}^{m_2} \frac{y-y_i}{y_j-y_i} \right] \tag{1-56}$$

显然，表 1-12 中的数据可以是全部数据，也可以是靠近插值点的部分数据。

1.4.4　数值积分

数值积分是用近似计算方法解决定积分计算问题。定积分在数学上占有重要的地位，在许多科学领域经常要用到各种积分运算。在化学工程中的传质过程的气相传质单元数的求取、反应器设计中的绝热反应器计算等，均需用到定积分。

从几何上看，定积分的意义很明确，如图 1-22 所示为函数 $y=f(x)$ 的图形，在曲线 $y=f(x)$ 和 x 轴之间，从 $x=a$ 到 $x=b$ 所围成的阴影部分面积记为 S，则有

$$S = \int_a^b f(x)\,\mathrm{d}x \tag{1-57}$$

而 S 称为区间 $[a,b]$ 的定积分，从图 1-23 可见，面积 S 显然可用图示的各个矩形面积之和来表示，这些矩形是所在区间 $[a,b]$ 分成 n 个子区间而形成的。每个矩形的宽为 $h=(b-a)/n$，而另一边为 x_i 对应的高 $f(x_1)$，$f(x_2)$，$\cdots$，$f(x_n)$。如果增大 n，那么 S 的近似值就变得越精确，而 $n\to\infty$ 时，就定义了定积分，即

$$\int_a^b f(x)\,\mathrm{d}x = S = \lim_{n\to\infty}\left[hf(x_1)+hf(x_2)+\cdots+hf(x_n)\right] = \lim_{n\to\infty} h\sum_{i=1}^n f(x_i) \tag{1-58}$$

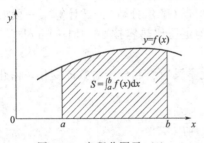

图 1-22　定积分图示（1）

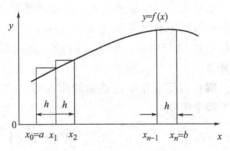

图 1-23　定积分图示（2）

实际上用矩形来进行近似值计算时，n 总是取一个明确值，以便把 $[a,b]$ 作 n 等分，故矩形法的积分近似公式为：

$$\int_a^b f(x)\,\mathrm{d}x = h\left[f(x_1)+f(x_2)+\cdots+f(x_n)\right] = h\sum_{i=1}^n f(x_i) \tag{1-59}$$

在积分 $\int_a^b f(x)\,\mathrm{d}x$ 不能解析地求解的情况下，使用另一种易于计算的积分 $\int_a^b \varphi(x)\,\mathrm{d}x$，从数值上来代替定积分 $\int_a^b f(x)\,\mathrm{d}x$，该定积分值的计算则常常是可能的。

以下介绍两种方法，但不作误差分析，关于这种误差分析，可参看有关数值分析专著。

1.4.4.1　梯形法（Trapezoidal rule）

对于积分 $S = \int_a^b f(x)\,\mathrm{d}x$，把区间 $[a,b]$ 等分成 n 个宽度为 h 的子区间。假定函数 $y=f(x)$，如图 1-24 所示。

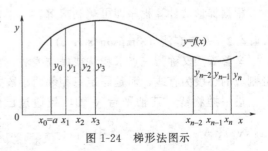

图 1-24　梯形法图示

图中，面积 S 可以近似等于 n 个高度为 h 的梯形面积之总和，则有

$$S = \int_a^b f(x)\mathrm{d}x \cong \frac{h}{2}(y_0+y_1) + \frac{h}{2}(y_1+y_2) + \frac{h}{2}(y_2+y_3) + \cdots + \frac{h}{2}(y_{n-1}+y_n)$$

$$= \frac{h}{2}[f(x_0)+2f(x_1)+2f(x_2)+\cdots+2f(x_{n-1})+f(x_n)] \tag{1-60}$$

$$= \frac{h}{2}\left[f(x_0)+f(x_n)+2\sum_{i=1}^{n-1}f(x_i)\right]$$

当 n 增加时，其将更为接近真值，亦即梯形的宽度 h 越小，求得的结果越准确。

一般说来，用梯形式近似计算 S 值所引起的误差，其值大致与 h^2 成比例，因此，h 值的减小将使 S 与 S_n 之差值迅速减小，但 h 值的减小实际上是有限度的，否则会增大计算量。实际上，若干区间 n 的数目很大，例如 $n=10000$，这么多个数在计算中所引起的舍入误差将使这个方法的总的精确度下降，所以，仅仅在 n 的临界值之内，在计算机上实现梯形法所引起的总的误差才会随着子区间数 n 的增大而减小。超过这个临界值，误差增大，总的精确度反而下降。

【例 1-10】 乙炔水合法是工业生产丙酮的方法之一，其反应式为

$$2C_2H_2 + 3H_2O \Longrightarrow CH_3COCH_3 + CO_2 + 2H_2$$

在 $ZnO\text{-}Fe_2O_3$ 催化剂存在条件下，乙炔水合反应为一级反应，其动力学方程为

$$-r_A = kc_A, \quad k = 7.06 \times 10^7 e^{-\left[\frac{14730}{RT}\right]}$$

乙炔水合反应器采用的是两段绝热器，原料气的处理量为 1000 （$m^3 \cdot h^{-1}$）（标准状态）。进第一段的原料气温度为 653.15K，乙炔含量为 3.0%（摩尔分数），试计算第一段的乙炔转化率达 68% 时所需催化剂的量。反应混合气的平均定压比热容按 $36.4 kJ \cdot kmol^{-1} \cdot K^{-1}$ 计算。

解： 因反应器中乙炔的浓度很稀，故可忽略因化学反应引起分子总数的变化，由化学反应工程学可知

$$V_R = F_{V_0} \int_0^{0.68} \frac{T}{k(1-x_A)T_0} \mathrm{d}x_A$$

如果直接对该式积分求解，则比较麻烦，为此，令 V_R 计算式中积分等于 $f(x_A)$，并将已知值代入，得

$$f(x_A) = \frac{T}{7.06 \times 10^7 (1-x_A) \times 273.15 e^{-\left[\frac{14780}{RT}\right]}}$$

由 $T\text{-}x_A$ 关系式 $T = 653.15 + 147x_A$

得

$$V_R = F_{V_0} \int_0^{0.68} f(x)\mathrm{d}x = 1000 \int_0^{0.68} \frac{653.15 + 147x_A}{7.06 \times 10^7 (1-x_A) \times 273.15 e^{-\left[\frac{14780}{1.987(653.11+147x_A)}\right]}} \mathrm{d}x_A$$

根据梯形法计算程序即可顺利求解。

1.4.4.2 辛普森法 (Simpson's rule)

辛普森法又称为三点求积法或抛物线法，它与梯形法的区别在于它并不假定函数曲线被分割成的小段为直线，而是假定每相邻两小段共同组成一个二次曲线。

设一抛物线，其轴平行 y 轴，且通过已知的三点（图 1-25），即 $M_0(x_0, y_0)$、$M_1(x_1, y_1)$、$M_2(x_2, y_2)$，其中 $x_1 = \dfrac{x_0 + x_2}{2}$，则此抛物线与 x 轴及两线 $x=x_0$，$x=x$，所

围成的面积为 $S = \dfrac{1}{6}(x_2 - x_0)(y_0 + 4y_1 + y_2)$。

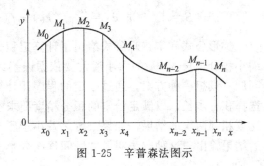

图 1-25　辛普森法图示

设抛物线的方程为：

$$y = ax^2 + \beta x + \gamma$$

其中常数 a，β，γ 可由以下关系式确定：

$$y_0 = ax_0^2 + \beta x_0 + \gamma$$

$$y_1 = ax_1^2 + \beta x_1 + \gamma$$

$$y_2 = ax_2^2 + \beta x_2 + \gamma$$

因此，面积

$$S = \int_{x_0}^{x_1}(ax^2 + \beta x + \gamma)\,\mathrm{d}x$$

$$= \frac{a}{3}(x_3^2 - x_0^3) + \frac{\beta}{2}(x_2^2 - x_0^2) + \gamma(x_2 - x_0)$$

$$= \frac{1}{6}(x_1 - x_0)[2a(x_2^2 + x_0 x_2 + x_0^2) + 3\beta(x_2 + x_0) + 6\gamma]$$

$$= \frac{1}{6}(x_2 - x_0)(ax_0^2 + \beta x_0 + \gamma) + [(ax_2^3 + \beta x_2 + \gamma) + a(x_0 + x_2)^2 + 2\beta(x_0 + x_2) + 4\gamma]$$

由于 $x_2 + x_0 = 2x_1$（x_1 是 x_0、x_2 的中点），则

$$S = \frac{1}{6}(x_1 - x_0)(y_0 + y_1 + 4y_1) \tag{1-61}$$

辛普森法同前法一样，把区间 $[a,b]$ 作 n 等分（n 为偶数），各子区间的宽度 h 为

$$h = \frac{b-a}{n} \tag{1-62}$$

各分点为 $a = x_0 < x_1 < x < \cdots < x_{n-2} < x_{n-1} < x_n = b$ 与各分点对应的纵坐标为

$$y_0, y_1, y_2, \cdots, y_{n-1}, y_n$$

把曲线 $y = f(x)$ 上对应于区间 $[x_0, x_2]$ 的弧换成一段抛物线，使其轴平行于 y 轴，且通过 M_0 (x_0, y_0)、M_1 (x_1, y_1) 和 M_2 (x_2, y_2) 三点。又将对应于区间 $[x_2, x_4]$、$[x_4, x_0]$、$\cdots$、$[x_{n-2}, x_n]$ 的各弧同样换成抛物线弧，于是把面积 $M_0 ab M_n$ 换成一个抛物线弧下的面积之和，各子区间的面积为

$$\frac{1}{3}h(y_0 + 4y_1 + y_2), \quad \frac{1}{3}h(y_2 + 4y_3 + y_4), \cdots, \quad \frac{1}{3}h(y_{n-2} + 4y_{n-1} + y_n) \tag{1-63}$$

这些面积之和是作为面积 $M_0 ab M_n$ 的近似值，亦即定积分 $\displaystyle\int_a^b f(x)\mathrm{d}x$ 的近似值，所以，辛普森法的近似公式为

$$\int_a^b f(x)\mathrm{d}x = S \approx \frac{1}{3}h(y_0 + 4y_1 + 2y_2 + 4y_2 + 2y_4 + \cdots + 4y_{n-1} + y_n)$$

$$\int_a^b f(x)\mathrm{d}x \approx \frac{1}{3}h[y_0 + y_n + 4(y_1 + y_3 + \cdots + y_{n-1}) + 2(y_2 + y_4 + \cdots y_{n-2})]$$

$$= \frac{h}{3}\{f(x_0) + f(x_n) + 4[f(x_1) + f(x_3) + \cdots + f(x_{n-1})] +$$

$$2[f(x_2) + f(x_4) + \cdots + f(x_{n-2})]\}$$

此即为有 n 个纵坐标，$n-1$ 个间隔时的面积。辛普森法要求将面积分成含有偶数间隔，含有奇数个纵坐标。

$$S = \int_a^b f(x)\mathrm{d}x = \frac{h}{3}\left\{ f(x_0) + f(x_n) + \sum_{j=1}^{n/2} \left[2f(x_{2j-1}) + f(x_{2j}) \right]^* \right\} \qquad (1\text{-}64)$$

梯形公式和辛普森公式给出了计算定积分的非常简单的公式。为提高计算精度，一般需缩小积分步长 h。h 的大小通常要依据误差式做事先估计，此法既烦琐，又困难。为解决此问题，设想一种方案，通过一定的程序让计算机来完成这项工作。也就是说，让计算机自动选择积分步长，以满足给定的积分精度要求。具体办法是把积分区间逐次分半，计算后随时比较相邻两次的结果，如果二者之差小于所允许的误差界限，计算机就自动停止计算，把最后结果输出，这种方法叫做"区间逐次分半法"，可参阅有关书籍介绍。

1.5　实验设计方法

一个周密科学的实验方案，既是研究实践的依据，又是分析和判断其研究结果可靠性的保证。实验方案的拟订，首先应合理选择实验设计方法。选择设计方法则必须依据研究对象应考察内容的难易程度为基础，因此，对研究内容中因素的多少、水平的高低都必须遵循客观实际。在具体设计时，可以根据因素及因素的水平来决定实验次数、实验顺序、实验方法、测量点数目及重复次数等。

通常，实验设计可分为单因素设计和多因素设计两类，对于单因素而言，由于影响因素简单，其设计也较简单，如前已叙及的黄金分割法等。对于影响因素多的研究对象，如化工过程研究往往要涉及温度、压力、原料用量、催化剂、反应时间以及 pH 值等多种因素。若采用排列组合的全面试验法进行实验，则 3 因素、3 水平组成的实验次数可达 $3^3 = 27$，即有 27 种水平组合：$A_1B_1C_1$，$A_1B_1C_2$，$A_1B_1C_3$，$A_1B_2C_1$，$A_1B_2C_2$，…，$A_3B_3C_3$，实验要做27 次。当因素和水平数均多，如 6 因素、5 水平的实验，则需要做 $5^6 = 15625$ 次实验，显然，这种试验是不现实的，因此，为使实验快捷、有效，在实际操作中，往往采用实验方案设计和数据的统计分析，以减少实验的工作量，并可使实验结果的统计分析科学真实。

1.5.1　正交设计法

正交设计法在众多实验设计方法中是常用的一种方法。它以数理统计为基础安排实验，对于研究多因素影响，并理清各因素对实验结果的影响程度，具有既简便又准确的效果。

1.5.1.1　正交设计的步骤

(1) 确定考察因素　这是实验设计中最重要的一步。一般是由实验设计者根据实验对象的研究目的提出需要考察的因素。其原则是既满足达到研究目的、研究内容不要遗漏，又不能使研究的影响因素过于复杂，因此，必须抓住主要矛盾，突出主要因素。

(2) 确定每个因素的变化水平　这是确定实验次数的步骤。已经拟定的各个因素究竟取几个水平进行测试，应视实验要求和因素的可变范围而定。若水平太少，考察不细，而水平太多，又增加实验次数，故需慎重对待，并针对具体研究对象和要求灵活掌握。

为了便于讨论，首先对实验设计中常用的一些术语和符号作如下说明。

实验指标：用以表征实验研究对象整体技术水平的指标，如产品的纯度、收率等。

因素：对实验指标可能产生影响的因素，即实验操作因素，如组成、压力、温度等，以A、B、C 等字符表示。

水平：在实验中对各实验因素所选择的具体操作状态。如温度取 3 个值进行实验，则称该温度因素具有 3 个水平，用下标 1、2、3 来表示。如以字符 A 表示温度，则可标记为A_1、A_2、A_3。

【例 1-11】 在合成某种化工产品过程中，因合成工艺条件不够稳定，经常出现产品纯度不高的质量问题。为了提高产品纯度，改进工艺操作规程，并对该工艺进行正交设计实验，以寻求较好的工艺条件。

解 ① 实验指标：产品的纯度。

② 实验因素：经分析研究，认为搅拌速度（A）、反应温度（B）、反应时间（C）、原料品种（D）都是影响指标的因素。根据经验对上述 4 个因素各取 3 个水平进行实验，则列因素水平表如下：

表 1-13 因素水平表

水平 \ 因素	搅拌速度/(转·min^{-1}) A	反应温度/℃ B	反应时间/min C	原料品种 D
1	30	70	45	甲
2	40	80	50	乙
3	50	90	60	丙

③ 选用合适的正交表 根据表 1-13，可从备用的正交表中挑选一张套用，如 4 因素、3 水平的正交实验，可选用 $L_9(3^4)$ 表。

正交表的代号 ← $L_9(3^4)$ → 列数，正交表上最多允许安排的因素数

表中的行数，即实验次数 ← → 因素的水平数

④ 表头设计 把需要考察的因素分别写在选好的正交表的各列上。本例选用 $L_9(3^4)$ 表，若只有三个因素，则空出 D 列。

⑤ 列出实验方案表 将上述因素水平表的内容填入所选正交表中，见表 1-14。

表 1-14 $L_9(3^4)$ 正交表

实验号 \ 因素 列号	搅拌速度 A 1	反应温度 B 2	反应时间 C 3	原料品种 D 4
1	(1)30	(1)70	(3)60	(2)乙
2	(2)40	(1)70	(1)45	(1)甲
3	(3)50	(1)70	(2)50	(3)丙
4	(1)30	(2)80	(2)50	(1)甲
5	(2)40	(2)80	(3)60	(3)丙
6	(3)50	(2)80	(1)45	(2)乙
7	(1)30	(3)90	(1)45	(3)丙
8	(2)40	(3)90	(2)50	(2)乙
9	(3)50	(3)90	(3)60	(1)甲

表 1-14 中每一行表示一次实验的操作条件，例如，第三行表示第 3 号实验条件是：搅拌速度 50 转·min^{-1}，反应温度 70℃，反应时间 50min，原料品种为丙种，简记为 $A_3B_1C_2D_3$，依实验序号安排 9 次实验。

1.5.1.2 分析实验结果

根据上述实验方案，将每次实验结果记入表 1-15 的指标内，如该表中最右一栏的产品

的纯度。

表 1-15 L₉3⁴ 正交实验计算表

表 1-15 $L_9 3^4$ 正交实验计算表

	实验计划				实验结果
因素 列号 实验号	搅拌速度 A 1	反应温度 B 2	反应时间 C 3	原料品种 D 4	产品纯度/%
1	30	70	60	乙	93.0
2	40	70	45	甲	97.5
3	50	70	50	丙	94.0
4	30	80	50	甲	96.0
5	40	80	60	乙	94.5
6	50	80	45	丙	93.5
7	30	90	45	丙	95.5
8	40	90	50	乙	98.5
9	50	90	60	甲	95.0
M_1	284.5	284.5	286.5	288.5	
M_2	290.5	284.0	288.5	285.0	
M_3	282.5	289.0	282.5	284.0	
k_1	94.8	94.8	95.5	96.2	M_T: $M_1+M_2+M_3=857.5$
k_2	96.8	94.7	96.2	95.0	
k_3	94.2	96.3	94.2	94.7	
R	8.0(2.6)	5.0(1.6)	6.0(2.0)	4.5(1.5)	

(1) 直观分析 比较 9 次试验结果可知，第 8 号试验 $A_2B_3C_2D_2$ 的产品纯度最高，为 98.5%，故初步确定第 8 号实验条件较优。是否还有其他更好的条件，则必须经过计算加以分析。

(2) 计算分析 经简单计算，即可借计算的结果粗略地估计哪些因素比较重要，以及与各因素配合的最好水平，步骤如下。

① 计算各列的 M_1，M_2，M_3 计算各列（因素 A，B，C，D）的 M 值，即各列数字 1，2，3 分别对应的实验结果（产品纯度）之和：

$AM_1=93.0+96.0+95.5=284.5$

$AM_2=97.5+94.5+98.5=290.5$

$AM_3=94.0+93.5+95.0=282.5$

$BM_1=93.0+97.5+94.0=284.5$

$BM_2=96.0+94.5+93.5=284.0$

……

同理，可分别计算得到 CM_1、CM_2、CM_3 和 DM_1、DM_2、DM_3 等值，分别列于表1-15之中。

② 计算各列的 k_1，k_2，k_3 由上述计算可知，各列的 M 值均由三个实验结果相加而得，故

$Ak_1=284.5/3=94.8$

$Ak_2=290.5/3=96.8$

$Ak_3 = 282.5/3 = 94.2$

$Bk_1 = 284.5/3 = 94.8$

……

$Ck_1 = 286.5/3 = 95.5$

……

$Dk_1 = 288.5/3 = 96.2$

……

k 的意义：Ak_1 表示搅拌速度为 30 转·$\min^{-1}$时的产品平均纯度；Bk_1 表示反应温度为 70℃时的产品平均纯度；Ck_1 表示反应时间为 45min 时的产品平均纯度；Dk_1 表示原料品种为甲种原料时的产品平均纯度，依此类推，结果也列于表 1-15 之中。

③ 计算各列的极差 R　极差的大小反映该因素的水平好坏对结果产生影响的程度。通常，任一列的 R 值等于该列最大的 R 值减去最小的 R 值，故

$AR = Ak_2 - Ak_3 = 96.8 - 94.2 = 2.6$

$BR = Bk_3 - Bk_2 = 96.3 - 94.7 = 1.6$

$CR = Ck_2 - Ck_3 = 96.2 - 94.2 = 2.0$

$DR = Dk_1 - Dk_3 = 96.2 - 94.7 = 1.5$

极差 R 值越大，表示该因素的水平变化对指标的影响越大，这个因素就越重要。反之，R 值越小，这个因素就越不重要。故从上述计算结果可知：搅拌速度是最重要的影响因素；反应时间次之；反应温度第三；原料品种为一般影响因素。

④ 检验计算与绘图　以上设计及分析正确与否，可作如下验证，验证中应当注意：

各列 M 值之和（M_T）＝全部试验结果之和

$AM_1 + AM_2 + AM_3 = 284.5 + 290.5 + 282.5 = 857.5$

$BM_1 + BM_2 + BM_3 = 284.5 + 284.0 + 289.0 = 857.5$

$CM_1 + CM_2 + CM_3 = 286.5 + 288.5 + 282.5 = 857.5$

$DM_1 + DM_2 + DM_3 = 288.5 + 285.0 + 284.0 = 857.5$

由此可用以检验计算是否有错。

本例中，每个 M 值都是由相同的试验次数相加获得，故也可以不必计算 k 值，而极差 R 的计算以及以下的绘图过程就可以直接对 M 进行，这样既可省去除法计算，又不会影响结果分析。

绘图是为了更加直观地说明问题，而并非分析问题的必需步骤，绘图过程中，可将各因素的各水平按从小到大的顺序排列为横坐标；k 值作为纵坐标，如图 1-26 所示。

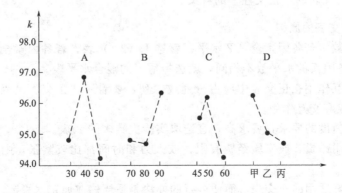

图 1-26　4 因素 3 水平之 k 值

⑤ 对实验结果的判定　经计算（表1-15）或从图1-26的 k 值大小可知，欲获得产品纯度比较好的条件是 $A_2B_3C_2D_1$，即搅拌速度40转·min^{-1}，反应90℃，反应时间50min，取甲种原料。而该条件并未出现在9次实验之中，因此，经计算或绘图均可找到比直观分析所得 $A_2B_3C_2D_2$ 更好的条件。

1.5.1.3　正交设计的优点

① 减少实验次数，能用较少的实验取得较可靠的实验结果。

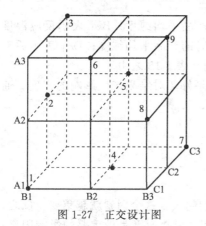

图1-27　正交设计图

② 实验设计简单、明确、合理。

③ 所设计的实验条件具有均匀分数、整齐可比性。均匀分数表示实验点在实验范围内排列规律整齐；整齐可比表示实验点在实验范围内散布均匀。

如图1-27所示，对于三因素三水平的全因素试验，应做 $3^3＝27$ 个实验点，若采用正交设计，选用正交表 $L_9(3^4)$ 则只需取9个实验点，如图中标示圆点的位置。

由图1-27可以看出：

① 9个实验点是均匀分散在立方体的各条线和各个面上。

② 每条线上都有一个实验点，每个面上有三个实验点。各个实验点在立方体中分布均匀，排列紧密。在各因素的区间具有代表性和可比性，因此，实验结论的可靠性也较大。

正交设计法基于各相近实验点对实验结果的影响程度也相近的思想，从自变量的操作可行域空间位置中选择有代表性的最少点数。

所谓设计是正交的，它应当满足：

① 每一因素各水平出现的次数相等；

② 每两个因素的各水平搭配次数相等，即在正交设计中，各因素的各水平出现的次数相等，任意两列之间横向的两个因素的搭配是均衡的。

例如，$L_9(3^4)$ 表中有9个横行，4个竖列，由数字"1""2""3"组成，则每一竖列中，1、2和3出现的次数相同，均为三次；任意两列之横方向形成的9个数字对中，（1，1），（1，2），（1，3），（2，1），（2，2），（2，3），（3，1），（3，2），（3，3）出现的次数也相同，都是一次，即任意两个数字1、2和3之间的搭配是均衡的。它们都具有"搭配均衡"的特征，这就是正交表的"正交性"的含义。

1.5.1.4　选择正交表的原则

① 先看水平数，若各因素全是2水平，就选 $L(2^*)$ 表，若各因素全是3水平，就选 $L(3^*)$ 表，若各因素的水平数不相同，就选择适当的混合水平表。

② 每一个交互作用在正交表中应占一列或二列，要看所选正交表是否足够大，能否容得下所考虑的因素和交互作用。

③ 要看实验精度的要求，要求高，宜选取实验次数多的L表。

④ 若实验费用昂贵，或实验经费有限，或人力和时间都比较紧张，则不宜选实验次数太多的L表。

⑤ 若没有正好适用的正交表，简便可行的办法是适当修改原定水平数。

⑥ 在某个因素或某个交互作用的影响是否确实存在没有把握，对选大表还是小表有所

犹豫时,若条件许可,尽量选大表,让影响存在可能性较大的因素和交互作用各占适当的列。

正交设计有一整套数学理论,有许多原则和定理,然而,作为从事实验设计的工作者,主要是掌握正交表的选择和应用。在实验工作中,若实验的目的需要准确弄清各个因素对指标影响程度的大小,特别是必须了解各种因素水平的不同搭配对指标的影响时,则需要注意因素之间的交互作用。有关内容请参阅相关书籍。

1.5.2 均匀设计法

正交设计把实验点在实验条件的可变范围内安排得"均匀分散、整齐可比"。其"均匀分散"是使实验点分布均匀,而"整齐可比"则使实验结果的分析十分方便,可以估计各因素对指标的影响大小和变化规律。均匀设计法与正交设计法的不同之处是不考虑数据的"整齐可比"性,只是让实验点在实验范围内充分地"均匀分数"。这样就可以从全体实验点中挑选更少的实验点为代表进行实验,由此获得的结果仍然能反映实验体系的主要特征。

1.5.2.1 均匀设计表

均匀设计法和正交设计法一样,也需按照规格化表格设计试验,均匀设计法使用的表称为均匀设计表,记作 U_P (P^S),亦称 U 表。

$$\text{均匀设计表} \longleftarrow \qquad \longrightarrow \text{因素数}$$
$$U_P (P^S)$$
$$\text{实验次数} \longleftarrow \qquad \longrightarrow \text{因素的水平数}$$

实验次数=水平数

显然,与正交设计相比实验次数大为减少。表 1-16 是均匀设计表 U_5 (5^4),可以安排四因素五水平的实验,共进行 5 次实验。

均匀设计表中除 U 表以外,还有一个 U 表的使用表。其作用是告诉使用者需要挑选哪些列去安排试验。表 1-17 是 U_5(5^4) 的使用表。本书附录二中列出了实验次数为奇数的常用均匀设计表及其使用表。

表 1-16 均匀设计表 U_5(5^4)

列号 实验点	1	2	3	4	列号 实验点	1	2	3	4
1	1	2	3	4	4	4	3	2	2
2	2	4	1	3	5	5	5	5	5
3	3	1	4	2					

表 1-17 U_5(5^4) 的使用表

因素数	列 号			
2	1	2		
3	1	2	4	
4	1	2	3	4

如果遇到偶数次实验表(如 4 因素 6 水平实验),因其水平数是偶数,可利用比它大 1 的奇数次表划去最后一行即可,故将 U_7(7^6) 表划去最后一行即得 U_6(6^6),见表 1-18。需要注意的是 U_6(6^6) 和 U_7(7^6) 使用同一张使用表,见表 1-19。

表 1-18　均匀设计表 $U_7(7^6)$

列号 试验点	1	2	3	4	5	6
1	1	2	3	4	5	6
2	2	4	6	1	3	5
3	3	6	2	5	1	4
4	4	1	5	2	6	3
5	5	3	1	6	4	2
6	6	5	4	3	2	1
7	7	7	7	7	7	7

表 1-19　$U_7(7^6)$ 的使用表

因素数	列　号					
2	1	3				
3	1	2	3			
4	1	2	3	6		
5	1	2	3	4	6	
6	1	2	3	4	5	6

1.5.2.2　均匀设计实验安排

如上所述，对于一个 4 因素 6 水平的实验可以用 $U_7(7^6)$ 表去掉最后一行安排实验。由表 1-19 可知，选用表中的 1、2、3 和第 6 列。将 4 个因素分别放在表头上，再将表 1-18 中的水平栏填上各因素的具体水平，即可得到均匀实验设计方案。

【例 1-12】　合成苏氨酸（2-氨基-β-羟基丁酸）的新工艺过程中，若选择的 4 个因素及其考察范围如下：

A——乙醛用量，$15\sim25$mL

B——反应后期酸度，pH=$8\sim10.5$

C——反应温度，$48\sim53$℃

D——反应时间，$35\sim80$min

将上述 4 个因素 A、B、C 和 D 各选取 6 个水平，列于表 1-20 中。

表 1-20　因素水平

水平 因素	1	2	3	4	5	6
A	15	17	19	21	23	25
B	8.0	8.5	9.0	9.5	10.0	10.5
C	48	49	50	51	52	53
D	35	45	50	60	70	80

按照 $U_6(6^4)$ 表。并选择使用表中的 1、2、3、6 列安排实验，则可得实验方案见表 1-21。

表 1-21 最后一列是各次实验对应的收率。实验结果的分析比较困难是均匀设计的固有缺点，因而，通常需要采用多元回归分析或者逐步回归分析的方法。

表 1-21　$U_6(6^4)$ 实验方案

列号 因素 试验号	乙醛用量 A	反应后期酸度 B	反应温度 C	反应时间 D	试验结果 收率/%
1	(1)15	(2)8.5	(3)50	(6)80	6.72
2	(2)17	(4)9.5	(6)53	(5)70	8.10
3	(3)19	(6)10.5	(2)49	(4)60	27.73
4	(4)21	(1)8.0	(5)52	(3)50	29.41
5	(5)23	(3)9.0	(1)48	(2)45	43.28
6	(6)25	(5)10.0	(4)51	(1)35	44.54

1.5.2.3　实验结果分析

　　由于在均匀设计中每个因素选择的水平较多，而实验次数又比较少，所以，分析实验结果时不能采用一般的方差分析法。

　　如果实验的目的是为了寻找一个最优的工艺条件，而又缺乏计算工具，这时就可以从实验点中挑选一个实验指标最优的点，则相应的实验条件即为欲选择的工艺条件。这种方法是建立在实验均匀的基础之上，因为实验点在实验范围内散布均匀，那么实验点中最优工艺条件离实验范围内最优工艺条件就不是很远。这种类似于正交设计的直观分析法看起来虽然粗糙，但是，经过大量实验证明还是有效的。

　　在利用计算机计算的情况下，最好采用回归分析方法——线性回归或多项式回归。在多项式回归时，最好采用逐步回归的方法建立方程，然后，根据所建立的方程用最优化方法来预测指标的极大值或极小值，从而确定最优实验条件或配方。

　　逐步回归法是一个从自变量开始，按照自变量 x 对 y 作用的显著程度，从大到小依次引入回归方程，并且考虑到先引入的变量若因后续变量的引入而不显著时，则随时将其剔除，以保证每次在引入新的变量之前，回归方程中只含有显著变量，直到再没有显著变量引入回归方程为止。在逐步回归方程中，由于不重复的变量始终不进入回归方程，因此，它不需要解具有更大阶数的正规方程，计算效率大为提高。这种"有进有出"的算法目前应用比较广泛。限于篇幅，此处不再赘述。

1.6　计算机数据处理软件简介

1.6.1　Microsoft Excel 软件的功能

　　目前，化学化工科研中的许多工作都可以利用计算机来辅助完成，如回归分析就可以借助 Excel 软件进行数据处理。Excel 函数是 Excel 中的内置函数，共 11 类 200 多种，其功能非常强大，内容很多，能满足许多领域的计算要求。通常，在主页面点击"公式"→"插入函数"，在此对话框，各种类型的函数及其名称均显示在上面，故可以选择函数、选择参数；还有直接输入函数、编辑栏插入函数、工具栏插入函数等多种形式。

　　Excel 提供的函数包括：常用的数学函数、三角函数、统计函数及数据库、信息函数、工程函数、自定义函数等 13 种，可以为用户提供有关数据计算与处理、工程计算与方法、回归及概率统计分析等工具。其中，统计函数包含了求取参数的平均值、总体平均值置信区间、两组数的相关系数、协方差、偏差的平方和、几何平均值、线性回归的斜率和截距等功能。

Excel 为用户提供了生成统计图表的工具，直观地反映数据之间的相互关系。使用时，只需在主页面菜单栏点击"插入"，输入数据之后，根据需要按动工具栏中的柱状图、折线图，或者是散点图等，即可以在 Excel 提供的二维图表或三维图表中进行选择，按需要生成各种图表。如图 1-28 所示。

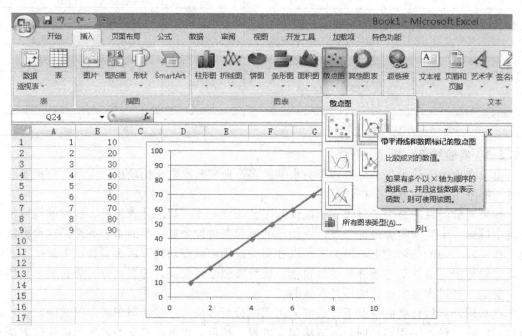

图 1-28　插入图表示意

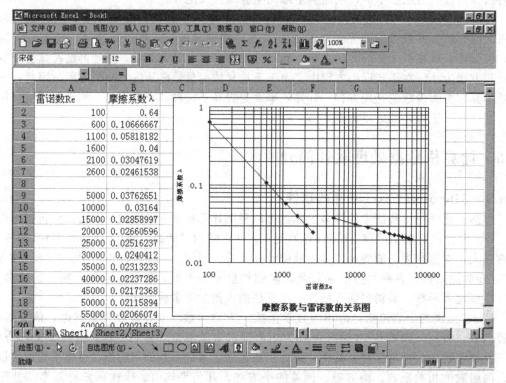

图 1-29　Excel 中所绘制的摩擦系数与雷诺数的关系图

例如，欲确定在雷诺数 $Re=100\sim60000$ 的范围内，液体通过某管道时的摩擦系数 λ。在该范围内，$Re\sim\lambda$ 以双对数坐标表示其间的关系。该计算过程既涉及层流，又涉及湍流，故需要用到这两种流动型态时的计算公式：层流时 $\lambda=64/Re$；湍流时 $\lambda=0.3164/(Re^{0.25})$。这时可在 Excel 中建立一个新的工作表，输入数据后，按照上述方法做出 XY 散点图后，经适当调整，即可得到如图 1-29 所示的摩擦系数与雷诺数的关系图。

在进行统计分析时，若认为 Excel 的内部函数不够用时，用户还可以借助 Excel 的数据分析工具库（Analysis Toolpake）和分析数据库 VBA 函数。数据分析工具库专门为用户提供一些高级统计函数和实用的数据分析工具。利用该库可以构造反映数据分析的直方图，可以从一组数据中随机抽样，获得样本的统计预测，进行回归分析等。

此外，利用特定的 Visual Basic 语言设计的程序，即一组指令的集合—Excel 的"宏"。使用它，不仅可以使烦琐的任务自动化，而且还可以为用户提供更加便于操作的工作界面，同时，也可以编制基于 Excel 的化学化工应用程序。

1.6.2 Microcal Origin 软件的功能及应用

Origin 是美国 OriginLab 公司（其前身为 Microcal 公司）开发的图形可视化和数据分析软件，是科研人员和工程师常用的高级数据分析和绘图工具。自 1991 年问世以来，作为一款专业函数绘图软件，其功能非常强大，在化学化工的实验数据处理中使用比较普遍，目前已至 Origin 2018。Origin 像 Microsoft Office 等软件一样，是一个多文档界面（Multiple Document Interface，MDI）应用程序。它将用户所有工作都保存在后缀为 opj 的工程文件（Project）中。

Origin 的数据分析功能可以给出选定数据的各项统计参数，包括平均值（sean）、标准偏差（standard seviation，SD）、标准误差（standard error，SE）、总和（sum）以及数据组数 N。此外，它还可以在 Analysis 菜单下对数据排序（sort）、快速傅里叶变换（FFT）、多重回归（multiple regression）等，给出拟合参数，如回归系数、直线的斜率和截距等；还可以方便地进行矩阵运算，如转置、求逆等，并通过矩阵窗口直接输出各种三维图表。Origin 的绘图是基于模板完成的，它本身提供了几十种二维、三维绘图模板。可以用来对选定的数据作图，包括直线图、描点图、向量图、柱状图、饼图、区域图、极坐标图以及各种 3D 图表、统计用图表等。Origin 的基本功能如图 1-30 所示。

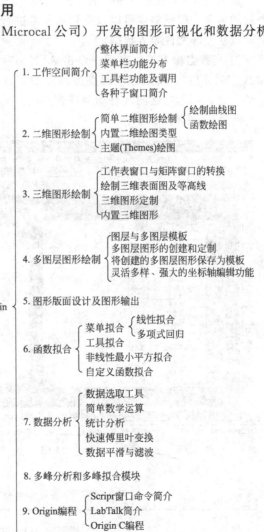

图 1-30 Origin 的基本功能

由于 Origin 的功能强大，故这里仅对其几个常见功能加以介绍。

如前所述，Origin 将用户所有工作都保存在后缀为 opj 的工程文件（Project）中，而且在保存项目文件时，各个子窗口也随之存盘。一个工程文件可以包括多个子窗口，可以是工作表（Worksheet）窗口、绘图（Graph）窗口、函数图（Function Graph）窗口、Excel 工作簿窗口、矩阵（Matrix）窗口、版面设计（Layout Page）窗口、记事（Notes）窗口、结果记录（Results log）窗口等。

(1) 工作表（WorkSheet）**窗口** 工作表的主要功能是存放和组织数据，并利用这些数据进行统计、分析和绘图。当 Origin 启动时，其默认设置是打开一个工作表窗口，图 1-31 是 Origin7.5 的主界面（工作空间）。从图中可以清晰地看到该界面的各种功能，并且具有菜单、工具栏和资源窗口等 Windows 应用软件的基本特征。在启动 Origin 软件时，它会自动生成一个空白文件"Data1"，在 Data1 中，有 A [X] 和 B [Y] 两列，代表自变量和因变量。

其中 A [X] 表示 x 轴，B [Y] 表示 y 轴。在 x、y 轴中输入相应的数据即可。A 和 B 是列的名称，根据需要可以双击列的顶部进行更改。可以在该工作表窗口中直接输入数据，也可以从外部文件导入数据。

① 当数据输入工作表后，点击 A[X] 后向 B[Y] 方向拖动，即可高亮度选中 A [X] 和 B [Y] 两列，用鼠标左键点击独立的工具栏（2D Graphs）上的"Line＋Symbol"按钮 单击之，即可在绘图区自动生成带实验点的曲线图 [如利用脉冲注入法测定 CSTR 中的 E (t) 函数]，见图 1-31。

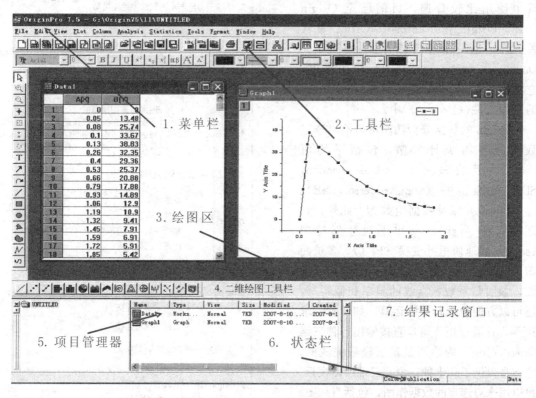

图 1-31　Origin7.5 的工作空间

二维绘图工具栏提供各种二维绘图的图形样式，如直线、饼图、极坐标和模板等，如图 1-32 所示。

图 1-32　二维绘图工具栏

要保存制好的图表，可以点击工具栏中"Save Project"，即弹出一个"保存到"的对话框，在此可将该文件保存到预定的位置。或点击"File"后，在下拉菜单中，点击"Save Project As"即可弹出一个"另存为"的对话框，在此可将该文件保存到预定的位置。

② Origin 具有基本数据分析功能。

【例 1-13】　35℃条件下，乙醇-正丙醇的折射率与溶液浓度关系见表 1-22。

表 1-22　35℃时乙醇-正丙醇折射率与液相组成之间的关系

液相组分	折射率 n_D^{35}	液相组分	折射率 n_D^{35}	液相组分	折射率 n_D^{35}
0	1.3790	0.3977	1.3692	0.7983	1.3600
0.05052	1.3775	0.4970	1.3670	0.8442	1.3590
0.09985	1.3762	0.5990	1.3650	0.9064	1.3573
0.1974	1.3740	0.6445	1.3634	0.9509	1.3653
0.2950	1.3719	0.7101	1.3620	1.000	1.3551

注：n_D^{35} 为折光仪读数（折射率）。

输入数据于数据表 Data1 后，在 2D Graphs 工具栏选"Scatter"点击之，即可得到数据的散点图。

对于实验和统计数据而言，为了描述不同变量之间的关系，经常需要采用拟合曲线的方法。拟合曲线的目的就是要根据已知数据寻找相应函数的系数。通常可在 Analysis 菜单中选 Fit Linear，Origin 将自动对数据进行线性拟合，其拟合直线绘制在散点图上，同时在结果记录（Results Log）窗口显示出回归方程的各项数据，图 1-33(a)、(b) 即为如上所述的显示结果。

从拟合结果得到相关系数 R＝－0.99933，说明 35℃条件下，乙醇-正丙醇的折射率与溶液浓度线性关系显著。图 1-33(b) 中各参数的含义见表 1-23。

表 1-23　结果记录窗口中各参数的含义

参　数	含　义	参　数	含　义
A	截距	P	R 为零的概率
B	斜率	N	数据点数
R	相关系数	SD	回归标准差

③ Origin 具有强大的绘图功能。使用时先在工作表窗口中选好要用的数据，点 Plot 菜单，将显示 Origin 可以制作的各种图形，包括直线图、描点图、向量图、柱状图、饼图、区域图、极坐标图以及各种 3D 图表、统计用图表等。

(2) 绘图（Graph）窗口　在 Edit 菜单下选 Copy Page，可将当前窗口中所绘的整个图形（即 Graph 图表中的图形）复制至 Windows 系统剪贴板。这样就可以在其他应用程序中使用，如在 Word 中进行粘贴等操作，方便、快捷。如图 1-33(a) 中的回归线，按此操作方法可得到图 1-34。

若要将几组数据绘于同一张图上，可采用多图层图形绘制方法。亦即用一个绘图窗口容

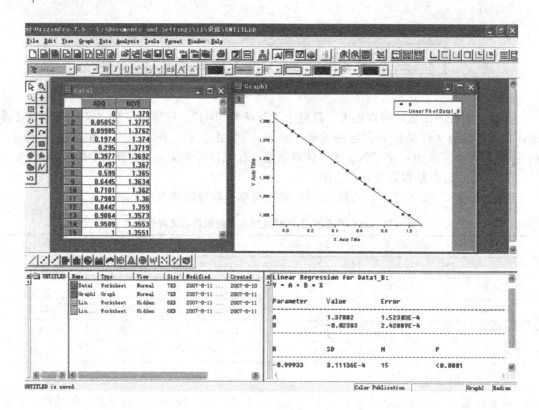

(a)

Linear Regression for Data1_B:			
Y+A+B*X			
Parameter	Ualue	Error	
A	1.37882	1.52303E-4	
B	−0.02383	2.42889E-4	
R	SD	N	P
−0.99933	3.11136E-4	15	<0.0001

(b)

图 1-33　表 1-22 数据的线性拟合结果

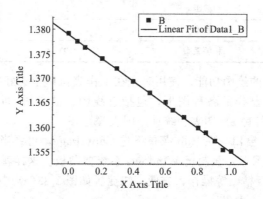

图 1-34　乙醇-正丙醇的折射率与溶液浓度关系曲线

纳多个图层，每个图层中的图轴确定了该图层中数据的显示。

【例 1-14】 对某离心泵性能进行测试实验过程中，测得其进出口压力及电机功率等数据，经计算得到流量 q_V、扬程 H_e、泵轴功率 N 和泵的总效率 η 的数据列于表 1-24 之中。试用 origin 绘制该离心泵的特性曲线。

表 1-24 流量 q_V、扬程 H_e、泵轴功率 N 和效率 η 的关系数据

实验序号	流量 q_V/($m^3 \cdot h^{-1}$)	扬程 H_e/m	泵轴功率 N/W	效率 η/%
1	8.92	9.6	420	55.4
2	8.49	11.3	420	62.1
3	8.21	11.9	419	64.7
4	7.32	13.6	409	66.8
5	6.48	14.9	394	67.3
6	5.40	16.2	366	64.3
7	4.36	17.1	335	58
8	3.80	17.5	318	53.9
9	3.33	17.8	302	49
10	2.67	18.2	283	42.2
11	0.00	19.6	204	0

离心泵特性曲线的绘制涉及多图层图形的绘制，多图层可以实现在一个图形窗口中用不同的坐标轴刻度进行绘图。

绘图具体步骤如下：

① 首先复制表 1-24 的流量 q_V 与扬程 H_e 两列数据，再在打开的 Origin 的工作表 Data1 的 A(X)、B(Y) 中粘贴这些数据。

② 将鼠标移至工作表 Data1 的左上方，出现箭头，单击鼠标选中整个工作表，再点击二维工具栏中的 "Line＋Symbol" 按钮，则可在 Graph1 的图层 1（Layer1）中绘出流量 q_V 与压头 H_e 相应的二维线图 $q_V \sim H_e$。

③ 将光标移至曲线 $q_V \sim H_e$ 上，双击出现 [Plot Details] 对话框，其上有 "Line"、"Symbol" 和 "Drop Lines" 三个选项卡，选中任意一个，均可对当前选中的项目进行设置或修改。如选择进入 "Line" 后，选 color 可修改曲线的颜色，选 width 可更改曲线的粗细等；进入 "Symbol" 后，可设置实验点的图形符号及颜色等；进入 "Drop Lines" 则可选择实验点的水平及垂直连线和颜色等。

④ 在当前图 Graph1，选中菜单命令【Tools】→【Layer】，打开 [Layer] 工具对话框，在 "Add" 选项卡选择与 Y 关联按钮后，Graph1 中便加入了一个图层，在默认的条件下，该添加的图层 2（Layer2）与图层 1（Layer1）的 x 坐标关联。

⑤ 高亮度选择 Data2 数据后，双击 Graph1 左上角的 "Layer2" 图标，则弹出 [Plot Setup] 对话框，选择数列 X，Y 后，单击 "Add" 按钮，则可绘制出 $q_V \sim N$ 曲线。然后，重复③的操作，修改曲线的颜色及实验点的标识图形。

⑥ 高亮度选择 Data3 数据后，选择【Tools】→【Layer】，再添加一条 y 轴，双击 Graph1 左上角的 "Layer3" 图标，在 [Plot Setup] 对话框中选择 X，Y→Add→OK 后，则第三条曲线（$q_V \sim \eta$）绘制完毕。其颜色和实验点标识图形的设置、修改方法如上。

⑦ 双击坐标轴，出现 [Axis] 对话框，即可按照其中提示，对坐标起始点等进行重新

设置；单击坐标轴可适当移动坐标轴的位置。

⑧ 打开菜单命令【File】→【Save Project As…】，取一文件名，即可将所绘图形及数据保存为类型为"Project'*.opj'"的文件，如图1-35所示。

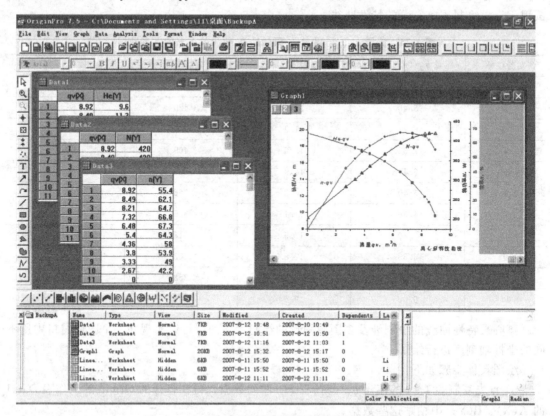

图1-35　Origin多图层图形绘制（离心泵特性曲线）

同理，在对三釜串联的连续操作搅拌反应器进行停留时间分布的测定时，当得到单釜、二釜和三釜串联反应器的$E(t)\sim t$关系数据后，按照上例所述的方法，即可获得单釜、二釜和三釜串联反应器中的$E(t)\sim t$函数图形。

(3) 其他窗口　Origin 的其他窗口包括：版面设计窗口、Excel 工作簿窗口、矩阵窗口、记事窗口、结果记录窗口、代码编辑器窗口等，其用法相对简单。由于平时数据处理，绘图输出时用得较少，用户可根据需要查阅相应使用指南。Origin 还具有其他功能，如 Origin7.0 以前的版本均可用其内置的 LabTalk 脚本语言编程，可以实现工作自动化，但 LabTalk 编程语言为解释性语言，有些功能实现起来比较复杂，运行速度慢。Origin7.5 虽仍保留了 LabTalk 编程语言，但已采用了编译性语言 Origin C，其速度较 LabTalk 提高 20 倍。因此，可以更方便、及时处理大批数据，完成更为复杂的任务。

目前，OriginPro 2018 新版本对之前版本进行了许多改进，使得在一些细节方面更加完善。可以提供全面的图形和分析解决方案，拥有强大的数据分析能力和专业绘图能力，是一款非常严谨的科学绘图和数据分析工具软件，深受大众用户的认可。

第 2 章　化学工程基础实验参数测量技术

2.1　流体温度的测量

温度是表征物质冷热程度的物理量，也是国际单位制（SI）中规定的七个基本量之一。在化工生产和科学实验中，温度是需要测量和控制的重要参数。

通常，温度是用某一物理量作为测温参数来表征的，如水银温度计用等截面汞柱的高度；镍铬-镍硅热电偶用两种金属的温差热电势；铂电阻温度计利用铂的电阻；饱和蒸气压温度计用液体的饱和蒸气压等物理量来测量。事实上，不同的测量参数与温度值之间的线性关系并不相同，况且温度的起点只是人为规定的一个参考点的温度值，因此，必须建立一套标准，以规定温度的零点及其分度，即用于统一测量温度的温标。

早在 1714 年荷兰物理学家华伦海特（D. G. Fahrenheit）就第一个制造了性能可靠的水银温度计。1742 年他公布了温标——华氏温标。该温标规定在标准大气压下，冰的熔点为 32 ℉，水的沸点为 212 ℉，中间分为 180 等分，每一等分为 1 华氏度。这种温标至今仍有少数欧美国家使用。

1742 年瑞典天文学家摄西耶斯（A. Celsius）第一个提出百度温标。该温标开始规定在标准大气压下，水的冰点为 100 度，沸点为零度。由于上述定点不符合越热的物体温度越高的习惯，8 年后的 1750 年摄西耶斯接受同事斯托墨（strömer）的建议，将上述两个定点对调，以符合人们的习惯。1954 年，第十届国际度量衡大会特别将此温标命名为"摄氏温标"，以表彰摄西耶斯的贡献。目前，摄氏温标仍被绝大多数国家采用。

摄氏温度与华氏温度的转换关系如下：

$$℃ = \frac{5}{9}(℉ - 32) \tag{2-1}$$

$$℉ = \frac{9}{5}(℃ + 32) \tag{2-2}$$

最科学的温标是由开尔文（L. Kelvin）建立的一种不依赖任何测温介质（亦即不依赖任何测温介质的任何物理性质）的绝对真实的温标，即采用可逆热机效率作为测量参数而建立的热力学温标。由热力学温标定义的温度称热力学温度。ITS-90（International Temperature Scale of 1990，即 1990 年国际温标）指出，热力学温标是基本物理量，单位为开尔文，符号为 K。它规定水的三相点热力学温度是 273.16K，定义开尔文 1 度等于三相点热力学温度的 1/273.16。水的三相点是水、水蒸气和冰共存的状态。在标准大气压下，水的冰点则是水、冰和空气的一种混合状态。水的冰点温度是 273.15K，即水的冰点比三相点的温度低 0.01K。水的冰点在摄氏温度计上为 0℃，在开氏温度计上为 273.15K，即 0℃ = 273.15K。为方便起见，开氏温度计的刻度单位与摄氏温度计上的刻度单位相一致，亦即，开氏温度计上的 1 度等于摄氏温度计上的 1 度。

在 ITS-90 中同时使用国际开尔文温度（符号为 T_{90}）和国际摄氏温度（符号为 t_{90}），二者关系为：

$$T_{90} = 273.15 + t_{90} \tag{2-3}$$

T_{90}单位为开尔文（K），t_{90}单位为摄氏度（℃）。

流体温度的测量方法通常可以归纳为两类：接触式测温和非接触式测温。

接触式测温方法是指将感温元件与被测对象直接接触。当感温元件与被测对象达到热平衡时，按照温度的定义，此时感温元件给出值就是被测对象的温度。常用的接触式测温仪有热膨胀式、压力式、热电阻式及热电偶式温度计。非接触式测温方法是指感温元件与被测对象不直接接触，而是通过热辐射等原理来测量温度。

表 2-1 列出了上述两类测温仪表及其基本工作原理。

表 2-1　温度计的分类及工作原理

温度计的分类		工作原理	常用测温范围 /℃	主要特点
接触式	热膨胀式 液体膨胀式	利用液体(水银、酒精)或固体(双金属片)受热时产生膨胀的特性	−200～700	结构简单、价格低廉，一般只用作就地测量
	热膨胀式 固体膨胀式			
	压力表式 气压式	利用封闭在一定容积中的气体、液体或某些液体的饱和蒸气，受热时其体积或压力变化的性质	0～300	结构简单，具有防爆性，不怕震动，可作近距离传输显示，准确度低，滞后性大
	压力表式 液压式			
	压力表式 蒸气式			
	热电阻式 金属热电阻	利用导体或半导体受热其电阻值变化的性质	−200～850	准确度高，能远距离传送,适于低、中温测量；体积较大,测点较困难
	热电阻式 半导体热敏电阻			
	热电偶式	两种不同的金属导体接点受热后产生电势	0～1600	测温范围广,能远距离传送,适于中、高温测量,需进行冷端温度补偿,在低温区测量准确度较低
非接触式	光学式	加热体的亮度随温度变化而变化	600～2000	适用于不能直接测温的场合。测温范围广,多用于高温测量；测量准确度受环境条件的影响,需对测量值修正后才能减少误差
	比色式	加热体的颜色随温度变化而变化		
	红外式	加热体的辐射能量随温度变化而变化		

以下介绍几种用于测量流体温度的典型接触式测温仪的基本原理及其应用。

2.1.1　热膨胀式温度计

热膨胀式温度计是根据物质受热膨胀的原理而制成的。这类温度计在化工生产和实验室中常见的有玻璃温度计、压力式温度计和双金属温度计。

2.1.1.1　水银温度计和酒精温度计

该温度计由装有工作液体（酒精或水银）的玻璃感温泡、玻璃毛细管及刻度标尺三部分构成。其工作原理是基于工作液体在玻璃管中的膨胀或收缩作用。当温度发生变化时，感温泡和毛细管中的液体体积亦随之变化，引起毛细管中的液柱上升或下降，通过刻度标尺即可读出相应的温度值。

水银温度计按精度等级可分为一等标准温度计、二等标准温度计和实验室温度计。标准水银温度计均成套生产，每套有若干支，每支温度计的温度间隔很小，并有零位标记。如一等标准水银温度计有 9 支一套（0～100℃，最小分度值为 0.05℃，其余为 0.1℃）和 13 支一套（最小分度值均为 0.05℃）两种；二等标准水银温度计为 7 支一套（最小分度值为 0.1℃），为工厂常备标准器具。实验室温度计有 1℃、1/5℃、1/10℃等几种。按温度计在分度时的条件不同，又分为全浸式和局浸式两种。在使用全浸式温度计时，除了将水银柱的凸起面露出测温系统（<1cm）外，其示值部分应全部浸入系统之内。一般而言，分度为 1/10℃的精密温度计都是全浸式温度计。

酒精温度计因酒精膨胀系数大、凝固点低、毒性小等优点，目前，在低温（−100～75℃）测量中仍被普遍使用。

玻璃管温度计在使用过程中应当注意以下几点。

① 应当使用经过校验的温度计，特别是用于测量要求较高的场合。

② 对于不同的测量场合，温度计的插入深度应符合规定。温度计的感温泡应处于温度变化的最敏感处（如管道中流速最大的地方）。

对于全浸式温度计，当使用条件不能满足要求而只能局部浸入使用时，必然会对示值读数带来误差。其误差随测量温度的升高而增大，因此，必须对温度计露出液体的部分进行校正，因此，除了测量用的温度计外，还需要一支辅助温度计，如图 2-1 所示。

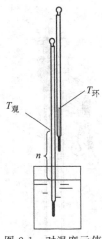

图 2-1　对温度示值露出液体部分的校正

图中，测量温度计裸露在待测液液面以上的水银柱高度为 n（温度计的刻度数），而其接触的是周围的环境温度。环境温度 $T_环$ 是由一支紧挨着测量用的温度计并置其于 $n/3$ 处的辅助温度计读出的。若测量得出待测液的温度示值为 $T_观$，则露在液面以上部分水银柱的校正值表示为：

$$\Delta T = \frac{n(T_观 - T_环)}{6000} \tag{2-4}$$

式中　1/6000——玻璃与水银的膨胀系数之差。

则经过校正后的实际温度 T 为：

$$T = T_观 + \Delta T \tag{2-5}$$

③ 精密温度计测量中尚需利用纯质相变点如冰-冰、水-蒸气系统分别校正零点和 100℃。

④ 在测量零上较高温度或零下较低温度时，需将温度计预热或预冷。

⑤ 必须正确读取水银温度计和酒精温度计示值数据。

⑥ 插入恒温介质中的温度计，一般需经过 5～10min，待温度稳定后方可读数。

⑦ 通常，水银温度计只能垂直或倾斜安装，不得水平安装，更不能倒装。

⑧ 使用时轻拿轻放，避免剧烈振动以防液柱中断，用完后须妥善保管。

2.1.1.2　电接点水银温度计

实验室中使用的电接点水银温度计是一种可调式电接点温度计。使用时，通过旋转顶端的磁钢调节帽来调节温度计接点的位置，以来调节和控制恒温水槽或烘箱等装置的温度，其控制精度在 ±0.1℃。电接点水银温度计的结构如图 2-2 所示，通过旋转其顶端的磁钢调节帽来调节温度计接点位置，以设定温度。

该温度计的下半部分有一根铂丝 8 与毛细管中的水银接触，其外形类似于普通水银温度计。设定待控制的温度值时，借助旋转内含调温转动铁芯 3 的调节帽 1（与磁钢 2 连成一体），可以调节温度计上半部分毛细管中的铂丝 6 位置的高低。旋转调节帽时，定温指示标杆 5 随之上下移动，配合上部温度刻板 4，可以粗略调节待控制的温度值。当待控系统的温度低于设定温度时，铂丝 6 与铂丝 8 没有接触。当待控系统的温度上升到下部的温度刻板 7 上所示的设定温度时，下部的水银柱与铂丝 6 接触，则控制电路的接通，于是可以起到越限报警或控制温度的作用。

2.1.1.3　双金属温度计

双金属温度计是用来测量较低温度的气体、液体和蒸汽的工业仪表。它是利用两种不同

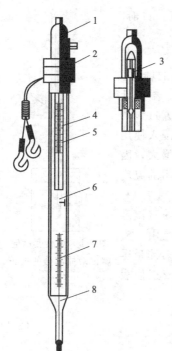

图 2-2　电接点水银温度计

1—调节帽；2—磁钢；
3—调温转动铁芯；4—上部
温度刻板；5—定温指示标杆；
6—上部铂丝引出线；7—下部
温度刻板；8—下部铂丝引出线

金属在温度改变时膨胀程度不同的原理工作的，属于固体膨胀式温度计。

双金属温度计主要是用绕成螺旋弹簧状的两种不同膨胀系数的金属片 A 和 B，将其焊接在一起作为感温元件。当温度发生变化时，膨胀系数较大的金属片 B 伸长较多，由于螺旋卷的一端固定，而另一端（自由端）必然向膨胀系数较小的金属 A 一方弯曲变形，把它和一支自由转动的指针相连，因此，当双金属片感受到了温度的变化，指针就可在一圆形分度标尺上指示出温度的高低不同来。

这种仪表的测温范围是 $-80\sim600℃$，允许误差均为标尺量程的 1% 左右。用途和玻璃管温度计类似，但是它可以在机械强度要求更高的条件下使用。双金属温度计具有良好的耐振性，安装简单，读数方便，没有汞害。

2.1.2　压力式温度计

压力式温度计的工作原理是：基于密闭在测温系统内的液体蒸发出的饱和蒸气压力随温度变化的关系而进行温度测量。液体压力式温度计由充填有感温介质（如水银、甲苯、二甲苯、甘油等）的温包、传压元件（毛细管）、压力敏感元件（弹簧管）及传动机构等组成。测温部分（温包）的材料一般为紫铜、紫铜镀铬或 1Cr18Ni9Ti。按照温包内充填感温介质的不同，还有气体压力式温度计（如充填氮气）和蒸气压力式温度计。

测量系统的温度时，将温包置于被测介质之中。当温包感受到被测介质的温度变化时，密闭于温包内的饱和蒸气产生相应的压力，压力的变化经毛细管传至一端固定、另一端为自由端的弹簧管，引起弹性元件曲率发生变化，使其自由端产生位移，再由齿轮放大机构把位移变为温度指示值。温度示值随压力增大而升高、随压力降低而减小。

这种温度计具有温包体积小、反应速度快、灵敏度高、读数直观等优点，几乎集合了玻璃温度计、双金属温度计的所有优点，适用于工业设备内的气体、液体或蒸汽在 $-80\sim500℃$ 范围内的温度测量。它可以被制造成防震、防腐型，是目前使用范围最广、性能最全面的一种机械式测温仪表。

2.1.3　热电阻温度计

热电阻温度计测温是基于金属导体的电阻值随温度的增加而增加这一特性来进行温度测量的。热电阻温度计是中低温区最常用的一种温度检测器，大多由纯金属材料制成，目前，我国标准化的热电阻现为铂和铜两种。铂热电阻适用于 $-200\sim850℃$ 范围内测温，少数情况下，低温可测量至 1K，高温达 1000℃；铜热电阻因其在高温下易于氧化而只用于 $50\sim150℃$ 范围内的测温。

铂很容易提纯，复现性好，有良好的工艺性，可以制成极细的铂丝（0.02mm 或更细）或极薄的铂箔。与其他材料相比，铂有较高的电阻率，因此，普遍认为是一种较好的热电阻材料。因其测量精确度高，稳定性好，性能可靠，尤其是耐氧化性能很强，它不仅广泛应用于工业测温，而且还被制成标准的基准仪。

铜电阻的缺点是电阻率小，所以，制成相同阻值的电阻时，铜电阻丝要细，这样机械强度就不太高，或者需要很长，使体积增大。此外，铜很容易氧化，因此，其工作上限最多为150℃，但由于铜热电阻的价格相对便宜，故仍被广泛采用。

2.1.3.1　铂电阻温度计

铂热电阻的特性方程（−200～0℃）为：

$$R_t = R_0[1 + At + Bt^2 + Ct^3(t-100)] \tag{2-6}$$

在 0～850℃的温度范围内

$$R_t = R_0(1 + At + Bt^2) \tag{2-7}$$

在 ITS—90 中，常数 A，B，C 规定为：

$$A = 3.9083 \times 10^{-13}/℃$$
$$B = -5.775 \times 10^{-7}/℃^2$$
$$C = -4.183 \times 10^{-12}/℃^4$$

式中　R_t——温度为 t℃时金属导体的电阻；

　　　R_0——温度为 0℃时金属导体的电阻；

A，B，C——与金属材料有关的常数。

2.1.3.2　铜电阻温度计

铜热电阻在测量范围内，其电阻值与温度的关系几乎是线性的，可近似地表示为：

$$R_t = R_0(1 + \alpha t) \tag{2-8}$$

式中　α——铜的电阻温度系数，$\alpha = 4.28 \times 10^{-3}/℃$。

可见，热电阻在温度 t 时的电阻值与 0℃时的电阻值 R_0 有关。

我国常用的铂电阻有 $R_0 = 10\Omega$、$R_0 = 100\Omega$ 和 $R_0 = 1000\Omega$ 等几种，它们的分度号分别为 Pt_{10}、Pt_{100} 和 Pt_{1000}；铜电阻有 $R_0 = 50\Omega$ 和 $R_0 = 100\Omega$ 两种，它们的分度号为 Cu_{50} 和 Cu_{100}。其中 Pt_{100} 和 Cu_{50} 的应用最为广泛。

由此可知，用于测温的热电阻应满足以下要求：

① 电阻温度系数要大，以得到高敏感度。

② 在测温范围内化学与物理性能要稳定。

③ 重现性要好。

④ 电阻率要大，以便在同样灵敏度下获得减小的传感器的尺寸，进而保证热容量和热惯性小，使得对温度变化的响应比较快。

⑤ 电阻值随温度变化最好呈线性关系，以便分度和读数。

⑥ 价格相对低廉。

2.1.3.3　热电阻的结构

热电阻的结构大致如图 2-3 所示，而图 2-4 所示为感温元件，其中的电阻丝采用双线并绕法绕制在具有一定形状的云母、石英或陶瓷塑料支架上，支架则起支撑和绝缘作用。

2.1.4　热电偶

2.1.4.1　热电偶测温基本原理

将两根不同材料的金属导线 A 和 B 的两端焊接在一起，就组成了一个闭合回路，称为热电偶，如图 2-5 所示。因为两种不同金属的自由电子密度不同，故当 A 和 B 相接的两个接点温度 T 和 T_0 不同时，回路中将产生电流，这种电流称为温差电流，相应的就有热电势 E 存在，并有电流流通，这种把热能转换成电能的现象称为热电效应。

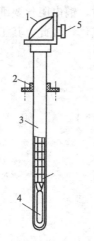

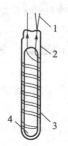

图 2-3　热电阻结构简图　　　　　　　　　图 2-4　感温元件结构简图

1—接线盒；2—安装固定件；3—不锈钢套管；　　　　1—引线端；2—保护膜；3—电阻丝；4—芯柱

4—感温元件；5—引线口

热电偶的两个接点中，置于被测介质（温度为 T）中的接点称为工作端或热端，温度

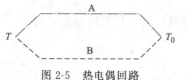

图 2-5　热电偶回路

为 T_0 的一端称为参考端或冷端。在 T_0 恒定不变时，则 $E = f(T)$，即回路总热电动势只是温度 T 的单值函数。

热电势包含了两种金属的温差电动势和两种金属接触点的接触电动势，这种接触电势差仅与两金属的材料和接触点的温度有关，温度愈高，金属中自由电子就越活跃，导致接触处所产生的电场强度增加，接触电动势也就相应增高。电动势和电流的方向由组成的热电偶的导体材料和冷热端温度决定，与热电偶的长度和粗细无关。

热电偶回路的性质根据中间导体定律，一个由几种不同导体材料连接成的闭合回路，只要它们彼此相连的接点温度相同，则此回路各接点产生的热电势的代数和为零，因此可以得到以下结论：将第三种材料 C 接入由 A、B 组成的热电偶回路，如图 2-6(a)，则图中的 A、C 接点 2 与 C、A 的接点 3，均处于相同温度 T_0，此回路的总电动势不变。同理，图 2-6(b) 中 C、A 接点 2 与 C、B 的接点 3，同处于温度 T_0，此回路的总电动势也不变。

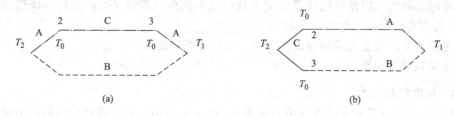

图 2-6　接入第三种材料导线的热电偶回路

根据上述原理，用金属 C 做导线连接到电位差计上，就可以测得 A、B 两种金属组成的热电偶的温差电动势。温差电动势的大小将随两端的温度而变。采用测量仪表测得温差电动势的数值，便可测得相应的温度，所以热电偶可以作温度计使用。

如前所述，为使热电偶的热电势与被测量值间呈单值函数关系，热电偶的参考端（冷端）的温度 T_0 可采用以下方法处理。

(1) 0℃ 恒温法　把热电偶的参考端置于冰水混合物容器里，使 $T_0 = 0℃$。这种办法适用于实验室中的精确测量和检定热电偶时使用。为了避免冰水导电引起两个连接点短路，必须把连接点分别置于两个玻璃试管里，再浸入同一冰点槽内，使之相互绝缘，如图 2-7 所示。

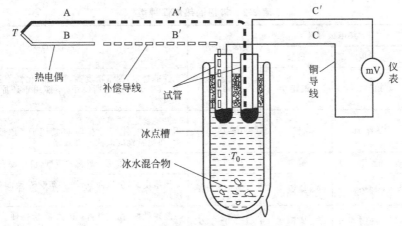

图 2-7　热电偶测温系统

(2) 补偿电桥法　补偿电桥法是在冷端接上一个由热电阻构成的电桥补偿器，如图 2-8 所示，以自动补偿因冷端温度变化而引起的热电势的变化。电桥的三个桥臂为标准电阻 R_1、R_2 和 R_3（锰铜丝绕制），另一个桥臂则由铜丝绕制的热电阻 R_{Cu} 构成。当冷端温度变化（如温度升高），热电偶产生的热电势也将变化（减小），而此时串联电桥中的热电阻阻值也将发生变化，并使电桥两端的电压也发生变化（升高）。假如参数选择得好，且接线正确，电桥产生的电压正好与热电势随温度变化而变化的量相等，则整个热电偶测量回路的总输出电压（电势）正好真实地反映了所测量的温度值。

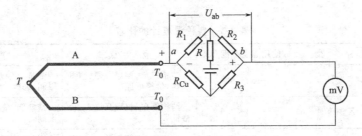

图 2-8　电桥补偿法测量电路

设计时，在 0℃ 下使电桥平衡（$R_1=R_2=R_3=R_{Cu}$），此时 $U_{ab}=0$，电桥对仪表读数无影响。注意：桥臂 R_{Cu} 必须和热电偶的冷端靠近，使之处于同一温度之下。

此外，还有补偿导线法、仪表机械零点调整法以及计算修正法等。

热电偶除了具有结构简单、测量范围宽、准确度高、热惯性小、输出信号为电信号便于远距离传输或信号转换等优点外，还能用来测量流体的温度及固体壁面的温度。

2.1.4.2　热电偶的种类及结构

(1) 热电偶的种类　常用热电偶可分为标准热电偶和非标准热电偶两大类。所谓标准热电偶是指按国家标准规定其热电势与温度的关系、允许误差，并有统一的标准分度表的热电偶，有与其配套的显示仪表可供选用。非标准热电偶在使用范围或数量级上均不及标准热电偶，一般也没有统一的分度表，他们主要用于某些特殊场合的测量。

标准热电偶按 IEC（International Electrical Commission，即国际电工委员会）标准生

产，并指定 S、R、B、K、N、E、J、T 八种标准热电偶为统一设计型热电偶。常用热电偶见表 2-2。

表 2-2　常用的热电偶种类

热电偶分度号	热电极材料		测温范围/℃	特　点
	正极	负极		
B	铂铑 30	铂铑 6	0～1800	性能稳定,测量精度高,可在氧化性或惰性气氛中使用,真空中只能短期使用,不能用于还原性氛围,价格较贵
S①	铂铑 10	铂	0～1600	性能稳定,测量精度高,可在氧化性或惰性气氛中使用,真空中只能短期使用,不能用于还原性氛围,价格较贵,热电特性的线性度较 B 好
K	镍铬	镍硅	0～1300	线性度好,适用于氧化性氛围,价格便宜
E	镍铬	康铜	−200～900	灵敏度高,价格便宜,可在氧化性及弱还原性氛围中使用
T	纯铜	康铜	−200～900	复现性好,稳定性好,精度高,价格便宜,缺点是铜易氧化

① 铂铑 10-铂热电偶的热电势稳定,可作为传递国际实用温标的标准仪器。

（2）热电偶的结构　为保证热电偶稳定、可靠地工作，对其结构要求如下：

① 组成热电偶的两个热电极的焊接必须牢固。

② 两个热电极彼此之间应很好地绝缘，以防止短路。

③ 补偿导线与热电偶自由端的连接应方便可靠。

④ 保护套管应能保证热电极与有害介质充分隔离。

以上介绍的几种温度计，广泛用于实验室研究和工业生产过程，其使用范围及各自的优缺点见表 2-3。

表 2-3　各种温度计的比较

型式	工作原理	种　类	使用温度范围/℃	优　点	缺　点
接触式	热膨胀	玻璃温度计	−80～500	结构简单,使用方便,测量准确,价格低廉	测量上限和精度受玻璃质量限制,易碎,不能记录和远传
		双金属温度计	−80～500	结构简单,机械强度大,价格低廉	精度低,量程和使用范围易有限制
		压力式温度计	−100～500	结构简单,不怕震动,具有防爆性,价格低廉	精度低,测温距离较远时,仪表的滞后现象较严重
	热电阻	铂、铜电阻温度计	−200～600	测温精度高,便于远距离、仪器测量和自动控制	不能测量高温,由于体积大,测量点温度较困难
	热电偶	铜-康铜温度计	−100～300	测温范围广,精度高,便于远距离、集中测量和自动控制	需要进行冷端补偿,在低温段测量时精度低
		铂-铂铑温度计	200～1800		

2.2　压力的测量

在科学实验和工业生产过程中，压力是一个非常重要的工艺参数，它可以决定实验和生产过程能否正常进行，比如当高压容器的压力超过额定值时，其危险程度便会增加，因此，必须进行测量和控制。而在某些工业生产过程中，压力还直接影响到产品的质量和生产效率，如生产合成氨时，按照一定比例的氢和氮，不仅应当施加一定的压力，而且还应当控制压力的大小，因为它将直接影响氨产量的高低。此外，在一定的条件下，测量压力还可以间接得出温度、流量和液位等参数。

用于测量气体或液体压力的仪表，简称压力计。压力测量仪表所测量的压力，实际上是物理概念中的压强（工程上习惯称之为压力），即垂直作用在单位面积上的力。通常，压力测量仪表所测得的压力值等于绝对压力值与大气压力值之差，称为表压力。绝对压力值小于大气压力值时，表压力为负值（即负压力），此负值的绝对值称为真空度，相应的测量仪表称为真空表（或称负压表）。在实际的压力测定过程中，所获得的都是测试点的表压或真空度。而大气在地面上产生的平均压力值称为大气压力，用来测量大气压力的仪表称为气压计。

2.2.1　气压计的构造与操作

2.2.1.1　气压计的构造

在实验室测量大气压力时，通常使用福廷式水银气压计。其构造如图 2-9 所示。大气压力的单位，原来直接以汞柱的高度（即毫米汞柱或 mmHg）表示，现在则以国际单位制 Pa 或 kPa 来表示。

气压计的外部是黄铜管 3，其上端开有一长方形窗孔，窗孔旁附有刻度的标尺 2 和游标尺 1。转动螺旋 4 可使游标尺 1 上下移动。黄铜管内部是一长 90cm、上端封闭的玻璃管，管中盛有汞，倒插在下部汞槽 7 内。玻璃管中汞面以上是真空，汞槽下部由一羚羊皮袋 8 封住，它既与大气相通，汞又不会漏出。皮袋周围由汞槽调节固定螺旋 9 支撑，通过调整螺旋 10 可调节槽内水银面的高低。汞槽周围是玻璃壁，顶盖上有一倒置的象牙针 6，针尖是标尺的零点。

从以上可看出，当大气压力与汞槽内的汞面作用达到平衡时，汞就会在玻璃管内上升到一定高度，利用标尺 2 和游标尺 1 测量汞的高度，就可确定大气压力的数值，读数的精密度可达 0.1mm 或 0.05mm。

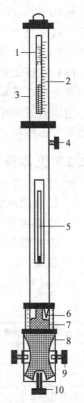

图 2-9　福廷式
水银气压计

1—游标尺；2—读
数标尺；3—黄铜管；
4—游标尺调节螺旋；
5—温度计；6—零点
象牙针；7—汞槽；
8—羚羊皮袋；9—固
定螺旋；10—调整
螺旋

2.2.1.2　气压计的操作步骤

(1) 铅直调节　气压计必须垂直放置，若在铅直方向偏差 1°，则汞柱高度的读数误差大约为 0.015%。为此，在气压计下端，设计一固定环。在调节时，先拧松气压计底部圆环上的三个螺旋 9，令气压计铅直悬挂，再旋紧这三个螺旋，使其固定即可。

(2) 调节汞槽内的汞面高度　慢慢旋转螺旋 10，调节汞槽内的汞面，利用汞槽后面白瓷板的反光，注视汞面与象牙针 6 间的空隙，直到汞面恰好与象牙针尖接触，稍等几秒钟，待象牙尖与汞的接触情况不改变时再进行下一步。

(3) 调节游标尺　转动调节游标螺旋 4，使游标尺 1 升起的比玻璃管中的汞面稍高，然后慢慢落下，直到观察者的眼睛和游标尺前后的两个下沿边与汞面在同一水平面上为止。

(4) 读取汞柱高度　游标尺 1 的零线在标尺 2 上所指的刻度为大气压力的整数部分（Pa 或 kPa），再从游标尺上找出一根恰好与标尺 2 某一刻度相吻合的刻度线，此游标刻度线上的数值即为大气压力的小数部分。如图 2-10 所示，标尺 2 上的读数为

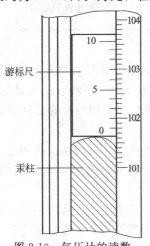

图 2-10　气压计的读数

101.6kPa 多一点。而这"多一点"的数值，从游标尺 1 上可以观察到数据为 8 的这条刻度线正好与标尺 2 上的一条刻度线相吻合，故这"多一点"的数值为 0.08kPa，则气压计上的读数为101.6＋0.08＝101.68kPa。

（5）整理工作 测试结束后，向下转动螺旋 10，使汞面离开象牙针，同时，从气压计上的温度计 5 读取温度值。

当实验过程中，为了得到比较精确的大气压力值时，则必须进行仪器、温度以及海拔和纬度等方面的校正。

2.2.2 流体压力测量仪表的类型

化工生产和科学实验中，常用的压力计按工作原理划分有以下四种类型。

① 将被测压力转换成液柱高度差进行测量的液柱式压力计。

② 将被测压力转换成弹性元件变形的位移进行测量的弹性式压力计。

③ 将被测压力转换成各种电量进行测量的电气式压力计。

④ 将被测压力转换成活塞上所加平衡砝码的重量进行测量的活塞压力计。

以下仅对①、②两种类型的压力计作简要介绍（表 2-4）。

表 2-4 压力检测仪表分类比较

压力检测仪表的种类		检 测 原 理	主 要 特 点	用 途
液柱式压力计	U 形管压力计	液体静力平衡原理（被测压力与一定高度的工作液体产生的重力相平衡）	结构简单、价格低廉、精度较高、使用方便。但测量范围较窄，玻璃易碎	适用于低微静压测量，高精确度者可用作基准器
	单管压力计			
	倾斜管压力计			
	补偿微压计			
	自动液柱式压力计			
弹性式压力计	弹簧管压力表	弹性元件弹性变形原理	结构简单、牢固，实用方便，价格低廉	用于高、中、低压的测量，应用十分广泛
	波纹管压力表		具有弹簧管压力表的特点，有的因波纹管位移较大，可制成自动记录型	用于测量 400kPa 以下的压力
	膜片压力表		除了具有弹簧管压力表的特点外，还能测量黏度较大的液体压力	用于测量低压
	膜盒压力表		用于低压或微压测量，其他特点同弹簧管压力表	用于测量低压或微压

2.2.2.1 液柱式压力计

液压式压力测量仪表常称为液柱式压力计，它是以一定高度的液柱所产生的压力与被测压力相平衡的原理测量压力的。常见的有 U 形管压力计、单管压力计、倾斜管压力计等。大多是在玻璃管中充以工作液体（指示液）。常用的指示液有蒸馏水、汞和酒精等。因玻璃管强度不高，并受读数限制，因此，所测压力一般不超过 0.3MPa。

液柱式压力计灵敏度高，因此，主要用作实验室中的低压基准仪表，以校验工作用压力测量仪表。由于工作液体的密度在环境温度、重力加速度改变时会发生变化，对测量的结果常需要进行温度和重力加速度等方面的修正。

（1）U 形管压力计 U 形管压力计一般用水银或水做指示液，用水做指示液时不能测量绝对压力，但是可以测量表压力和差压力。用汞做工作介质时能测表压力、绝对压力和差压压力。

U 形管压力计（图 2-11）两端连接两个测压点，当 U 形管两边压强不同时，两边液面便会产生高度差 R，根据流体静压力学基本方程可知，等压面 $p_a = p_b$，则

$$p_1 + R\rho g = p_2 + R\rho_0 g \qquad (2-9)$$

$$\Delta p = p_1 - p_2 = (\rho_0 - \rho)gR \qquad (2-10)$$

式中 ρ_0——U 形管内指示液的密度，$kg \cdot m^{-3}$；

ρ——管路中被测流体密度，$kg \cdot m^{-3}$；

R——U 形管指示液两边的液面差，m。

当被测压差很小，且流体为水时，U 形管压力计的指示液还可用氯苯（$\rho_{20℃} = 1106kg \cdot m^{-3}$）和四氯化碳（$\rho_{25℃} = 1584kg \cdot m^{-3}$）做指示液。

图 2-11 U 形管压力计

若 U 形管一端与设备或管道连接，另一端与大气相通，这时读数所反映的是管道中某截面处流体的绝对压强与大气压之差，即为表压强。

工作液（指示液）的选择应当符合以下要求：①不与被测系统的工作介质发生化学反应，也不互溶；②饱和蒸气压较低；③体积膨胀系数较小；④表面张力变化不大。

表 2-5 列出了液柱式压力计常用的指示液。

表 2-5 液柱式压力计常用指示液的性质

名　称	$\rho_{20℃}/(kg \cdot m^{-3})$	20℃的体积膨胀系数/K^{-1}	名称	$\rho_{20℃}/(kg \cdot m^{-3})$	20℃的体积膨胀系数/K^{-1}
汞	13547	1.8×10^{-4}	变压器油	895	
溴乙烷	2147	2.2×10^{-4}	甲苯	864	1.1×10^{-3}
四氯化碳	1594	1.91×10^{-3}	煤油	800	9.5×10^{-4}
甘油	1257		乙醇	790	1.1×10^{-3}
水	998	2.1×10^{-4}			

汞的密度较大，用它作为 U 形管压力计的指示液是很理想的，但管内汞柱表面应覆盖水层，以防止汞蒸发而造成污染。使用中应该注意两点：一是启动设备之前，应将 U 形管压力计上方的平衡阀打开，读取数据时，再将之关闭；二是将 U 形管和导压管的所有接头捆牢，如采用橡胶作为连接管，需要经常检查，以防橡胶管老化。

(2) 单管压力计 单管压力计是把 U 形管压力计的一侧改用较大管径的杯形粗管（储液杯），另一侧仍用细管（图 2-12）。由于粗玻璃管截面远大于细玻璃管的截面，一般两者比值≥200，故当作用于压力计两端的压强不等时，细管一边的液柱从平衡位置升高 Δh，杯形粗管一侧下降 $\Delta h'$。根据等体积原理，$\Delta h \gg \Delta h'$，故 $\Delta h'$ 可忽略不计，因此，在读数时只需要读取细管一侧的液柱高度即可，其读数误差可以比 U 形管压力计减少一半。公式如下：

$$\Delta p = p_1 - p_2 = \rho g \Delta h \left(\frac{a}{A} + 1 \right) \qquad (2-11)$$

式中 Δh——细管一侧的指示液高度，m；

a——细管的内截面积，m^2；

A——粗管的内截面积，m^2。

(3) 倾斜管压力计 倾斜管压力计是由一根倾角为 α 的可

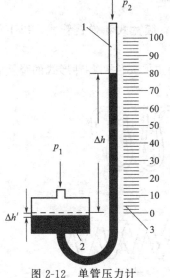

图 2-12 单管压力计

1—测量管；2—储液杯；3—刻度尺

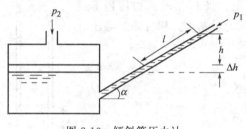

图 2-13 倾斜管压力计

调的玻璃管（横截面面积为 A_1）和一个盛液体的小容器（横截面面积为 A_2）组成，如图 2-13 所示。细管的倾斜使液面的位移距离加长从而放大指示液柱高度的刻度，测量范围一般为 $0 \sim \pm 200 \text{mm H}_2\text{O}$，能以 $0.01 \text{mm H}_2\text{O}$ 的精度进行测量，在工业测量中用作微压测量的标准器。

如果斜管入口压强 p_1 和容器入口压强 p_2 相等，则容器内液面与斜管中的液面平齐；当 p_1 和 p_2 不相等时，例如 $p_1 < p_2$，则斜管中液面将上升 h（m），容器内液面下降 Δh（m）。

因此，根据静水压强基本方程可得

$$p_2 = p_1 + \rho g (h + \Delta h) \tag{2-12}$$

由于容器内液面下降的体积与斜管中液面上升的体积相等，即有

$$\Delta h = \frac{A_1}{A_2} l \tag{2-13}$$

又

$$h = l \sin\alpha \tag{2-14}$$

整理得

$$\Delta p = p_2 - p_1 = \rho g \left(\sin\alpha + \frac{A_1}{A_2} \right) l \tag{2-15}$$

使用时，可用水准仪测校水平位置。由于酒精密度较小，常用它作为斜管压力计的指示液，以提高微压计的灵敏度。如果要求斜管压力计测量不同的压力范围时，则可采用斜管倾斜角度可变的微压计，即通过改变倾斜角 α 的大小来改变压力测量范围。

2.2.2.2 弹性式压力计

弹性式压力计是用弹性传感器（又称弹性元件）组成的压力测量仪表。它们是根据弹性元件受压后产生的变形和压力大小有确定关系的原理而制成的。当弹性元件受压后，会产生形变输出（力或位移），因此，可以通过传动机构直接带动指针指示压力（或压差），也可以通过某种电气元件组成变送器，实现压力（或压差）信号的远传。其适用范围在 $0 \sim 103 \text{MPa}$，结构简单，应用广泛。

弹性式压力计包括金属膜片式（包括膜片式）、波纹管式、膜盒式和弹簧管式。以下简要介绍弹簧管压力表。

(1) 弹簧管压力表的主要元件　弹簧管是弹簧管压力表的主要元件，各种形式的弹簧管如图 2-14 所示。

图 2-14 弹簧管及其横截面

（2）弹簧管压力表的工作原理　弯曲的弹簧管是一根空心的管子，其自由端是封闭的，固定端焊在仪表的外壳上，当它的内腔接入被测压力系统后，在压力作用下它会发生变形。弹簧管的横截面呈椭圆形或扁圆形。短轴方向的内表面积比长轴方向的大，因而受力也大。当管内的压力比管外大时，短轴要变长些，长轴要变短些，管子截面趋于更圆，这种弹性变形使管子自由端产生位移量，通过拉杆带动齿轮传动机构，使指针相对于刻度盘转动。当变形引起的弹性力与被测压力产生的作用力平衡时，变形停止，指针指出被测压力值，因此，弹簧管压力表是利用压力和弹簧管自由端的位移相对应的原理工作的。

（3）单圈弹簧管压力表的结构及工作原理　单圈弹簧管压力表俗称波登管压力计，是弹性压力计的一种类型，其感测元件为弹簧管。单圈弹簧管压力表结构组成如图 2-15 所示，它主要由弹簧管、传动机构、游丝、指针、表盘等组成。扇形齿轮、中心齿轮、游丝安装在彼此平行的夹板之中。当弹簧管内通入压力后，其自由端的位移可通过杠杆机构带动指针转动，齿轮传动机构的作用是把自由端的线位移转换成指针的角位移，使指针能明显地指出被测值。

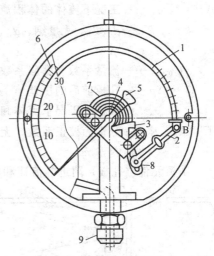

图 2-15　单圈弹簧管压力表
1—弹簧管；2—拉杆；3—扇形齿轮；
4—中心齿轮；5—指针；6—刻度盘；
7—游丝；8—调整螺丝；9—接头

2.3　流量的测量

流量是化工生产与科学实验中的重要参数。不论是工业生产还是科学实验，凡涉及连续流动的系统都要进行流量的测量，以用来核算过程或设备的生产能力，以及各部分流量所占的比例，以便对过程或设备做出评价。

流量表示单位时间内流经管道有效截面的流体数量，流体数量用体积表示称为体积流量，单位为 $m^3 \cdot s^{-1}$、$m^3 \cdot h^{-1}$ 等；用质量表示则称为质量流量，单位为 $kg \cdot s^{-1}$、$kg \cdot h^{-1}$ 等。测量流量的方法和仪器很多，其中实验室常用的有差压式流量计（变压降式流量计）、转子流量计（定压降式流量计）、涡轮流量计（速度式流量计）、湿式流量计、毛细管流量计和皂膜流量计等。

2.3.1　差压式流量计

差压式流量计是以伯努利方程和流体连续性方程为依据，根据节流原理，即基于流体经过节流元件（局部阻力）时所产生的压力降来实现流量测量的。当流体流经节流元件时（如孔板、喷嘴、文丘里管等），流体便在节流元件处形成局部收缩，因而流速增加，静压力降低，于是在节流元件前后便产生了压差。流体流量愈大，产生的压差愈大，此压差值与该流量的平方成正比。对于可压缩流体（如各种气体、蒸汽）流过节流装置时，压力发生改变必然引起密度的改变，因此，在流体流量计算式中应引入气体可膨胀系数，即

$$q_V = \frac{C}{\sqrt{1-\beta^4}} \varepsilon A_0 \sqrt{\frac{2\Delta p}{\rho}} \tag{2-16}$$

$$q_V = C_0 \varepsilon A_0 \sqrt{\frac{2gR(\rho_0 - \rho)}{\rho}} \tag{2-17}$$

式中　　　q_V——工况下流体的体积流量，$m^3 \cdot s^{-1}$；

　　　　　β——d_0/d_1，无量纲。d_0 为工况下孔板内径，mm，d_1 为工况下上游管道内径，mm；

　　　C_0，ε——流量系数和膨胀系数，无量纲。对于不可压缩性流体：$\varepsilon = 1$；

　　　　　Δp——孔板前后的压差值，kPa；

　　　ρ，ρ_0——分别为工况下流体和指示液体的密度，$kg \cdot m^{-3}$；

C，A_0，R——分别为校正系数，无量纲；孔口截面积，m^2；及 U 形管指示液两边的液位差，m。

节流元件（孔板）附近的流速和压力分布如图 2-16 所示。

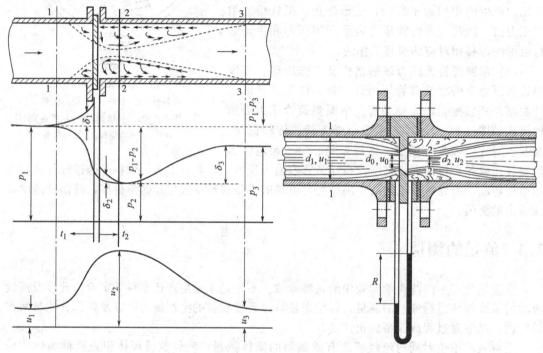

图 2-16　孔板附近的流速和压力分布　　　　图 2-17　孔板流量计

影响压差的因素主要为流量、节流装置的形式、管道内流体的物理性质如密度、黏度等。

节流装置由节流元件、取压装置、上下游测量导管组成。按节流元件的结构形式划分，可将节流元件分为标准孔板式、标准喷嘴式、文丘里管式、文丘里喷嘴式等。

2.3.1.1　孔板流量计

在流体流通管路里垂直插入一片中央开有圆孔的板，圆孔中心位于管路中心线上，如图 2-17 所示，即构成孔板流量计。板上圆孔经精致加工，其侧边与管轴成 45°角，形成锐孔。锐孔加工要求严格，其边缘应无毛刺，以提高测量精度，因此，孔板流量计不适于测量脏污或腐蚀性流体。

孔板流量计的阻力损失 h_1，可用阻力公式写为：

$$h_1 = \zeta \times \frac{u_0^2}{2} = \zeta C_0^2 \frac{Rg(\rho_0 - \rho)}{\rho} \tag{2-18}$$

式中　ζ——局部阻力系数，一般在 0.8 左右。

式(2-18) 表明经过孔板时的阻力损失正比于压差计读数 R。孔口愈小，则孔口流速 u_0

愈大，R 愈大，则阻力损失也愈大。标准孔板使用范围见表 2-6。

表 2-6　标准孔板使用范围（d_0 和 d_1 的单位为 mm）

径距[d_1($d_1/2$)]取压法	法兰取压法	角接取压法
	$d_0 \geqslant 12.5$	
	$50 \leqslant d_1 \leqslant 1000$	
	$0.20 \leqslant \beta \leqslant 0.75$	
$5000 \leqslant Re(0.20 \leqslant \beta \leqslant 0.45)$		$1260\beta^2 d_1 \leqslant Re$
$10000 \leqslant Re(0.45 < \beta)$		

以上三种取压方式和取压位置如图 2-18 所示。

孔板流量计是一种简便且易于制造的装置，常用不锈钢、铝合金或黄铜制成。标准孔板广泛用于石油、化工、冶金、电力等行业，是迄今为止应用最多的一种流量计，其系列规格可查阅有关手册。其优点是结构简单，性能稳定，使用周期长，价格低廉，品种齐全，类型较多。不足之处是测量范围较窄，精度一般；压头损失较大；安装要求较高，如需要较长的直管段等。

2.3.1.2　喷嘴

喷嘴的优点是阻力损失小（在相同流量和 β 值情况下为孔板的 60% 左右），测量精度较高。与孔板相比没有孔口钝化问题，且耐冲击、不易变形，故对于脏污、腐蚀性大以及易磨损喷嘴的流体不太敏感，但加工比较困难。标准喷嘴有两种结构形式：ISA 1932 喷嘴和长径喷嘴。

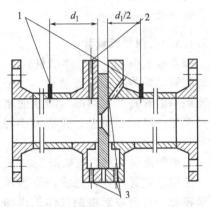

图 2-18　标准孔板按取压方式示意图
1—径距取压（d_1，$d_1/2$ 取压）；2—法兰取压；
3—角接（环室、单独钻孔）取压

（1）ISA 1932 喷嘴　如图 2-19(a) 所示。它是一个以管道中心线为旋转轴的对称体。安装在管路上使用时，流体将自左至右通过圆弧形收缩段及圆筒形喉部所组成的喷嘴。ISA 1932 喷嘴的取压方式只有角接取压一种。

（2）长径喷嘴　如图 2-19(b) 所示，其基本结构和 ISA 1932 喷嘴类似，只是其入口收缩段比较平缓。如剖面图所示，它为 1/4 个椭圆收缩段及圆筒形喉部所组成的喷嘴。长径喷嘴的取压方式只有径距取压一种。

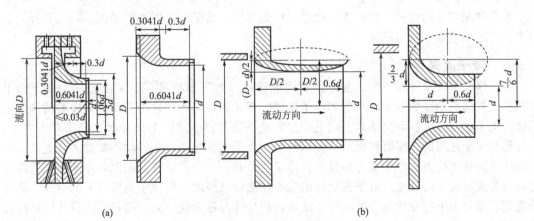

(a)　　　　　　　　　　　　　　(b)

图 2-19　标准喷嘴

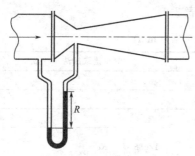

图 2-20　文丘里流量计

2.3.1.3　文丘里流量计

文丘里流量计构造如图 2-20 所示。它由等直径入口段、收缩段、等直径喉道、扩散段及 U 形压差计等组成。使用时串联于管路之中，因由意大利物理学家文丘里（G. B. Venturi）发明而得名。

文丘里流量计原理与孔板流量计相同，只是将测速管径先做成逐渐缩小而后又做成逐渐扩大，以减小流体流过时的机械能损失。

文丘里流量计具有装置简单、测量可靠、压强损失小等优点，可应用于各种介质的流量测量，具有永久压力损失小、要求其前后的直管段长度短、寿命长等特点。

2.3.1.4　毛细管流量计

在实验室中，由于气体用量较少，常用抽细的玻璃管（毛细管）安装在气体导管之中作节流装置，即为毛细管流量计。它是利用气体流经毛细管时由于动能与静压能之间的转换而产生一定的压力差，其值大小与流量的大小存在一定关系。

毛细管流量计示意图如图 2-21 所示。

使用毛细管流量计之前，应当预先标定流量系数，且需要对被测气体加以净化，以防止液沫和杂质等堵塞毛细孔。在精确测量气体流量时，应当缓慢通入气体，以防止损坏流量计或将压差计内的指示液冲走。

由于毛细管直径没有统一规格，因此，不能将直接的读数用来计算气体流量，而应用其他标准流量计进行校正，并绘制 $\Delta p \sim$

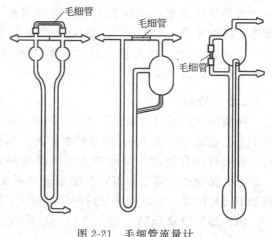

图 2-21　毛细管流量计

q_V 曲线。使用时，根据压差值从曲线图上求出气体流量（也可以将流量值直接刻在压差计标尺上）。

毛细管流量计适用于测量 $q_V < 10 \text{L} \cdot \text{h}^{-1}$ 的气体。在此测量范围之内，可以根据所测气量大小选择不同孔径的毛细管。

按照被测气体的性质、溶解度、化学反应的性质、流量以及温度等情况，可以选择着色的水、石蜡油或汞等做指示液。

2.3.2　转子流量计

转（浮）子流量计属于变（截）面积式流量计，如图 2-22 所示。它是由一个从下向上逐渐扩大并附有刻度的锥形玻璃管和浮子组成。浮子能在流体的冲击下于垂直安装的锥形玻璃管内上下移动。当被测流体自下向上流过玻璃管壁与浮子之间的环隙时，托起浮子向上，这时管与浮子之间的环隙面积增大。流量愈大，浮子上升愈高，则环隙面积愈大。直到浮子两边压差所形成的力与浮子重力相等时，浮子便处在一个平衡位置，因此，浮子静止的高度便可作为流量大小的量度。由于流量计的流通截面积（环隙）随浮子高度的不同而异，而浮子稳定不动时上下部分的压力差相等，故这种流量计亦称为变（截）面积式流量计或定压降式流量计。

转子流量计是工厂和实验室中最常用的一种流量计。它具有结构简单、直观、压力损失小、维修方便等特点。适用于测量通过管道直径 $d<150mm$ 的小流量透明清洁的流体，也可以用来测量腐蚀性介质的流量。

转子流量计在出厂前，采用 20℃水或 20℃、0.1MPa 的空气进行标定，然后将流量值刻于玻璃管上。使用过程中被测流体与上述条件不符时，应对刻度作适当换算。

图 2-22　转子流量计

2.3.3　涡轮流量计

涡轮流量计是利用测量管道内部流体速度的大小来测量流体流量的，故属于速度式流量计，见图 2-23。

涡轮流量计主要由以下几部分组成。

① 涡轮　用高导磁系数的不锈钢材料制成。叶轮芯上装有螺旋形叶片，流体作用于叶片上使之旋转。

② 导流件　用以稳定流体的流向和支承叶轮。

③ 磁电感应转换器　由线圈和磁铁组成，用以将叶轮的转速转换成相应的电信号。

④ 外壳　由非导磁的不锈钢制成，用以固定和保护内部零件，并与流体管道连接。

⑤ 前置放大器　用以放大磁电感应转换器输出的微弱电信号，进行远距离传送。

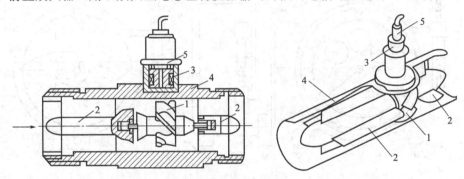

图 2-23　涡轮流量计
1—蜗轮；2—导流件；3—磁电感应转换器；4—外壳；5—前置放大器

涡轮流量计的工作原理是：将叶轮（导流件）置于被测流体中，受到流体流动的冲击而旋转，以叶轮旋转的快慢来反映流量的大小。流体流过传感器（主要由磁电感应转换器和涡轮组成）时，先经过前导流件，再推动铁磁材料制成的涡轮旋转。旋转的涡轮切割外壳体上的磁电感应转换器的磁力线，磁路中的磁阻便发生周期性的变化，产生周期性的感应电势，即脉冲信号，经放大器放大后，送至二次仪表进行显示，将显示的脉冲频率（f）除以仪表系数（ξ）即可获得瞬时流量。这样显示仪表就可以通过脉冲次数求出某段时间内的累积流量。

$$q_V = \frac{f}{\xi} \qquad L \cdot s^{-1} \tag{2-19}$$

式中　f——磁电转换器交变电流脉冲频率（Hz）或脉冲数（s^{-1}），该数据由流量显示仪读出。流量显示仪的量程分三挡；×5（0～250）Hz；×10（0～500）Hz；×20（0～1000）Hz；

　　　　ξ——涡轮流量计的流量系数（脉冲数·L^{-1}）。其物理意义是每流过单位容积的流体所发出的脉冲数。

涡轮式流量计的优点是：准确度、精密度高；重复性好；无零点漂移，抗干扰能力强；结构紧凑轻巧，安装维护方便，流通能力大；安全性好。缺点是：流体的性质（密度、黏度）的变化对流量计的影响较大，需采取补偿措施；仪表受流速分布和旋转流影响较大，故传感器的上下游必须保持必要的直管段，一般入口直管段的长度取管道内径的10倍以上，出口取5倍以上；对介质的清洁度要求较高，以防止涡轮被卡住；DN50mm以下流量计受物性影响较严重，难以保持优良的特性。

2.3.4 湿式流量计

湿式流量计属于容积式流量计，如图2-24所示。湿式流量计内安装有转鼓，转鼓被设计成四个测试气室（Ⅰ～Ⅳ）并浸泡在液体（水或油）中。当转鼓下半部浸于水中时，气体则由背部中间的进气口进入Ⅰ室，并推动转鼓转动。转动时气室Ⅰ继续升至水面并充满气体，同时，气体又开始进入Ⅱ室，并使其升高，转鼓不断转动。当充满气体的气室回到水中时，水逐渐占据原气室空间，气体则通过螺旋形的气路通道继由顶部排出，转鼓带动仪器正面上的指针与累积计数器运行，也可以将转鼓的转动次数转换为电信号作远传显示。因气路完全密闭，没有任何泄漏损失，故可用来直接记录被测气体的总量。同时，湿式流量计也可用来作标准仪器检定其他流量计。

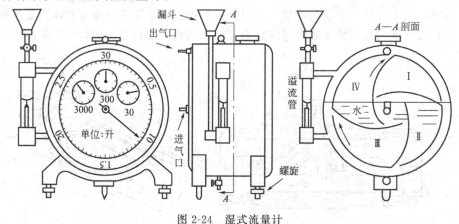

图 2-24 湿式流量计

使用湿式流量计时应当注意：首先需调节流量计的底脚螺旋，使之处于水平位置；然后从漏斗注水（或油）至有水从液流管中溢出为止。注意水温与室温相差不超过2℃，否则需用热水（或冷水）调节。流量计读数准确与否直接关系到气体计量，故必须进行校正。

2.3.5 皂膜流量计

皂膜流量计的测试部件仅为一只标有刻度线的量气管和下端盛有肥皂液（示踪剂）的橡皮球，如图2-25所示。

当被测量气体以定态流过量气管时，只需将橡皮球轻轻挤捏一下，当形成的皂膜高于进气口时，皂膜便在气体的推动下缓慢上升。选择量气管下端某一刻度开始计时，待皂膜平移至上端某一刻度按停秒表，则上下两刻度之差值，除以所记录的时间，即表示单位时间内流体的体积。

使用中为保证测量精度，量气管内壁应先用肥皂液浸润，同时上升气速应小于$0.04\text{m}\cdot\text{s}^{-1}$；读取的量气管体积尽可能大，以充分利用量气管体积。

皂膜流量计结构简单、制作方便，测量精度高，可作为校正流量计的基准流量计。

图 2-25 皂膜流量计

第3章　计算机仿真实验

计算机仿真实验是一种非常重要的教学辅助手段，它形象生动且快速灵活，集知识掌握和能力培养于一体，是提高实验教学效果的一种十分有效和得力的措施。目前，国内已研制开发成功的"化工原理仿真实验"多媒体示教课件有许多，各有特色。其交互式的使用方式，极大地引发了学生主动参与的学习兴趣，并给了学生充分的动手机会，在化工实验教学中起到了良好的辅助和促进作用。其功能特点大致如下。

(1) 仿真操作，辅助教学　化工原理实验的目的主要是对其基本原理进行验证，因此，化工原理仿真实验系统应用可视化设计理念，以图形代表不同的多媒体对象，实验装置采用三维立体图形，并配有实际操作音响，动画效果，从而在屏幕上创建一个虚拟的实验装置环境，效果逼真。运用鼠标或键盘对实验装置进行操作，再借助实验装置的数学模型与计算机的数值计算能力，模拟实验装置各参数在操作过程中的变化。随鼠标的移动，也可以指示出实验装置的各个部件名称，便于了解实验装置的结构及操作要点。

(2) 知识性与趣味性相统一　仿真实验系统界面友好，形象生动，快速灵活，集知识和能力培养于一体，能使学生同时从不同的角度掌握所学技能。为加深对实验步骤和原理的理解，减少由于操作失误造成的设备损坏，对于在实际实验中不正确的操作步骤和方法，仿真系统中将之设定为误操作。当操作失误时会发出警告，指出错误原因，并给出正确的操作方法，因此，当学生再去面对实际的化工实验装置时，不会再有陌生感，从而可以熟练掌握正确的实验操作步骤和方法，大大降低现场实验的错误率，提高了实验教学效率，降低了实验成本。

(3) 内容丰富　软件具有强大的实验帮助功能，不仅可了解仿真实验操作步骤，而且还对所做实验的各项内容有详尽说明。仿真操作时，遇到难点和不理解之处，可随时在屏幕上点击进行查阅，便于掌握实验操作要点。

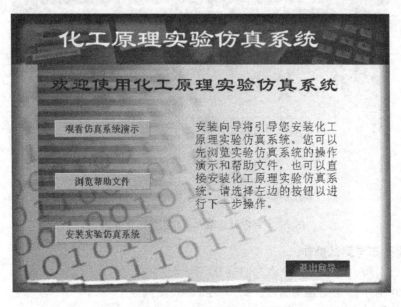

图 3-1　化工原理实验仿真系统向导界面

（4）测试功能 化工原理仿真实验系统软件具有仿真测试功能，可对操作过程进行综合评分，最后汇总实验成绩。

以下以吴嘉主编的《化工原理仿真实验》为主，兼顾介绍有关兄弟院校的个别仿真实验系统的内容。主要包括流动阻力、离心泵、传热、吸收、精馏、萃取和干燥七个化工原理的基础实验。其向导界面如图3-1所示。

点击"安装实验仿真系统"按钮后，即可按顺序将化工原理实验仿真软件安装到计算机的硬盘之上，然后，从Windows界面的开始菜单即可启动化工原理仿真实验系统。

实验一 管内流体流动阻力仿真实验

一、进入仿真实验系统

单击"开始"按钮，选"程序"，再选"实验仿真系统"，单击"流体阻力实验"，即可进入该实验。输入学号后根据个人需求，选择"实验预习""仿真操作"或"退出"实验。

二、实验准备工作

① 单击"实验预习"选项，桌面上会依序出现有关本实验的十道预习题，每题答对10分，答错0分。

② 单击"仿真操作"选项，桌面上会出现实验操作界面图，最上方标题栏上的图标依次为：读取数据、实验预习、重做实验、数据处理、关闭实验。

③ 将鼠标移至阀门等处，屏幕或其下方会出现提示语，如移至进水阀时，屏幕上出现"进水阀"，屏幕下方出现"鼠标左键双点，显示开度盘，单击右键，关闭显示"（图3-2）。

欲正确使用该仿真实验软件，可按F1键先运行仿真实验帮助系统。点击主题词："实验预习""实验原理""实验设备""实验操作""数据处理"，即可得到相应的帮助。

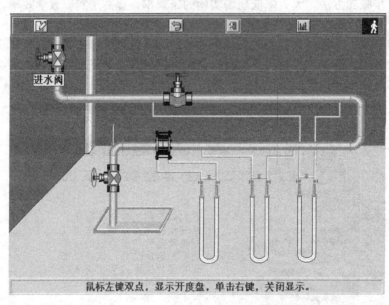

图3-2 管内流动阻力仿真实验操作界面

三、实验装置开车与测试操作

① 双击出水阀、进水阀，并将它们全开。

② 单击并全开U形管压差计1、2、3的a、b、c阀。

③ 双击关闭进水阀。

④ 依次单击并关闭三个 U 形管压差计的平衡阀 c。

⑤ 依次单击三个 U 形管压差计。若读数显示为零，则表示系统内的空气已排尽；若压差计的读数不为零，则需重新排气，即重复上述各实验步骤，直到空气排尽为止。

⑥ 打开进水阀（注意：进水阀的开度值不得超过 85%）。

⑦ 单击"读取数据"按钮，再单击温度计放大图，即可读取温度。然后，分别单击三个压差计，这样即可完成一组读数。

⑧ 通过减小进水阀的开度值，测取 8～9 组数据（要求实验点分布均匀，方法是从最大流量开始实验，然后逐渐将流量调小，使流量计指示液压差读数 R 每次较前次减少 1/3 左右）。

四、数据处理

单击"数据处理"按钮，即可进入实验数据处理界面，然后，按如下列顺序选择：

① 单击"原始数据列表"按钮，即可得到原始数据记录。

② 单击"数据结果列表"按钮，即可得到计算结果。

③ 单击"作图"按钮，即可绘制正确的图形。

五、实验装置停车操作

① 关闭流量调节阀。

② 打开各压差计的平衡阀 c。

③ 关闭上游限流阀。

④ 关闭各压差计的引压阀 a、b。

⑤ 点击"关闭实验"按钮，退出仿真实验操作系统。

最后，对实验操作给出客观评定（下同）。

实验二 离心泵性能仿真实验

离心泵性能仿真实验装置流程如图 3-3 所示。该装置由进出口管路、文丘里流量计、进

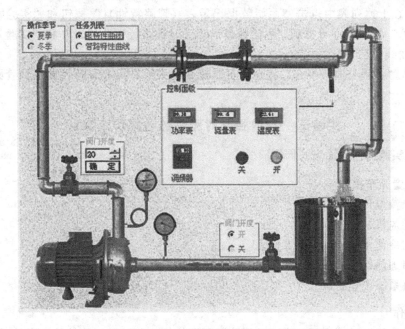

图 3-3 离心泵性能曲线测定仿真实验操作界面

水阀、出水阀、真空表、压力表及循环水箱组成。在该仿真实验装置上可以同时进行离心泵特性曲线和管路特性曲线的测定。

一、实验装置开车操作

① 选择操作季节（夏季、冬季）和任务列表（泵特性曲线、管路特性曲线）。

② 关闭出口流量调节阀，全开入口阀。

二、测试操作

① 测定离心泵特性曲线时，在出口流量调节阀的最大流量范围内，从小到大选取 10～15 个数据点。

② 测定每组数据时用鼠标点击功率表、流量表、温度表、离心泵入口真空表和出口压力表，并点击"记录数据"。

③ 测定离心泵管路特性曲线时，保持离心泵出口阀在最大开度。将调频器的频率按从大到小的顺序调节，以改变离心泵的转速。

④ 在调频器的频率范围之内，从大到小选取 10～15 个数据点。

测取数据结束之后，进行数据处理。

三、实验装置停车操作

进行数据处理之前，应当关闭实验装置，其步骤为：

① 将泵出口调节阀门调至零。

② 关闭电源开关。

③ 关闭泵入口调节阀门。

四、数据处理

点击"数据处理"选项，根据界面上的提示，依次选择下列各项。

① 点击"原始数据记录表（泵特性）"按钮，显示原始数据列表情况。

② 点击"实验数据处理表（泵特性）"按钮，显示实验数据处理表。

同样，在上述列表中点击"原始数据记录表（管路特性）"按钮和"实验数据处理表（管路特性）"按钮，亦可得到"原始数据记录表（管路特性曲线）"和"实验数据处理表（管路特性曲线）"。

③ 点击"方程与曲线拟合"按钮，可以得到一张绘有离心泵特性曲线和管路特性曲线的图形。

实验三　管内强制对流传热过程仿真实验

进入该实验操作界面方式同实验一。

一、实验装置开车操作

① 记录流量传感器的初值。

② 启动风机。

③ 开启冷却水。

④ 开启加热器和温控仪。

⑤ 观察系统工作状况。

二、测试操作

① 在系统稳定的情况下，点击"读取数据"按钮，此时得到的是最大流量下的气体进、

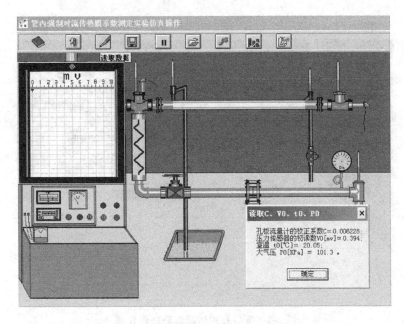

图 3-4　管内强制对流传热过程仿真实验操作界面

出口温度，冷却水进、出口温度，孔板流量计处的温度和压力及其两侧的电位差值。

② 在操作界面（图 3-4）上点调节阀开度图中的"－"号，以减小开度，在系统稳定的情况下，点击"读取数据"按钮。依次逐渐减小流量，重复上述操作，取 4～6 组数据。

③ 测取数据结束之后，进行数据处理。

三、数据处理

点击"数据处理"按钮，根据画面提示，依次选择下列各项：

① 点击"原始数据"选项，显示原始数据列表情况。

② 点击"数据处理结果"选项，显示计算结果列表情况。

③ 点击"作 $Re \sim N_u$ 图"选项，可以得到相应图形。

四、实验装置停车操作

点击"返回实验室"按钮，依次关闭加热器、温控仪电源开关，冷却水阀等。点击"关闭实验"按钮，退出实验室。

实验四　填料塔吸收过程仿真实验

进入该实验操作界面（图 3-5）方式同实验一。

一、实验装置开车操作

① 点击"开始实验"按钮，双击吸收剂调节阀，在放大图上按"＋"号加大到某一值，以润湿塔内填料。

② 点击风机开关按钮（绿色），双击空气调节阀，在放大图上增大风量至液泛。观察气液流动形态，并记下液泛时的最大空气量（作为上限）。

③ 减小阀门开度，恢复到预定初始气速。实验时，在此气速与上限气速之间从小到大逐级调节空气流，依次测取 8～10 组数据。注意：每改变一次风量，须待系统稳定后，再点击"读取数据"按钮，以记录该状态下的实验数据。

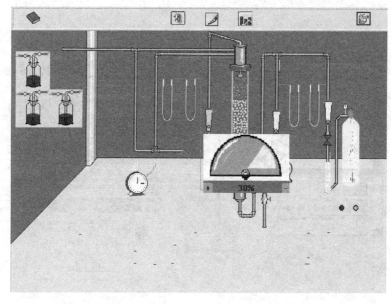

图 3-5 吸收过程仿真实验操作界面

④ 双击氨气调节阀，将其调到某一值。然后单击氨钢瓶调节阀，待系统稳定后，双击屏幕左上方尾气吸收瓶（其中盛有加了指示剂的一定浓度和一定量的稀硫酸溶液），将其安装到尾气吸收端，再点击三通阀门，即可进行尾气吸收。

⑤ 当指示剂由红色变成黄绿色时，计算机将会提示中和反应已达终点，点击"确定"即可完成一组读数，结束尾气分析。

⑥ 通过空气和吸收剂的调节阀，即可改变空气和吸收剂流量，重复上述尾气测量步骤，便测取若干组数据。

二、数据处理

点击"数据处理"按钮，进入数据处理界面，依序选择下列各项：

① 点击"实验数据"框中的"Δp-u"或"K_{Ya}"按钮，数据处理界面上即可得到相应的实验原始数据表格。

② 点击"数据处理"按钮，数据处理界面上即可出现数据处理结果。

③ 点击"作图"按钮，数据处理界面上即可得到"Δp-u"关系曲线。

三、实验装置停车操作

点击"返回实验室"按钮，返回实验操作界面，依以下顺序执行停车操作：

① 关闭氨气阀门。

② 关闭空气阀门、关闭风机、关闭水阀门及所有电源开关。

③ 点击"EXIT"按钮，即可结束实验。

实验五 筛板精馏塔过程仿真实验

进入该实验操作界面方式同实验一（图 3-6）。

一、实验装置开车操作

① 打开进料阀，双击进料转子流量计调节阀（开度为 1%），控制一定釜液量，关闭进料流量调节阀。

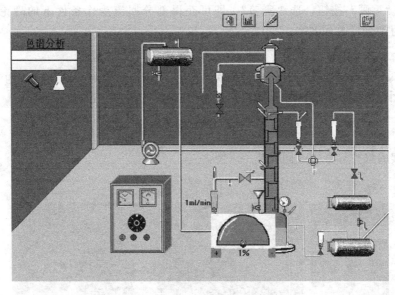

图 3-6　筛板精馏塔仿真实验操作

② 全开冷却水和回流转子流量计调节阀。

③ 开启总电源和三相加热电源，双击电压表，取电压值为 220V。

④ 观察系统工作状况，当温度恒定在某一定值时，开始取样。

注意：加热电压值应控制在 220～260V 之间，以防止漏液和液泛。

二、测试操作

(1) 全回流操作

① 在系统稳定时，温度恒定，单击馏出液取样口，开始取样。其摩尔分数自动显示在界面左上角色谱分析字样下的白条框内。

② 点击"读取数据"按钮，此时馏出液数据即被记录下来。

③ 采用同样方法，对釜液取样并读取数据。

④ 用鼠标拖动界面左上角的微量取样器，分别在每块塔板取样口取样、读取数据。

(2) 部分回流操作

① 在加热电压不变情况下，双击进料流量调节阀，开大进料流量计阀门开度，控制流量在某一数值，以使回流比 R 控制在 3～6 的范围内。

② 调节釜液转子流量计，使釜液和馏出液在转子流量计显示的体积流量之和与进料体积流量近似相等。

③ 在系统处于稳定的情况下，开始对进料、馏出液和釜液取样、读数。

④ 读取回流液流量和界面所示的 6 个控温点的温度。

注意：取样及读数方法与全回流操作时一样。

三、数据处理

以上两种操作方式结束后，点击"数据处理"按钮，即进入数据处理界面。

① 点击"全回流"按钮，显示加热电压为 220V 时原始数据列表情况。

② 点击"重画"按钮，即可获得由图解法在 y-x 相图绘制的全回流操作条件下的最少理论塔板数，同时，也可以得到某块塔板的气相默弗里单板效率。

③ 点击"部分回流"按钮，同样显示加热电压为 220V 时原始数据列表情况。

④ 点击"重画"按钮，选"覆盖"，即可获得部分回流操作条件下的理论塔板数，同时，也可以得到全塔总板效率。

四、实验装置停车操作

点击"返回实验室"按钮，然后，依次关闭进料液、馏出液、塔釜残液的流量调节阀；关闭加热器和总电源；关闭冷却水阀门。点击"EXIT"按钮，退出实验室。

实验六　转盘萃取塔仿真实验

进入该实验操作界面方式同实验一（图 3-7）。

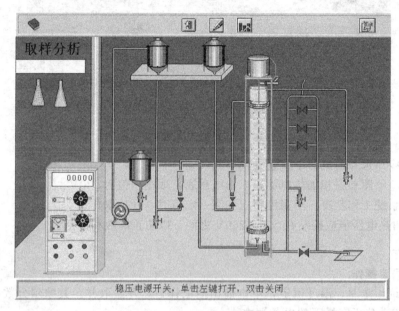

图 3-7　转盘萃取塔仿真实验操作界面

一、实验装置开车操作

① 点击"开始实验"按钮，分别点击总电源和单相电源按钮（绿色）。接通后再点击直流稳压开关，并点击相应的数字。

② 点击转速显示仪开关按钮，并在转速测量时间间隔按钮中点击相应的数字，以确定转速。

③ 双击萃取剂进口阀，在阀门开度图上调节到一固定流量（如 $q_V = 200\text{mL} \cdot \text{min}^{-1}$）。

④ 待萃取塔中液面缓慢上升至一定高度时，再双击打开萃取相排出管上的第一个阀门，调节其开度使萃取剂的液面正好恒定在萃取剂入口和萃余相出口之间（萃取相排出流量 $q_V = 200\text{mL} \cdot \text{min}^{-1}$）。

⑤ 双击打开原料液调节阀，使其流量 $q_V = 200\text{mL} \cdot \text{min}^{-1}$，再微调萃取相排出阀，以保证两相分解面正好恒定在萃取剂入口和萃余相出口之间。

⑥ 当系统处于稳定状态（即塔顶安静区的两相界面在较长时间内不再发生变化）时，即可开始取样。

二、取样分析

① 分别点击原料液、萃取相、萃余相的取样阀门，此时，界面图左上方的文本框中显示样品的质量浓度。

② 点击"数据处理"按钮，则该操作条件下的各测量参数均可自动读取。

三、数据处理

点击"数据处理"按钮，进入实验数据处理界面——上半部分为原始数据表格，下半部分为数据处理结构表格。

从表中数据可以看出，体积传质系数和萃取效率是随着转盘萃取塔的转速增大而提高的，故转速是转盘萃取塔最重要的传质参数和设计参数。

四、实验装置停车操作

点击"返回实验室"按钮，返回实验操作界面，依以下顺序执行停车操作：

① 关闭原料液阀门。

② 关闭萃取剂阀门。

③ 关闭转速显示仪开关。

④ 将直流稳压电源调至零，关闭稳压电源开关。

⑤ 关闭单相电源和总电源开关。

⑥ 点击"EXIT"按钮，即可结束实验。

实验七　洞道式干燥过程仿真实验

进入该实验操作界面方式同实验一（图 3-8）。

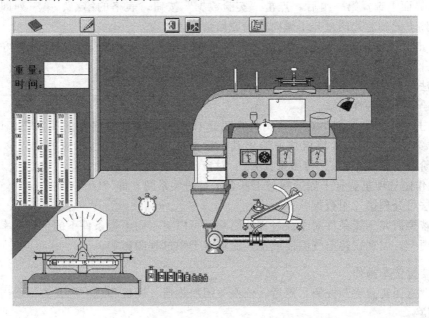

图 3-8　洞道式干燥过程仿真实验操作界面

一、实验装置开车操作

① 调整天平的平衡状态。

② 给湿球温度计的小水杯加水。

③ 启动风机。

④ 设置空气流量。

⑤ 设置热空气温度。

⑥ 启动加热器。

二、测试操作

（1）称取干物料（砂芯片）的初重（质量）。

（2）制备湿物料（将砂芯片在小水杯中充分润湿）。

（3）测量空气的温度和湿度（干燥室左右的三支温度计分别指示热空气干球温度、空气湿球温度和尾气干球温度）。

（4）干燥过程测试。

① 在天平右侧托盘上放比干砂芯片重10g左右的砝码。

② 将充分润湿的砂芯片从水杯中取出挂于干燥室的天平挂钩上，此时，湿砂芯片一侧较重，天平处于不平衡状态。

③ 随着干燥的进行，湿砂芯片的质量逐渐减轻。当天平达到平衡时，开始计时。

④ 逐次减少砝码的质量，并依次测定平衡时间和砂芯片的质量，直到湿砂芯片被完全干燥为止。

（5）研究干燥条件对干燥特性参数和速率的影响，改变空气流量或热空气温度，重复上述操作，对充分润湿的砂芯片进行测试。

三、数据处理

以上两组操作结束之后，点击"数据处理"按钮，即进入数据处理界面。

（1）计算干燥速度。

① 在界面上选择第一组后，点击"实验数据"按钮，表格的第二、第三列即显示第一个干燥条件下的砂芯片质量与干燥时间的原始数据。

② 点击"数据处理"按钮，则原表格的第四、第五、第六列显示出已计算好的干燥时间、砂芯片质量和干燥速度。

同上法可处理第二组数据。

（2）绘制干燥特性曲线。

① 点击"作图"按钮后，在作图选项里选择干基含水量与温度的关系图，即"$X \sim t$图"。再选第一组数据，计算机快速绘出其干燥曲线图，并计算出相应的临界含水量X_C、恒速干燥阶段干燥速率U_C、传质系数k_H、对流传热膜系数α_H。

② 在作图选项里选择干燥速率与干基含水量的关系图，即"$U \sim X$图"。

同上法可处理第二组数据。

（3）若要研究干燥条件对干燥过程的影响，可以将不同干燥条件下的干燥速率曲线绘制在同一张图上，以观察热空气温度或空气流量对干燥过程的影响。

四、实验装置停车操作

点击"返回实验室"按钮，然后，依次关闭加热器、风机和总电源开关。取出物料，并将砝码复位。

点击"EXIT"按钮，退出实验室。

第4章　化学工程实验

4.1　基础实验

实验八　流体流动阻力的测定

一、实验目的

1. 了解流体流动阻力的测定方法。
2. 测定流体流过直管时的摩擦阻力，并确定摩擦系数 λ 与雷诺数 Re 的关系。
3. 测定流体通过阀门时的局部阻力，并求出局部阻力系数 ζ。

二、实验原理

管路系统是由直管、管件和阀门等组成。流体在管路中流动时，由于流体黏性剪应力和涡流存在，流体必定要消耗一定能量。流体流过直管时造成的机械能损失称为直管阻力；而流体通过管件、阀门等局部障碍，由于流动方向或流动截面的改变造成的机械能损失称为局部阻力。

1. 直管阻力

流体在水平管道中作定常流动时，由截面 1 到截面 2 时阻力损失表现在压力的降低，即

$$\Delta p = p_1 - p_2 \tag{4-1}$$

$$h_f = \frac{\Delta p}{\rho g} = \lambda \frac{l}{d} \frac{u^2}{2g} \tag{4-2}$$

$$\lambda = \frac{2d}{l} \frac{\Delta p}{\rho u^2} \tag{4-3}$$

$$Re = \frac{d u \rho}{\mu} \tag{4-4}$$

式中，h_f 为直管阻力损失，m；d 为管径，m；l 为管长，m；u 为流体流速，$m \cdot s^{-1}$；Δp 为直管阻力引起的压降，Pa；ρ 为流体密度，$kg \cdot m^{-3}$；μ 为流体黏度，$Pa \cdot s$；λ 为摩擦阻力系数；Re 为雷诺数。

测得一系列流量下的 Δp 之后，根据实验数据和式(4-1)、式(4-3)计算出不同流速下的 λ 值。用式(4-4)计算出 Re 值，从而整理出 λ-Re 之间的关系，在双对数坐标纸上绘出 λ-Re 曲线。

2. 局部阻力

流体通过某一阀门或管件的阻力损失可以用流体在管路中的动压头来表示，即

$$h_1 = \frac{\Delta p'}{\rho g} = \zeta \frac{u^2}{2g} \tag{4-5}$$

式中，ζ 为局部阻力系数。

局部阻力引起的压力降 $\Delta p'$ 可用下面的方法测量：在一条各处直径相等的直管段上，安装待测局部阻力的阀门，在其上、下游开两对测压口 a-a' 和 b-b'，见图 4-1，使

$$ab = bc；\quad a'b' = b'c'$$
则
$$\Delta p'_{ab} = \Delta p'_{bc}；\quad \Delta p'_{a'b'} = \Delta p'_{b'c'}$$

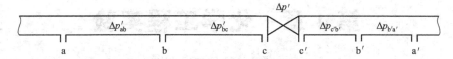

图 4-1　局部阻力测量取压口布置图

在 a~a′之间列伯努利方程式：$p_a - p_{a'} = 2\Delta p'_{ab} + 2\Delta p'_{a'b'} + \Delta p'$ ①

在 b~b′之间列伯努利方程式：

$$p_b - p_{b'} = \Delta p'_{bc} + \Delta p'_{b'c'} + \Delta p' = \Delta p'_{ab} + \Delta p'_{a'b'} + \Delta p'$$ ②

联立式①和②，得　　　$\Delta p' = 2(p_b - p_{b'}) - (p_a - p_{a'})$

为了实验方便，称（$p_b - p_{b'}$）为近端压差，称（$p_a - p_{a'}$）为远端压差，即

局部阻力压力差　　　　　$\Delta p' = 2\Delta p'_{近} - \Delta p'_{远}$

$\Delta p'$用差压传感器来测量。

三、实验装置及流程

实验流程示意见图 4-2。

由离心泵 2 将水箱 1 中的水抽出，送入实验系统，首先经玻璃转子流量计 15、16 测量流量，然后送入被测直管段测量流体在光滑管或粗糙管的流动阻力，或经 10 测量局部阻力后回到储水槽，水循环使用。被测直管段流体流动阻力 Δp 或 $\Delta p'$ 可根据其数值大小分别采用差压传感器 12 或空气-水倒置 U 形管 22 来测量。

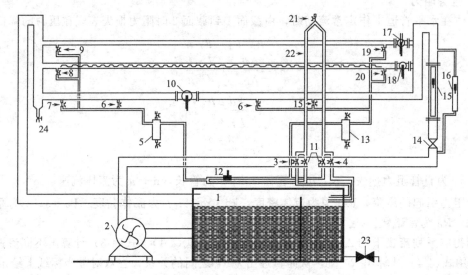

图 4-2　流体流动阻力实验示意

1—水箱；2—离心泵；3、4—放水阀；5、13—缓冲罐；6—局部阻力近端测压阀；7、15—局部阻力远端测压阀；
8—粗糙管测压回水阀；9、19—光滑管测压阀；10—局部阻力管阀；11—U 形管进水阀；12—差压传感器；
14—流量调节阀；15、16—转子流量计；17—光滑管阀；18—粗糙管阀；20—粗糙管测压进水阀；
21—倒置 U 形管放空阀；22—倒置 U 形管；23—水箱放水阀；24—放水阀

四、实验操作与步骤

（1）向水箱内注水，水位保持合适的位置（最好用蒸馏水，以保持流体清洁）。

（2）在大流量状态下用压差表测量系统压差前，应先接通电源预热 10~15min，调好数字表的零点。

（3）光滑管阻力测定。

① 关闭粗糙管的阀 18、测压进水阀 20、测压回水阀 8；将光滑管阀 17 全开。

② 在流量为零条件下，对如图 4-3 所示的导压系统，打开光滑管测压进水阀 19 和回水阀 9，旋开倒置 U 形管进水阀 11，检查导压管内是否有气泡存在。若倒置 U 形管内液柱高度差不为零，则表明导压管内存在气泡，需要进行赶气泡操作。操作方法如下：

将图 4-2 出水流量开大，调节阀 14，使倒置 U 形管内充满水（此时，图 4-3 中阀 3，4，21 均为关闭状态，阀 11 开启），以赶出管路内的气泡；若倒置 U 形管内无明显气泡，认为气泡已赶净，将流量调节阀 14 关闭；慢慢旋开倒 U 形管上部的放空阀 21，分别调节阀 3 和 4，使液柱降至刻度尺中间位置时，立即关闭，管内形成气-水柱，然后关闭放空阀 21。

③ 该装置两个转子流量计并联连接，根据流量大小选择不同量程的流量计测量流量。

④ 差压传感器与倒置 U 形管也是并联连接，用于测量直管段的压差。小流量时，用倒置 U 形管压差计测量；大流量时，用差压变送器测量。应在最大流量和最小流量之间进行实验，一般测取 15～20 组数据。建议当流量小于 300L·h^{-1} 时，只用倒置 U 形管来测量压差 Δp。

（4）粗糙管阻力测定。

① 关闭阀 17、光滑管测压进水阀 19、光滑管测压回水阀 9，全开阀 18，旋开粗糙管测压进水阀 20、粗糙管测压回水阀 8，逐渐调大流量调节阀，赶出导压管内气泡。

② 从小流量到最大流量，一般测取 15～20 组数据。

③ 直管段的压差用差压传感器测量。

光滑管和粗糙管直管阻力的测定使用同一差压变送器。当测量光滑管直管阻力时，要把通向粗糙管直管阻力的阀门 18 关闭；同样当测量粗糙管直管阻力时，要把通向光滑管直管阻力的阀门 17 关闭。

（5）局部阻力测定。关闭阀门 17 和 18，全开或半开阀门 10，改变流量，用差压变送器测量远端、近端压差。远端、近端压差的测量使用同一差压变送器。当测量远端压差时，要把通向近端压差的阀门 6 关闭；同样当测量近端压差时，要把通向远端压差的阀门 7、15 关闭。

（6）测取水箱水温。

（7）待数据测量完毕，关闭流量调节阀 14，切断电源。

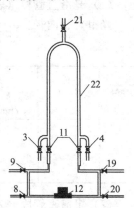

图 4-3 导压系统示意
3，4—排气阀；8—粗糙管测压回水阀；9—光滑管测压回水阀；11— U 形管进水阀；12—直管压力传感器；20—粗糙管测压进水阀；21—U 形管放空阀；22—倒 U 形管

五、实验数据处理

1. 基本参数

（1）被测光滑直管段：管径 $d＝0.0080$m，管长 $l＝1.69$m。材料：不锈钢管

被测粗糙直管段：管径 $d＝0.010$m，管长 $l＝1.69$m。材料：不锈钢管

（2）被测局部阻力直管段：管径 $d＝0.015$m，管长 $l＝1.20$m。材料：不锈钢管

（3）差压传感器：型号 LXWY，测量范围：200kPa

（4）直流数字电压表：型号 PZ139，测量范围：0～200kPa

（5）离心泵：型号 WB70/055，流量 8m^3·h^{-1}，扬程 12m，电机功率 550W

（6）玻璃转子流量计：

型号	测量范围	精度
LZB—40	100～1000 (L·h^{-1})	1.5
LZB—10	10～100 (L·h^{-1})	2.5

2. 实验数据记录

（1）光滑直管段（表 4-1）

光滑直管内径：$d=$ mm；管长：$l=$ m

表 4-1　直管阻力实验数据表（光滑直管）

序号	q_v/L·h^{-1}	压差，R		Δp/kPa	u/m·s^{-1}	T/℃	Re	λ
		倒 U 形管压差计/mmH$_2$O	压差表/kPa					
1								
2								
⋮								

（2）粗糙直管段（表 4-2）

光滑直管内径：$d=$ mm；管长：l =m

表 4-2　直管阻力实验数据表（粗糙直管）

序号	q_v/L·h^{-1}	压差，R		Δp/kPa	u/m·s^{-1}	T/℃	Re	λ
		倒 U 形管压差计/mmH$_2$O	压差表/kPa					
11								
2								
⋮								

（3）局部阻力管段（表 4-3）

局部阻力管内径：$d=$ mm；管长：$l=$ m

表 4-3　局部阻力实验数据表

序号	q_v/L·h^{-1}	近端压差/kPa	远端压差/kPa	u/m·s^{-1}	局部阻力压差/kPa	阻力系数 ζ	备注
1							
2							
⋮							

注：备注栏须填写实验操作是全开还是半开阀门。

3. 绘出曲线

利用双对数坐标绘出 $\lambda \sim Re$ 曲线。

六、思考题

1. 实验前为什么要排除管路系统中的气泡？怎样排除气泡？

2. 如何压入空气，使倒置 U 形管压差计指示液（水）位于零刻度处？

3. 随着管道使用年限的增加，$\lambda \sim Re$ 关系曲线将有什么变化？

附：双对数坐标纸

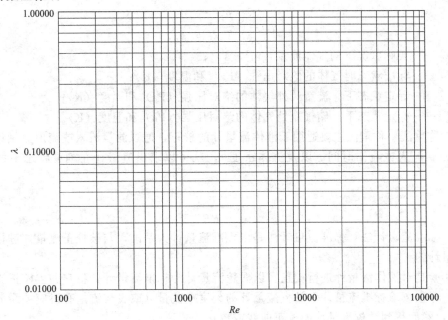

实验九 流量计性能测定

一、实验目的

1. 了解几种常用流量计的构造、工作原理和主要特点。

2. 掌握流量计的标定方法（标准流量计法）。

3. 用标准流量计对转子流量计、孔板流量计和文丘里流量计进行标定，测定孔流系数 C_0（C_V）与雷诺数 Re 间的关系。

4. 学会合理选用坐标系的方法。

二、实验原理

1. 流量计校正的方法

流量计是计量流体流量、流速的重要仪表，其准确度直接影响流体的计量问题，因此，在很多情况下需要对流量计进行校正。对于新购买的流量计，用户即使是在其出厂前标定的条件下使用，仍需要在使用前进行校正。

实验室用流量计校正的方法主要有容积法、称重法和标准流量计法等。

（1）容积法 容积法适用于测量气体和低黏度液体的流量计的校正，它是通过测量在单位时间内进入流量计的流体的体积来校正仪表的。

对于液体流量计，通过测量流入或流出流量计的液体的体积 V，液体流入或流出流量计的时间 t 以及流体温度 T，通过计算就可以求出校正后的液体的流量 q_V，计算式为：

$$q_V = \frac{V}{t} \tag{4-6}$$

对于气体流量计，让气体通过流量计后进入储气瓶，并将储气瓶中的液体排出，测出进气排液的体积 V，时间 t 以及在流量计处和储气瓶处气体的压强、温度、湿度，就可以测出流量计在刻度状态下的实际流量；或者让计量的液体流入储气瓶，将等体积的气体排出使之进入流量计，也可以测出流体的实际流量。在忽略空气湿度影响的情况下，校正后气体的流量为：

$$q_V = \frac{V}{t}\frac{p_s}{T_s}\sqrt{\frac{T_1 T_0}{p_1 p_0}}$$ （4-7）

式中 q_V——实际状况下的气体流量，$m^3 \cdot s^{-1}$；

p_0，T_0——标准状态时气体的绝对压强（Pa）和温度（K）；

p_1，T_1——标定状态下，流量计处气体的绝对压强（Pa）和温度（K）；

p_s，T_s——标定状态下，储气瓶处气体的绝对压强（Pa）和温度（K）。

（2）称重法 称重法主要适用于液体流量计的校正，通过测量流入或流出流量计的液体的质量 m，流入或流出时间 t 以及流体密度 ρ，就可以求出流量计在刻度状态下的实际流量为：

$$q_V = \frac{m}{t\rho}$$ （4-8）

（3）标准流量计法 标准流量计法是以标准流量计为基准，与被校正流量计进行比较来校正流量计的。

本实验是对液体流量计进行校正。以涡轮流量计为标准流量计，将它和被校正流量计串联起来，分别读取标准流量计和被校流量计的刻度或流量（或者与流量有对应关系的其他物理量值），然后得到被校流量计的校正曲线或校正公式。

将涡轮流量计的脉冲频率除以仪表系数即可获得瞬时流量。这样显示仪表就可以通过脉冲次数求出某段时间内的累积流量。

$$q_V = \frac{f}{\xi}$$ （4-9）

式中 f——磁电转换器交变电流脉冲频率（Hz）或（脉冲数，s^{-1}），该数据从由流量显示仪读出；

ξ——涡轮流量计的流量系数（脉冲数，L^{-1}）。其物理意义是每流过单位容积的流体所发出的脉冲数。

涡轮流量计的显示仪表，可将单位时间输出脉冲数和输出脉冲总数转换成瞬时流量和总流量显示出来。这种流量计作为标准法流量标准装置的标准流量计，其测量的是实际体积流量。

2. 测定流量计的流量系数

流体流过节流装置时，一部分能量用来克服摩擦阻力和消耗在节流装置后形成的旋涡上，这部分能量通过节流装置后并不能完全恢复而损失了。不能恢复的这部分压力称为永久压力损失。流量计的永久压力损失，可由实验测定，测量以下两个截面处的压力差 Δp，即为永久压力损失。

流体通过节流式流量计时在流量计上、下游两取压口之间会产生压差，它与流量的关系为：

$$q_V = C_o A_o \sqrt{\frac{2(p_上 - p_下)}{\rho}}$$ （4-10）

式中 q_V——被测流体（水）的体积流量，$m^3 \cdot s^{-1}$；

C_o——孔板流量计流量系数（文丘里流量计则以 C_V 表示），无量纲；

A_o——流量计节流孔截面积，m^2；

$p_上$，$p_下$——分别为流量计上、下游两取压口的压强，Pa；

ρ——被测流体（水）的密度，$kg \cdot m^{-3}$。

由式(4-10)可得：

$$C_o = \frac{q_V}{A_o \sqrt{\dfrac{2(p_\perp - p_\top)}{\rho}}} = \frac{q_V}{A_o \sqrt{\dfrac{2\Delta p}{\rho}}} \tag{4-11}$$

用涡轮流量计作为标准流量计来测量流量 q_V。每一个流量在压差计上都会有一对应的读数 Δp，将压差计读数 Δp 和流量 q_V 绘制成一条曲线，即 $\Delta p \sim q_V$ 流量标定曲线。同时经数据整理，可进一步得到 $C_o \sim Re$ 关系曲线。

三、实验装置及流程

实验流程示意见图 4-4。

将储水槽 8 的水用离心泵 3 直接送到实验管路中，经涡轮流量计计量后，分别进入转子流量计、孔板流量计、文丘里流量计，最后返回储水槽 8。

（1）测量转子流量计时，把阀门 9 关闭，阀门 10，11 全开，用阀 12 调节流量大小。

（2）测量孔板流量计时，把阀门 10，12 关闭，阀门 11 全开，用阀 9 调节流量大小。

（3）测量文丘里流量计时，把阀门 11，12 关闭，阀门 10 全开，用阀 9 调节流量大小。

水的温度由铜电阻温度计 4 测量。

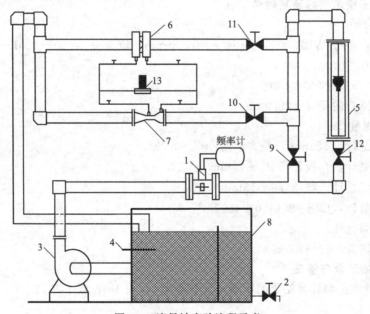

图 4-4　流量计实验流程示意

1—涡轮流量计；2—放水阀；3—离心泵；4—温度计；5—转子流量计；
6—孔板流量计；7—文丘里流量计；8—储水槽；9、10、11、12—流量调节阀；13—压差传感器

四、实验操作与步骤

1. 实验准备

（1）启动离心泵前，关闭泵流量调节阀 9 和 12；

（2）排出管道和测量系统内的气体。启动离心泵，然后，慢慢打开离心泵出口调节阀 9 和 12 至最大循环量，让水把测压导管中的气体带走。

2. 实验方法

（1）在压力计允许的范围内，确定最大流量，以确定在流量范围内取 8～10 组数据所需

的间距（流量较小时，数据组可多取）；

（2）读取数据须在流量稳定之后进行。每调节一次流量，需经过一段时间方能稳定，数据记录见表 4-4～表 4-6；

（3）实验测定时，调节流量由小到大读取 8～10 组数据，并记录水温。

3. 实验步骤

（1）转子流量计的流量标定：将流量调节阀 10 和 11 全开，关闭阀 9。并缓慢打开转子流量计下面的流量调节阀 12，按流量从小到大的顺序进行实验。将转子调节至某一量值，待其稳定后，读取并记录涡轮流量计、转子流量计的流量。

（2）孔板流量计的标定：将阀门 10，12 关闭，阀门 11 全开，缓慢调节阀 9，按流量从小到大的顺序进行实验。读取并记录涡轮流量计流量及孔板流量计的压差 Δp。

（3）文丘里流量计的标定：将阀门 11，12 关闭，阀门 10 全开，缓慢调节阀 9，按流量从小到大的顺序进行实验。读取并记录涡轮流量计流量及文丘里流量计的压差 Δp。

实验数据测取结束后，须经指导教师检查实验数据后方可停止实验。

停止实验时应注意：首先关闭泵出口流量调节阀 9 和 12 后，然后再停止离心泵，将实验装置恢复到实验之前的状态，并清洁实验台面。

五、实验数据处理

1. 设备主要技术数据及其附件

（1）设备参数

① 离心泵：型号 WB70/055；转速 $n=2800$rpm；流量 $q_V=20\sim120$L·min^{-1}；扬程 $He=19\sim13.5$m

② 储水槽：$550\times400\times450$

③ 试验管路：内径 $d=26.0$mm

（2）流量测量

① 涡轮流量计：$\phi25$mm，最大流量 6m^3·h^{-1}

② 孔板流量计：孔板孔径 $d_o=15$mm

③ 文丘里流量计：喉径 $d_V=15$mm

④ 转子流量计：LZB-40（400～4000m^3·h^{-1}）

⑤ 铜电阻温度计：　　℃

⑥ 压差变送器：（0～200kPa）

2. 实验数据记录与整理

将所有实验数据和计算结果列成表格（见表 4-4，表 4-5，表 4-6）。

表 4-4　转子流量计性能测定实验数据记录

序号	转子流量计 q_V/L·h^{-1}	转子流量计 q_V/m^3·h^{-1}	涡轮流量计 q_V/m^3·h^{-1}	管内流速 u/m·s^{-1}
1				
2				
:				

表 4-5　孔板流量计性能测定实验数据记录

序号	孔板流量计 Δp/kPa	孔板流量计 Δp/Pa	涡轮流量计 q_V/m³·h⁻¹	孔口流速 u/m·s⁻¹	温度 /℃	密度 ρ/kg·m⁻³	黏度 μ/mPa·s⁻¹	雷诺数 Re	流量系数 C_o
1									
2									
⋮									

表 4-6　文丘里流量计性能测定实验数据记录

序号	文丘里流量计 Δp/kPa	文丘里流量计 Δp/Pa	涡轮流量计 q_V/m³·h⁻¹	喉部流速 u/m·s⁻¹	温度 /℃	密度 ρ/kg·m⁻³	黏度 μ/mPa·s⁻¹	雷诺数 Re	流量系数 C_V
1									
2									
⋮									

3. 实验数据处理

（1）任意选取其中一组实验数据，写出具体的计算过程（注：同组实验人员，应选取不同实验数据进行计算）。

（2）在普通直角坐标纸上作涡轮流量计与转子流量计的流量标定曲线图。

（3）在单对数坐标纸上作出流量系数 $C_o \sim Re$ 关系曲线和 $C_V \sim Re$ 关系曲线。

（4）在双对数坐标纸上作出 $\Delta p \sim q_V$ 流量标定曲线。

六、思考题

1. 为什么节流式流量计安装时，要求前后有一定的直管稳定段？

2. 采用孔板和文丘里流量计测量，若流量相同，孔板流量计所测压差与文丘里流量计所测压差哪一个大？为什么？

3. 流量系数分别与哪些因素有关？

4. 实验结果需要做几条图线？选什么样坐标？应注意什么问题？

附：（1）单对数坐标纸

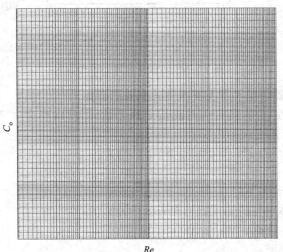

Re

（2）双对数坐标纸

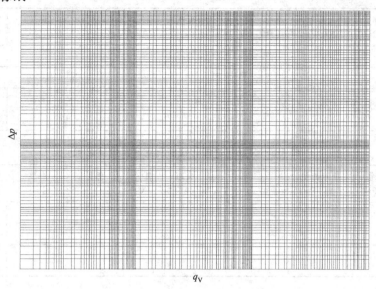

实验十　气-汽对流传热实验

一、实验目的

1. 测定圆形直管内传热膜系数 α，并学会用实验方法将流体在管内对流时的实验数据整理成包括传热膜系数 α 的特征数关联式。

2. 通过实验提高对特征数关联式的理解，并分析影响因素，了解工程上强化传热的措施。

二、实验原理

对流传热的核心问题是求算传热膜系数 α，本实验是测定蒸汽加热空气时的对流传热膜系数，其中蒸汽通过加套管环隙加热内管的空气，具体的流向如图 4-5 所示。

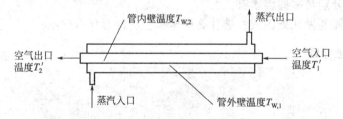

图 4-5　传热膜系数测定原理示意

1. 光滑套管换热器传热系数及其准数关联式的测定

（1）对流传热系数 α_i 的测定　对流传热膜系数 α_i 可以根据牛顿冷却定律，用实验来测定。

$$\Phi = \alpha_i A_i' \Delta T$$

$$\alpha_i = \frac{\Phi}{\Delta T \times A_i'} \tag{4-12}$$

式中　α_i——内管流体对流传热系数，$W \cdot m^{-2} \cdot K^{-1}$；

Φ——内管传热速率，W；

A_i'——内管换热面积，m^2；

　　ΔT——内管壁面与流体间的温差，℃。

　　ΔT 由下式确定：

$$\Delta T = T_w - \frac{T_1' + T_2'}{2} \tag{4-13}$$

式中　T_1'，T_2'——空气的进、出口温度，℃；

　　　　T_w——壁面温度，℃。

　　因为换热器内管为紫铜管，其导热系数很大，且管壁很薄，故可认为内、外壁温度和壁面平均温度近似相等，为 T_w。

　　本实验主要热阻在空气一侧，故 d 值取内管直径较为合理。

　　内管换热面积：

$$A_i' = \pi d_i L_i \tag{4-14}$$

式中　d_i——内管管内径，m；

　　　　L_i——传热管测量段的实际长度，m。

　　在不考虑热损失的条件下，由热量衡算式：

$$\Phi = q_{m,1} r_1 = q_{m,2} c_{p,2} (T_2' - T_1') \tag{4-15}$$

　　实验中传热速率 Φ 按空气的吸热速率计算。其中空气的质量流量由孔板流量计测量其体积流量后转化为质量流量，即

$$q_{m,2} = \frac{q_{V,2} \rho_2}{3600} \tag{4-16}$$

式中　$q_{V,2}$——空气在入口温度下的体积流量，$m^3 \cdot h^{-1}$；

　　　　$c_{p,2}$——空气的比定压热容，$kJ \cdot kg^{-1} \cdot ℃^{-1}$；

　　　　ρ_2——空气的密度，$kg \cdot m^{-3}$。

　　$c_{p,2}$ 和 ρ_2 可根据定性温度，即空气进、出口平均温度的算术平均值 $\left(T_m = \dfrac{T_1' + T_2'}{2} \right)$ 查得。T_1'，T_2'，T_w 可从设备上的仪表读得。

　　实验时，只要确定了 Φ，A_i' 和 ΔT，则 α_i 即可确定。

　　(2) 实验确定对流传热膜系数特征数关联式　流体在管内作强制湍流，被加热状态，特征数关联式的形式为：

$$Nu = A Re^m \cdot Pr^n \tag{4-17}$$

　　其中：$Nu = \dfrac{\alpha_i d_i}{\lambda_m}$，$Re = \dfrac{d_i u_m \rho_m}{\mu_m}$，$Pr = \dfrac{c_{p,m} \mu_m}{\lambda_m}$

　　以上诸式中，空气的物性数据 λ_m、$c_{p,m}$、ρ_m、μ_m 可根据定性温度 T_m 查得，其平均流速可由下式计算：

$$u = \frac{q_{V,m}}{\frac{\pi}{4} d_i^2} \tag{4-18}$$

式中　$q_{V,m}$——校正为测量条件下的实际体积流量，$m^3 \cdot h^{-1}$。

　　对于管内被加热的空气，普朗特数 Pr 变化不大，可取 $n = 0.4$，这样式(4-17)就简化成单变量方程。两边取对数，得到直线方程如下：

$$\lg \frac{Nu}{Pr^{0.4}} = \lg A + m \lg Re \tag{4-19}$$

　　在双对数坐标系中作图，可以求出直线斜率 m。在直线上任取一点的函数值代入方程式(4-19)中即可得到系数 A：

$$A = \frac{Nu}{Pr^{0.4} Re^m}$$ (4-20)

实验中改变空气的流量以改变特征数 Pr 之值。根据定性温度计算对应的特征数 Re 值。本实验通过调节空气的流量，测得对应的传热膜系数，然后，将实验数据整理为 Re 与 Nu 等特征数，再将所得的一系列 $\frac{Nu}{Pr^{0.4}} \sim Re$ 数据，通过双对数坐标作图或回归分析法求得待定系数 A 和指数 m，进而可以得到特征数关联式。

注意：为减少取点误差起见，可多取几对点，得出多对 A，m 值，然后，取其平均值作为最后的 A，m 值。

用图解法根据实验点确定直线位置，有一定的人为性。而用最小二乘法回归，可以得到最佳关联结果。

2. 强化套管换热器传热系数及其特征数关联式的测定

强化传热又被学术界称为第二代传热技术，它能减小初设计的传热面积，以减小换热器的体积和重量；提高现有换热器的换热能力；使换热器能在较低温差下工作；并且能够减少换热器的阻力以减少换热器的动力消耗，更有效地利用能源和资金。强化传热的方法有多种，本实验装置是采用在换热器内管插入螺旋线圈的方法来强化传热的。

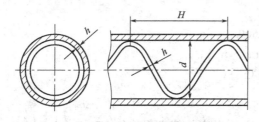

图 4-6　螺旋线圈的结构

螺旋线圈的结构如图 4-6 所示，螺旋线圈由直径 3mm 以下的铜丝和钢丝按一定节距绕成。将金属螺旋线圈插入并固定在管内，即可构成一种强化传热管。在近壁区域，流体一面由于螺旋线圈的作用而发生旋转，一面还周期性地受到线圈的螺旋金属丝的扰动，因而可以使传热强化。由于绕制线圈的金属丝直径很细，流体旋流强度也较弱，所以阻力较小，有利于节省能源。螺旋线圈是以线圈节距 H 与管内径 d 的比值作为技术参数，且长径比是影响传热效果和阻力系数的重要因素。人们通过实验研究总结了形式为 $Nu = BRe^m$ 的经验公式，其中 B 和 m 的值因螺旋丝尺寸不同而不同。

确定不同流量下的 Re 与 Nu，用线性回归方法可确定 B 和 m 的值。

单纯研究强化手段的强化效果（不考虑阻力的影响），可以用强化比的概念作为评判准则，它的形式是：Nu/Nu_0，其中 Nu 是强化管的努塞尔数，Nu_0 是普通管的努塞尔数，显然，强化比 $Nu/Nu_0 > 1$，而且它的值越大，强化效果越好。

三、实验装置及流程

1. 实验装置的结构参数

实验装置的结构参数见表 4-7。

表 4-7　实验装置结构参数

实验内管内径 d_i/mm	20.0	强化内管内插物（螺旋线圈）尺寸	丝径 h/mm	1.0
实验内管外径 d_o/mm	22.0		节距 H/mm	40.0
实验外管内径 D_i/mm	50.0	加热釜	操作电压	≤200V
实验外管外径 D_o/mm	57.0			
测量段（紫铜内管）长度 l/m	1.00		操作电流	≤10A

2. 实验测定方法

（1）空气在套管内的平均体积流量 $q_{V,2}$ 的求算　空气流量计由孔板与差压变送器及二次仪表组成。由孔板流量计的流量和压差的关系，即可求得空气入口温度下的体积流量。

$$q_{V,2}=c_0 A_0 \sqrt{\frac{2\Delta p}{\rho_{T_1'}}} \tag{4-21}$$

式中　C_0——孔板流量计孔流系数，$C_0=0.7$；

$\quad\quad A_0$——孔口面积（孔口孔径 $d_0=0.017\text{m}$），m^2；

$\quad\quad \Delta p$——孔板两端压差（$\Delta p=\rho gh$），kPa；

$\quad\quad \rho_{T_1'}$——空气入口温度（室温）下的密度，$\text{kg}\cdot\text{m}^{-3}$。

由于被测管段内温度的变化，还需对体积流量 $q_{V,2}$ 进一步校正，则测量条件下的实际体积流量为

$$q_{V,m}=q_{V,2}\frac{273+T_m}{273+T_1'} \tag{4-22}$$

式中　T_1'，T_m——空气入口温度及实际测量时的定性温度 $\frac{T_1'+T_2'}{2}$，K。

（2）温度测量　空气进出口温度采用 Cu50 铜电阻温度计测得，由多路巡检表以数值形式显示在实验装置的数字仪表板面上：

1—光滑管空气进口温度；2—光滑管空气出口温度；

3—强化管空气进口温度；4—强化管空气出口温度。

壁温采用热电偶温度计测量，光滑管的壁温，强化管的壁温分别由显示表数据读出。

（3）给水釜　是给加热器补充水以产生水蒸气的装置，使用体积为 7L，加热器内装有一支 2.5kW 的螺旋形电热器，当水温为 30℃时，用 130V 电压加热，约 25min 后水便沸腾，为了安全和长久使用，建议最高加热（使用）电压不超过 200V（由固态调压器调节）。

（4）气源（鼓风机）　又称旋涡气泵，XGB-2 型（无锡市仪表二厂），电机功率约 0.75kW（使用三相电源），在本实验装置上，产生的最大和最小空气流量基本满足要求。使用过程中，输出空气的温度呈上升趋势。

（5）稳定时间　稳定时间是指在外管内（环隙）充满饱和蒸汽，并在不凝气排出口有适量的汽排出，空气流量调节好后，经过大约 15min，空气出口的温度 T_2' 即可基本稳定。

3. 实验装置流程

本实验装置是由两只套管换热器组成，其中一只是内管为光滑管的套管换热器，另一条是内管内部插有螺旋线圈套管换热器（强化管），实验装置流程如图 4-7 所示。

四、实验操作与步骤

1. 实验前的准备，检查工作

（1）向电加热釜加水至液位计 3/4 处；

（2）检查空气流量旁路调节阀是否已经全开；

（3）检查蒸汽管支路各控制阀是否已打开，保证蒸汽和空气管线的畅通；

（4）接通电源总闸，设定加热电压（不得大于 200V），启动电加热器开关，开始加热。

2. 实验阶段

（1）一段时间后水沸腾，关闭强化管蒸汽进口阀 6，打开通向光滑管蒸汽进口阀 7，水蒸气自行充入光滑套管换热器外管，观察蒸汽排出口 10 有恒量蒸汽排出，标志着实验可以开始；

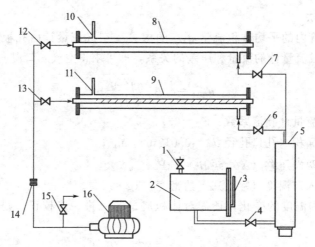

图 4-7　空气-水蒸气传热综合实验装置流程

1—加水口；2—给水釜；3—液位计；4—给水阀；5—加热器；6—强化管蒸汽进口阀；
7—光滑管蒸汽进口阀；8—光滑管、9—强化管；10—光滑管排气口；11—强化管排气口；
12—光滑管空气进气阀；13—强化管空气进气阀；14—孔板流量计；15—空气旁通调节阀；16—风机

（2）启动风机并用空气旁通调节阀 15 来调节流量。注意：此时应关闭强化管空气进气阀门 13，打开光滑管空气进气阀门 12。在一定的流量下稳定 5～10min 后分别测量空气的流量，空气进、出口的温度及壁面温度。然后改变流量测定下一组数据。通常需从小到大改变流量，测取 6～8 组数据；

（3）转换支路，进行强化套管换热器的实验。先打开强化管蒸汽进口阀门 6，关闭光滑管蒸汽进口阀门 7；打开强化管空气进气阀门 13，关闭光滑管空气进气阀门 12。重复(2)的操作，测取 6～8 组数据。

3. 实验结束

（1）关闭加热器开关；

（2）过 5min 后关闭鼓风机，并将旁路阀全开；

（3）切断总电源。

五、实验数据处理

（1）实验的原始数据及数据处理结果一览表（见表 4-8），并写出有关计算示例。

表 4-8　光滑管实验数据记录及处理记录表

	实验序号	1	2	3	…	…	…
	流量计压差读数 R/mmH$_2$O						
空气	进口 T_1'/℃						
	出口 T_2'/℃						
	定性温度 T_m/℃						
	ρ/kg·m^{-3}						
	$\lambda \times 100$/W·m^{-1}·K^{-1}						
	$c_{p,i}$/J·kg^{-1}·K^{-1}						
	$\mu_i \times 10^4$/Pa·s						
	室温条件下的体积流量 $q_{V,2}$/m^3·h^{-1}						
	测量条件下的实际体积流量 $q_{V,m}$/m^3·h^{-1}						
	流速 u/m·s^{-1}						

续表

实验序号	1	2	3	…	…	…
壁温 $T_w/℃$						
壁面与空气定性温度之间的温差 $\Delta T/℃$						
传热量 Φ/W						
对流传热膜系数 $\alpha_i/W \cdot m^{-2} \cdot ℃^{-1}$						
雷诺数 Re						
努塞尔数 Nu						
普朗特数 Pr						
$Nu/Pr^{0.4}$						
$\lg Re$						
$\lg(Nu/Pr^{0.4})$						
特征数关联式						

（2）在双对数坐标系中绘制光滑管实验数据的 $(Nu/Pr^{0.4})\sim Re$ 关系曲线图。

六、实验注意事项

1. 检查蒸汽加热釜中的水位是否在正常范围内，特别是每个实验结束后，进行下一实验之前，如果发现水位过低，应及时补给水量。

2. 必须保证蒸汽上升管线的畅通，即在接通蒸汽加热釜电源之前，两蒸汽支路控制阀之一必须全开。在转换支路时，应先开启需要的支路阀，再关闭另一侧，且开启和关闭控制阀必须缓慢，防止管线截断或蒸汽压力过大突然喷出。

3. 必须保证空气管线的畅通，即在接通风机电源之前，两个空气支路控制阀之一和旁路调节阀必须全开。在转换支路时，应先关闭风机电源，然后开启和关闭控制阀。

4. 电源线的相线，中线不能接错，实验台架一定要接地。

七、思考题

1. 本实验中管壁温度应接近加热蒸汽温度还是空气温度？为什么？

2. 以空气为被加热介质的实验中，当流量增大时，管壁温度将发生什么变化？为什么？

3. 空气的速度与温度对传热膜系数有何影响？在不同的温度下，是否会得出不同的传热膜系数的关联式？

4. 测取数据前，为什么要排不凝性气体？如果疏水器操作不良，会导致什么后果？

实验十一　填料塔吸收实验

一、实验目的

1. 了解填料塔的结构、吸收装置流程及操作方法。

2. 测定气体通过填料层的压降，并确定压降与气流速度之间的关系 $(\Delta p/H)\sim u$。

3. 掌握测定含氨空气-水系统的总体积传质系数 $K_Y\alpha$ 的方法。

4. 熟悉塔顶尾气及塔底吸收液的分析方法。

二、实验原理

填料塔为连续接触式的气液传质设备，一般要求控制回收率越高越好。填料塔在操作时，液体从塔顶经分布器均匀喷洒至塔截面上，沿填料表面流下，再经塔底出口管排出；气体从支承板下方入口管进入塔内，在压力的作用下自下而上，通过填料层的空隙，再由塔顶气体出口管排出。填料层内气液两相成逆流流动，在填料表面的气液界面上进行传质，因此，两相组成沿塔高而变化。

气液吸收过程中，吸收相的浓度与该相的平衡浓度构成动力部分，由双膜理论可知，两相的界面、气膜、液膜构成阻力部分。本实验是以水吸收氨-空气混合物中的氨为例的单组分吸收。

操作中氨与空气混合，在填料的表面，与水在吸收塔中逆流充分接触。由于混合气体中氨的浓度高于氨在水中的相应平衡浓度，这就为其向水中扩散提供了动力。基于双膜理论，在相界面两侧各有一层呈层流流动的薄膜：气膜和液膜，所有阻力集中于两膜之间，两个膜成为氨扩散的阻力源。由于氨易溶于水，故液膜阻力很小，则气膜阻力在总阻力中占主要部分，氨必须克服气膜阻力，进入液相内部以达到平衡的目的。

实验中，进塔的氨和空气分别计量，从而可求出 Y_1。尾气浓度为 Y_2，可由分析器测知；进塔的液体（$X_2=0$）由转子流量计计量，其出塔浓度 X_1 可以用标准酸滴定测得；在低浓范围内，气液两相的平衡关系可认为服从亨利定律 $Y^*=mX$，且 $K_y\alpha$ 与气相质量流速基本无关，故 $K_y\alpha$ 可求。在填料塔中，充分的接触面积由填料提供，所用的填料为 $10mm\times10mm\times1.5mm$ 瓷质拉西环。

(1) 填料塔流体力学性能数据处理　空塔气速 $u=\dfrac{q_V}{\dfrac{\pi}{4}D^2}$ (4-23)

式中　q_V——空气转子流量计读数，$m^3\cdot h^{-1}$；
　　　D——填料塔的直径，0.075m。

(2) 吸收实验　在填料层的高度 $H=0.4m$ 时，空气从进塔混合气的浓度 Y_1 净化达到出塔时的浓度 Y_2，则进塔吸收剂由水变化到出塔时的浓度 X_1。

塔底气相浓度　　　　　$Y_1=\dfrac{q_{V,NH_3}}{q_{V,air}}$ (4-24)

塔顶气相浓度　　　　$Y_2=\dfrac{2M_{H_2SO_4}V'_{H_2SO_4}\times22.4}{V_{量气管}}$ (4-25)

塔底液相浓度　　　　$X_1=\dfrac{2M_{H_2SO_4}V_{H_2SO_4}}{\dfrac{V_{NH_3}\times1000}{18}}$ (4-26)

塔顶液相浓度　　　　　　　$X_2=0$

式中　q_{V,NH_3}，$q_{V,air}$——分别为氨气和空气的转子流量计的读数，$m^3\cdot h^{-1}$；
　　　$V'_{H_2SO_4}$——吸收尾气中的氨所取稀硫酸的体积，L；
　　　$V_{量气管}$——量气管内空气的总体积，L；
　　　V_{NH_3}——吸收塔底被滴定的吸收液所取的体积，L；
　　　Y_1，Y_2——分别为塔底和塔顶气相中吸收质的物质的量比；
　　　X_1，X_2——分别为吸收塔底、塔顶液相中吸收质的物质的量比；
　　$M_{H_2SO_4}$，$V_{H_2SO_4}$——稀硫酸的物质的量浓度，$kmol\cdot L^{-1}$ 和滴定消耗体积，L。

(3) 相平衡常数 m 的确定　测定吸收液的温度，然后查取该温度下的"NH_3-H_2O 系统平衡常数与温度的关系图"（见附图），以获得相平衡常数 m，故由亨利定律

$$Y_1^*=mX_1,Y_2^*=mX_2$$

(4) 计算传质过程推动力 ΔY_m

$$\Delta Y_1 = Y_1 - Y_1^* , \Delta Y_2 = Y_2 - Y_2^*$$

$$\Delta Y_m = \frac{\Delta Y_1 - \Delta Y_2}{\ln(\Delta Y_1/\Delta Y_2)} \tag{4-27}$$

式中 ΔY_m——填料层上、下两端面的对数平均传质推动力。

(5) 气相总传质单元数 N_{OG} 和气相总传质单元高度 H_{OG}

$$N_{OG} = \frac{Y_1 - Y_2}{\Delta Y_m} \tag{4-28}$$

$$H_{OG} = \frac{H}{N_{OG}} \tag{4-29}$$

(6) 空气的（摩尔）流量 $q_{n,air}$

$$q_{n,air} = \frac{q_{V,air}}{22.4} \times \frac{T_0}{T} \tag{4-30}$$

式中 $q_{V,air}$——空气的体积流量，$m^3 \cdot h^{-1}$；

T_0，T——空气在标准状态下的温度（273K）和操作时的温度，K。

(7) 气相总体积吸收系数 $K_Y a$

$$K_Y a = \frac{q_{n,air}}{H_{OG}\Omega} \tag{4-31}$$

式中 K_Y——以气相物质的量比差（$Y-Y^*$）为总推动力时的总传质系数，$kmol \cdot m^{-2} \cdot s^{-1}$；

a——填料有效比表面积，$m^2 \cdot m^{-3}$；

Ω——填料塔的横截面积，m^2。

(8) 计算吸收率 η_A，即气体经过吸收塔被吸收的吸收质的量与进入吸收塔的吸收质的量之比

$$\eta_A = (Y_1 - Y_2)/Y_1 \tag{4-32}$$

三、实验装置及流程

1. 设备参数

(1) 鼓风机：XGB-2 型旋涡气泵，最大压力 1176kPa，最大流量 75$m^3 \cdot h^{-1}$。

(2) 填料塔：玻璃管，内装 10mm×10mm×1.5mm 瓷拉西环，填料层高度 H=0.4m，填料塔内径 D=0.075m。

(3) 液氨瓶 1 个、氨气减压阀 1 个（用户自备）。

2. 流量测量

(1) 空气转子流量计：型号 LZB-25；流量范围 2.5～25$m^3 \cdot h^{-1}$；精度 2.5%。

(2) 水转子流量计：型号 LZB-6；流量范围 6～60L$\cdot h^{-1}$；精度 2.5%。

(3) 氨转子流量计：型号 LZB-6；流量范围 0.06～0.6$m^3 \cdot h^{-1}$；精度 2.5%。

3. 浓度测量

塔底吸收液浓度分析：定量化学分析仪一套（用户自备）。

塔顶尾气浓度分析：吸收瓶、量气管、水准瓶一套。

4. 实验流程

实验流程示意见图 4-8。空气由鼓风机 1 送入空气转子流量计 3 计量，空气流量由放空阀 2 调节。氨气由氨瓶送出，经过氨瓶总阀 8 进入氨气转子流量计 9 计量，其流量由阀 10 调节。氨进入空气管道与空气混合后进入吸收塔 7 的底部。水由高位水箱经水转子流量计

11，其流量由阀12调节，然后进入塔顶喷淋而下。分析塔顶尾气浓度时，靠降低水准瓶16的位置将塔顶尾气吸入吸收瓶14和量气管15。在收集塔顶尾气之前，预先在吸收瓶14内放入5mL已知浓度的硫酸作为吸收尾气中的氨之用。而吸收液的取样可从塔底取样口6得到。填料层压降用U形管压差计13测定。

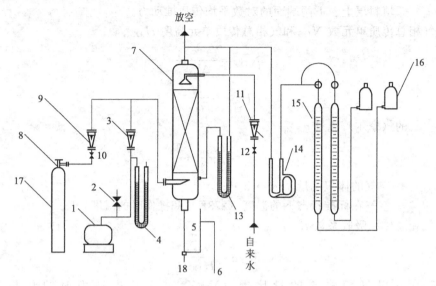

图 4-8 填料吸收塔实验装置流程示意

1—鼓风机；2—空气流量调节阀；3—空气转子流量计；4—空气进入流量计处压力；5—液封管；
6—吸收液取样口；7—填料吸收塔；8—氨瓶阀门；9—氨转子流量计；10—氨流量调节阀；
11—水转子流量计；12—水流量调节阀；13—U形管压差计；14—吸收瓶；15—量气管；
16—水准瓶；17—氨气瓶；18—吸收液温度

四、实验操作与步骤

1. 测量干（喷淋量 $L=0$）填料层（$\Delta p/H$)-u 关系曲线

开动气体系统：先全开鼓风机的调节阀（放空阀）2，即关闭了空气转子流量计3的进口阀门（避免风机启动时，系统内气速突然上升冲坏空气转子流量计），再启动鼓风机。然后用阀2调节进塔的空气流量。按照空气流量从小到大的顺序读取填料层压降 Δp、空气转子流量计读数和空气流量计的压差，取 8～10 组数据，同时，读取相应的填料层压降 Δp，均记录在表4-9之中，并记下室温。

在双对数坐标纸上以单位填料高度的压降 $\Delta p/H$ 为纵坐标，以空塔气速 u 为横坐标，标绘干填料层（$\Delta p/H$)-u 关系曲线。

2. 测量某喷淋量下填料层（$\Delta p/H$)-u 关系曲线

开动供水系统（喷淋量为0时不开）：首先打开供水系统的出水阀门，再打开进水阀门，将水流量调节为 $40\text{L}\cdot\text{h}^{-1}$。慢慢增大空气流量，然后按上面的方法进行实验，读取填料层压降、转子流量计读数和流量计压差，记录在表4-10之中，并注意观察塔内的操作现象。一旦看到"液泛"现象（目的是使填料全面润湿一次，减小误差）时记下对应的空气转子流量计读数。发生液泛后仍需缓慢增加气速，再测 2～3 组数据。在双对数坐标纸上标出液体喷淋量为 $40\text{L}\cdot\text{h}^{-1}$ 下（$\Delta p/H$)-u 关系曲线，从（$\Delta p/H$)-u 关系曲线上确定液泛气速，并与观察的液泛气速相比较。

3. 传质性能测定

（1）固定水流量为 $30\text{L}\cdot\text{h}^{-1}$，选择空气流量为 $8\text{m}^3\cdot\text{h}^{-1}$，调节氨气流量计流量读数

为 $0.3 m^3 \cdot h^{-1}$（以保证混合气体中氨组分物质的量比为 $0.02 \sim 0.03$）。

（2）调节好空气流量和水流量，打开氨气瓶总阀，再打开氨自动减压阀和氨流量调节阀，开启时开度不宜过大。在空气、氨气和水流量不变的条件下操作 10min 左右，待过程基本稳定后，记录各流量计读数及塔底排出液的温度，并分析塔顶尾气及塔底吸收液的浓度，记录在表 4-11 中。

（3）尾气分析方法：

① 排出两个量气管内空气，使其中水面达到最上端的刻度线零点处，并关闭三通旋塞。

② 用 5mL 移液管向吸收瓶 14 内装入 5mL 浓度为 $0.005 mol \cdot L^{-1}$ 左右的硫酸，并加入 $1 \sim 2$ 滴甲基橙指示液。

③ 将水准瓶移至下方的实验架上，缓慢地旋转左边的三通旋塞，让塔顶尾气通过吸收瓶，旋塞的开度不宜过大，以能使吸收瓶内液体以适宜的速度不断循环流动为限。

从尾气开始通入吸收瓶起，慢慢向下移动左边的水准瓶，始终观察瓶内液体的颜色，中和反应达到终点时，立即关闭三通旋塞。在量气管内水面与水准瓶内水面齐平的条件下读取量气管内空气的体积。

若一只量气管内已充满空气，但吸收瓶内未达到终点，可关闭对应的三通旋塞，读取该量气管内的空气体积，同时启用另一只量气管，继续让尾气通过吸收瓶。

④ 尾气浓度 Y_2 的计算方法见式(4-25)。

（4）塔底吸收液的分析方法：

① 当尾气分析吸收瓶达终点后，即用三角瓶接取塔底吸收液样品约 100mL，并加盖。

② 用 10mL 移液管取塔底溶液 10mL 置于另一个三角瓶中，加入 2 滴甲基橙指示剂。

③ 将浓度约为 $0.05 mol \cdot L^{-1}$ 的硫酸置于酸式滴定管内，用来滴定三角瓶中的塔底溶液至终点，记下硫酸所用的体积。

（5）水喷淋量保持不变，加大或减小空气流量，相应地改变氨流量，使混合气中的氨浓度与第一次传质实验时相同，重复上述操作，测定有关数据。

4. 实验结束

停机前，先关闭氨气总阀，通水通风 5min，以除去残留的氨，以保护设备；再全开调节阀 2，关闭流量计前阀门，待转子下降以后，再停机，否则，气速突然停止，转子猛烈落下会打坏流量计；最后，关闭设备的电源，并将所有仪器复原。

注意：开鼓风机前，务必先全开鼓风机的调节阀 2。

五、实验数据处理

（1）原始数据记录

被吸收的气体混合物：_____；吸收剂：_____

填料种类：_____；填料尺寸：_____ mm

填料层高度 H：_____ m；塔内径 D：_____ mm

（2）列出计算示例，并填表。

表 4-9   干填料时 $\Delta p / H$-u 关系测定（$L=0$）

序号	填料层压强降 /mmH₂O	单位高度填料层 压强降/mmH₂O·m⁻¹	对应空气流量压强降 /mmH₂O	空气转子流量计读数 /m³·h⁻¹	空塔 气速/m·s⁻¹
1					
2					
⋮					
⋮					

表 4-10　湿填料时 $\Delta p/H$-u 关系测定（$L=40\text{L}\cdot\text{h}^{-1}$）

序号	填料层压强降 /mmH$_2$O	单位高度 填料层压强降 /mmH$_2$O·m^{-1}	对应空气流量压强降 /mmH$_2$O	空气转子 流量计读数 /m^3·h^{-1}	空塔 气速 /m·s^{-1}
1					
2					
:					
:					

表 4-11　填料吸收塔传质实验数据表

项目	序号		
	1	2	...
空气转子流量计读数/m^3·h^{-1}			
氨转子流量计读数/m^3·h^{-1}			
水转子流量计读数/L·h^{-1}			
测尾气用的硫酸浓度/mol·L^{-1}			
测尾气用的硫酸体积/mL			
量气管内空气的总体积/mL			
滴定塔底吸收液用的硫酸浓度/mol·L^{-1}			
滴定塔底吸收液用的硫酸体积/mL			
样品的体积/mL			
塔底液相的温度/℃			
相平衡常数 m			
塔底气相浓度 Y_1/(kmol 氨/kmol 空气)			
塔顶气相浓度 Y_2/(kmol 氨/kmol 空气)			
塔底液相浓度 X_1/(kmol 氨/kmol 水)			
Y_1^*/(kmol 氨/kmol 空气)			
平均浓度差 ΔY_m/(kmol 氨/kmol 空气)			
气相总传质单元数 N_{OG}			
气相总传质单元高度 H_{OG}/m			
空气的摩尔流量/kmol·h^{-1}			
气相总体积吸收系数 K_Ya/kmol 氨·m^{-3}·h^{-1}			
回收率 η_A			

（3）在双对数坐标纸上绘制填料塔干、湿填料的 $\Delta p/H$-u 曲线

六、思考题

1. 当进气浓度不变时，欲提高溶液出口浓度，可采取那些措施？
2. 说明提高氨回收率可以采取哪些措施。

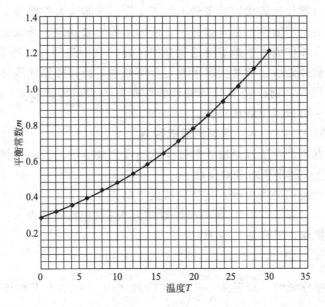

附图　NH_3-H_2O 系统平衡常数 m 与温度 T 的关系

实验十二　板式塔精馏实验

一、实验目的

1. 了解板式塔的结构及精馏工艺流程。
2. 掌握精馏过程的操作及调节方法。
3. 在全回流及部分回流条件下，测定板式塔的全塔效率。
4. 熟悉阿贝折光仪测定液体混合物组成的方法。

二、实验原理

精馏是利用液体混合物中各组分挥发度的不同，而将混合液进行分离的一种单元操作。在精馏塔中，塔釜（再沸器）内的混合液受热产生的蒸气沿塔逐渐上升，来自塔顶经冷凝器冷凝后的回流液从塔顶逐渐下降，气液两相在塔内实现多次接触，进行热、质交换。轻组分上升，重组分下降，从而使混合液达到一定程度的分离。如果离开某一块塔板的气相和液相的组成达到平衡，则该板即称为一块理论板或一个理论级。然而，在实际操作的塔板上，由于气-液两相接触时间有限，气-液两相还不能达到平衡状态，亦即一块实际操作的塔板的分离效果并不能达到一块理论板或一个理论级的作用，因此，欲达某一分离要求，实际操作的塔板数总要比理论塔板数要多。

对于二元物系，若已知气-液平衡数据，则根据原料液的组成 x_F，塔顶馏出液的组成 x_D，塔底釜液的组成 x_W，以及操作回流比 R 与进料热状态参数 q 值，即可采用图解法或计算机模拟计算求出所需的理论塔板数。

1. 全塔效率 E_O

在板式精馏塔中，完成一定分离任务所需的理论塔板数 N_T 与实际塔板数 N_P 之比，定义为全塔效率（或总板效率），即

$$E_O = \frac{N_T}{N_P} \times 100\% \tag{4-33}$$

影响 E_O 的因素通常有：设备结构、操作及物系的不同等。一座精馏塔在某一回流比时

测得的全塔效率，只能代表该次实验条件下的 E_O 值，不能认为它就是这座塔的效率，或该塔在某一回流比下的全塔效率。尽管如此，若塔的结构因素固定、物系相同，则影响因素就是操作因素了，而在操作因素中最重要的就是回流比。全回流操作时所需理论塔板数最少，且塔体不分精馏段和提馏段。此种情况下测定全塔效率，操作控制比较方便。倘若实际情况是在某一回流比下操作，则应使实验条件和实际条件一致，即固定这一回流比来测定 E_O 值。理论塔板数 N_T 可根据图解法求得。

2. 图解法（McCabe-Thiele）求理论塔板数 N_T

图解法直观、方便，对于理论塔板数较少的场合比较适用。首先根据气液相平衡数据作 y-x 相图，并在其上绘制平衡线和对角线。

全回流操作时所需理论塔板数，是从对角线上的点 (x_D, x_D) 开始在平衡线与对角线之间画梯级，直至点 (x_W, x_W)，所得梯级数即为 N_T（包括再沸器）。

对于部分回流操作，其作图步骤为：

（1）并在 y-x 图上定出，(x_F, x_F) 和 (x_W, x_W) 三点。

（2）作精馏段操作线时，取截距 $\dfrac{x_D}{R+1}$，并将点 (x_D, x_D) 与其相连即得之。

（3）作 q 线。

① 对于泡点进料，$q=1$，故 q 线是通过点 (x_F, x_F) 而垂直于 x 轴的一条直线；

② 对于饱和蒸气进料，$q=0$，故 q 线是通过点 (x_F, x_F)，而与 x 轴成平行的一条直线；

③ 对于另外三种进料热状态，则可由点 (x_F, x_F) 及进料线的斜率 $\dfrac{q}{q-1}$ 作出 q 线。q 线与精馏段操作线相交于点 M (x_q, x_q)。

（4）提馏段操作线则由点 (x_W, x_W) 与点 M 相连即成。

（5）自点 (x_D, x_D) 开始，于操作线和平衡线之间画梯级，止于最后一级的 $x \leqslant x_W$，则所得梯级数目即为待求的理论板数 N_T（包括再沸器）。

3. 部分回流操作状态

冷液进料时，进料热状态参数

$$q = 1 + c_{p,L} \frac{(T_b - T_F)}{r_m} \tag{4-34}$$

式中 T_b——进料组分的泡点温度，℃；

T_F——进料温度，℃；

$c_{p,L}$——进料液在定性温度 $(T_b+T_F)/2$ 下的比定压热容，$kJ \cdot kmol^{-1} \cdot ℃^{-1}$；

r_m——进料组成和温度下的气化潜热，$kJ \cdot kmol^{-1}$。

$$c_{p,L} = c_{p,A} x_A + c_{p,B} x_B \tag{4-35}$$
$$r_m = r_A x_A + r_B x_B \tag{4-36}$$

式中 $c_{p,A}$，$c_{p,B}$——纯组分 A 和纯组分 B 在定性温度 $(T_b+T_F)/2$ 下的比定压热容，$kJ \cdot kmol^{-1} \cdot ℃^{-1}$；

x_A，x_B——进料中组分 A 和组分 B 的摩尔分数。

本实验的二元物系为乙醇和正丙醇，乙醇的千摩尔质量 $M_A = 46kg \cdot kmol^{-1}$；正丙醇的千摩尔质量 $M_B = 60kg \cdot kmol^{-1}$。

由质量分数求摩尔分数 x_i

$$x_i = \cfrac{\cfrac{W_i}{M_A}}{\cfrac{W_i}{M_A} + \cfrac{1-W_i}{M_B}} \tag{4-37}$$

式中 M_A，M_B——纯组分 A 和纯组分 B 的千摩尔质量，kg·kmol^{-1}；

  W_i——塔顶和塔底样品中组分 A 的质量分数（i 分别代表塔顶和塔底）。

W_i 可以根据测定塔顶和塔底样品在某温度下的折射率 n_D 后，再经换算得到。如 30℃ 时，组分 A 的质量分数与阿贝折光仪读数（折射率 n_D）之间关系可按如下回归式计算。

$$W_i = 58.844116 - 42.61325n_D \tag{4-38}$$

三、实验装置及流程

（1）实验装置的主要尺寸如表 4-13 所示。

（2）实验流程示意如图 4-9 所示。

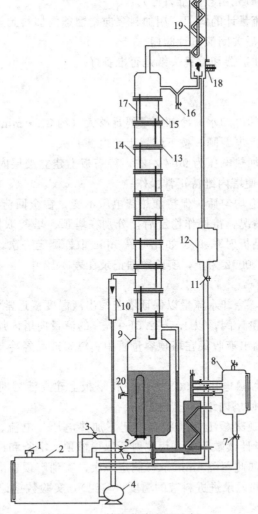

图 4-9 精馏实验流程示意

1—原料罐进料口；2—原料罐；3—进料泵回流阀；4—进料泵；5—电加热器；6—釜料放空阀；
7—塔釜产品罐放空阀；8—釜产品储罐；9—塔釜；10—流量计；11—顶产品罐放空阀；12—顶产品；
13—塔板；14—塔身；15—降液管；16—塔顶取样口；17—观察段；18—线圈；19—冷凝器；20—塔釜取样口

（3）实验物系：乙醇-正丙醇。乙醇沸点：78.3℃；正丙醇沸点：97.2℃。

① 纯度：化学或分析纯。

② 乙醇-正丙醇沸点范围内的气-液相平衡关系数据见表4-14及图4-10。

③ 原料液浓度：一般将乙醇质量分数配制成25％左右。

④ 质量分数采用阿贝折光仪分析得到，乙醇-正丙醇折射率与溶液组成含量的关系见附录八。

四、实验操作与步骤

1. 实验前准备工作，检查工作

（1）将与阿贝折光仪配套的超级恒温水浴调整运行到30℃。

（2）检查实验装置上的各个旋塞、阀门均应处于关闭状态；电流、电压表及电位器位置均应为零。

（3）配制一定浓度（质量分数25％左右）的乙醇-正丙醇混合液（总容量6000mL左右），存放在贮液槽中（事先由教师准备好）。

（4）打开进料转子流量计的阀门，用加料泵向精馏釜内加料到指定的位置高度（料液在塔釜总高的2/3处），而后关闭流量计阀门。

（5）检查取样用的注射器和擦镜头纸是否准备好。

2. 实验操作

（1）全回流

① 打开塔顶冷凝器的冷却水，冷却水量要足够大（约8L·min^{-1}）；

② 记下室温值，接上电源闸，按下装置上总电源开关；

③ 用调解电位器使加热电压为90V左右，待塔板上建立液层时，可适当加大电压（夏季110V；冬季130V），使塔内维持正常操作；

④ 待各块塔板上鼓泡均匀后，保持加热釜电压不变，在全回流情况下稳定20～30min，期间仔细观察全塔传质情况，待操作稳定后，分别在塔顶、塔釜取样口用注射器同时取样，再用阿贝折射仪测定样品折射率n_D。如此每隔5min取样测定一次，直到塔顶、塔底各自相邻两次的折射率相差≤0.0002为止，实验数据记录在表4-12中。

（2）部分回流

① 打开塔釜冷却水，冷却水流量以保证塔釜馏出液温度接近常温为准；

② 调节进料转子流量计阀，以1.5～2.0L·h^{-1}的流量向塔内加料；用回流比控制器调节回流比（如$R=4$）；馏出液收集在塔顶容量管中；塔釜产品经冷却后由溢流管流出，收集在容器内；

③ 用调解电位器使加热电压为90V左右，待塔板上建立液层时，可适当加大电压（夏季110V；冬季130V），使塔内维持正常操作；

④ 待操作稳定后，观察板上传质状况，记下加热电压、电流、塔顶温度等有关数据，整个操作中维持进料流量计读数不变，用注射器取得塔顶、塔釜和进料三处样品，再用折光仪测定样品折射率n_D。如此每隔5min取样测定一次，直到塔顶、塔底各自相邻两次的折射率相差≤0.0002为止。并记录进进料液的温度（室温），实验数据记录在表4-12中。

3. 实验结束

（1）检查数据合理后，停止加料并将加热电压调为零，关闭回流比调节器开关。

（2）根据物系的T-x-y关系，确定部分回流下进料的泡点温度T_b。

（3）停止加热，10min后，再关闭冷凝水，一切复原。

五、实验数据处理

实验装置：＿＿＿＿＿ 实际塔板数：＿＿＿＿＿ 二元物系：＿＿＿＿＿ 折光仪分析温度：＿＿＿＿℃

表 4-12 精馏实验数据表

项目	全回流：$R=\infty$				部分回流：$R=$＿＿＿ 进料温度：＿＿℃ 泡点温度：＿＿℃					
	塔 顶		塔 釜		进 料		塔 顶		塔 釜	
测定折射率，并记录相应的温度	n_D	T	n_D	T	n_D	T	n_D	T	n_D	T
平均折射率与平均温度										
计算质量分数，并记录相应的温度	W_i	T	W_i	T	W_i	T	W_i	T	W_i	T
平均质量分数										
计算摩尔分数，并记录相应的温度	x_i	T	x_i	T	x_i	T	x_i	T	x_i	T
平均摩尔分数										
理论板数 N_T										
总板效率 E_O										

六、实验注意事项

1. 实验过程中要特别注意安全，实验所用物系是易燃物品，操作过程中避免洒落，以免发生危险；

2. 本实验设备加热功率由电位器来调节，故在加热时应特别注意加热别过快，以免发生爆沸（过冷沸腾），使釜液从塔底冲出。若遇此现象应立即断电，重新加料到指定液面，再缓慢升电压，重新操作。升温和正常操作中塔釜的电功率不能过大；

3. 开车时先开冷水，再向塔釜供热；停车时则相反；

4. 测组成用折光仪，读取折射率时一定要同时记其测量温度，并按给定的折射率-质量分数-测量温度关系测定有关数据；

5. 为便于对全回流和部分回流的实验结果（塔顶产品和质量）进行比较，应尽量使两组实验的加热电压及所用料液组成相同或相近。若连续开出实验时，应在做实验前将前一次实验时留存在塔釜、塔顶和塔底接受器内的料液均放回原料液瓶中。

七、思考题

1. 精馏塔气液两相的流动特点是什么？

2. 本实验中，进料状况为冷液进料，当进料量太大时，若出现精馏段干板，甚至出现塔顶既没有回流又没有出料的现象，应如何调节？

3. 在部分回流操作时，如何根据全回流的数据，选择一个合适的回流比和进料口位置？

表 4-13　精馏塔的主要尺寸

名称	直径 mm	高度 mm	板间距 mm	板数（块）	板型	孔径 mm	降液管	材质
塔体	$\phi 57 \times 3.5$	1100	100	10	筛板	1.8	$\phi 8 \times 1.5$	紫铜
塔釜	$\phi 100 \times 2$	390						不锈钢
塔顶冷凝器	$\phi 57 \times 3.5$	300						不锈钢
塔釜冷凝器	$\phi 57 \times 3.5$	300						不锈钢

表 4-14　乙醇-正丙醇混合液的 T-x-y 关系数据

$T/\text{℃}$	97.2	94.92	92.77	90.92	89.51	87.59	85.85	83.97	82.54	81.45	80.5	78.3
x_A	0	0.0709	0.1710	0.2472	0.3276	0.4181	0.5068	0.6135	0.6992	0.7719	0.8434	1.0000
y_A	0	0.1100	0.2783	0.3846	0.4834	0.5772	0.6627	0.7480	0.8205	0.8781	0.9189	1.0000

注：x_A 表示液相中乙醇摩尔分数，y_A 表示气相中乙醇摩尔分数。

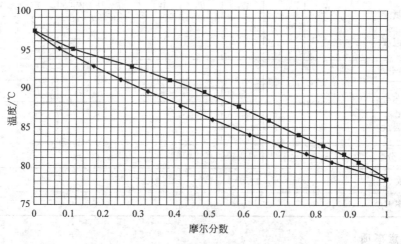

图 4-10　乙醇-正丙醇混合液的 T-x-y 相图

实验十三　固体流态化实验

一、实验目的

1. 通过实验观察固定床向流化床转变的过程，加深对液-固流化床和气-固流化床流动特性差异的理解。

2. 通过实验初步掌握流化曲线和临界流化速度的测量方法。

3. 计算流态化过程的临界流化速度，并与实验结果进行比较。

二、实验原理

当流体通过固体颗粒床层时，借助气体或液体的流动带动固体小颗粒，并使之像流体一样作流动的现象，称之为固体流态化，简称流态化。目前，流态化技术广泛用于石油、化工、冶金、煤炭、医药等部门。

对于液-固系统，在固体颗粒直径较小时，液体与固体颗粒的密度相差不大，故液体以较低的流速通过固体颗粒床层而上升时，就可能形成流态化。当流速进一步提高时，床层则逐渐膨胀，固体颗粒随液体流动作随机运动，但波动很小，粒子在床内的分布比较均匀，这种流态化形式称为散式流态化。

对于气-固系统，气体与固体颗粒密度相差较大，气体速度必然较大，并以气泡形式通过床层而上升，固体颗粒则成团地湍动。随着气速的增大和气泡的上升与破裂，床层界面波动频繁、扰动剧烈，这种流态化形式称为聚式流态化。

在实施流态化的过程中，能够使固定床内固体颗粒刚刚流化起来的流速，称为临界流化速度 ($u_{m,f}$)。它可以采用测定床层压降的方法来确定。

流体流经固定床层（即实验装置中的固体颗粒填充部分）的压力降，可以利用流体在圆形空管道中的压力降公式经过修正而得，即

$$\Delta p = \lambda_m \times \frac{H_m}{d_p} \times \frac{\rho u_0^2}{2} \tag{4-39}$$

式中　λ_m——固定床层的摩擦系数；

$\quad\quad H_m$——固定床层的高度，m；

$\quad\quad d_p$——固体颗粒的平均直径，m；

$\quad\quad \rho$——流体的密度，$kg \cdot m^{-3}$；

$\quad\quad u_0$——流体的空塔速度，$m \cdot s^{-1}$。

式中固定床层的摩擦系数 λ_m 可以根据厄贡（Ergun）提出的经验公式进行计算：

$$\lambda_m = 2\left(\frac{1-\varepsilon_m}{\varepsilon_m^3}\right)\left(\frac{150}{Re_m} + 1.75\right) \tag{4-40}$$

式中　ε_m——固定床层中颗粒的空隙率；

$\quad\quad Re_m$——修正的雷诺数，可按下式计算：

$$Re_m = \frac{1}{1-\varepsilon_m} \times \frac{d_p \rho u_0}{\mu} \tag{4-41}$$

式中　μ——流体的黏度，$Pa \cdot s$。

由固定床向流化床转变时的临界流化速度 $u_{m,f}$ 可以根据实验直接测定，即测定在不同流速下的床层压力降数据，将之标绘在双对数坐标纸上，再由作图法求出临界流化速度 $u_{m,f}$。图 4-11 表示床层压力降与流体流速的关系。

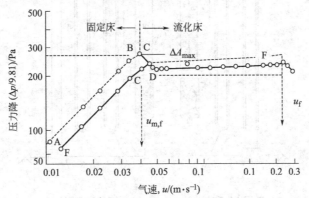

图 4-11　流体流过颗粒物料层时流速与压力降的关系

关于临界流化速度的计算公式，文献报道较多，以下为一形式较简单的半经验半理论关系式。在流态化时，流体流动对固体颗粒所产生的向上作用力应与颗粒在流体中的净重力相等，即：

$$\Delta p S = H_{m,f} S (1-\varepsilon_{m,f})(\rho_s - \rho)g$$

化简得：

$$\Delta p = H_{m,f}(1-\varepsilon_{m,f})(\rho_s - \rho)g \tag{4-42}$$

式中 $H_{m,f}$——初始流化时床层高度，m；

         S——床层的横截面积，m²；

         $\varepsilon_{m,f}$——初始流化时床层空隙率；

         ρ_s——固体颗粒密度，kg·m⁻³；

         ρ——流体的密度，kg·m⁻³。

一般地说，在固定床向流化床转变的初始流化状态，其压力降既可以采用固定床的压力降计算式，也可以采用流化床的压力降计算式。此时，$H_m = H_{m,f}$、$\varepsilon_m = \varepsilon_{m,f}$、$u_0 = u_{m,f}$，联立式(4-39) 和式(4-42) 即可得到临界流化速度 $u_{m,f}$ 的计算式：

$$u_{m,f} = \left[\frac{1}{\lambda_m} \times \frac{2d_p(1-\varepsilon_{m,f})(\rho_s-\rho)g}{\rho}\right]^{0.5} \tag{4-43}$$

如果流体向上的流速大于颗粒的沉降速度，则悬浮于流体中的固体颗粒将被流体带出。颗粒被带出的速度称为带出速度 u_t 或最大流化速度 u_{max}。实验过程中，为了防止固体颗粒的损失而影响实验进行，实际操作的流化速度应该小于 u_t。

三、实验装置及流程

实验装置及流程如图 4-12 所示。图 4-12(a) 为液-固流化系统；图 4-12(b) 为气-固流化系统。流化床均为 50mm 内径的玻璃管，床下端分布器内填充有粒径为 5~6mm 的玻璃珠，并以筛网与上段分隔。液-固流化床内填充粒径为 1.5mm 的玻璃微珠，气-固流化床系统填充颗粒直径为 0.3~0.5mm 的微球硅胶。为防止微粒被流体带出，柱顶设有过滤网，而柱体设有测压口并与压差计相连。

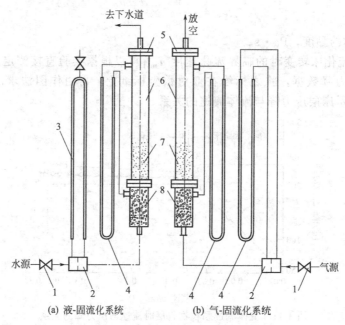

图 4-12   固体流态化实验装置流程图

1—调节阀；2—孔板流量计；3—Ⅱ形压差计；4—U 形压差计；

5—滤网；6—柱体；7—固体颗粒填充层；8—分布器

在液-固流化系统（a）中，来自高位槽的水经调节阀 1 和孔板流量计 2 后，进入床层底部。经过分布器 8 的水由下而上均匀通过固体颗粒层 7 和滤网 5 排入下水道（或循环水槽）。阀 1 用以调节水流量的大小，并由 Ⅱ 形压差计 3 显示读数。

在气-固流化系统（b）中，来自鼓风机的空气经调节阀 1 和孔板流量计 2 后，进入固体颗粒床层底部，经分布器 8 分布，再自下而上通过固体颗粒层 7，最后穿过滤网 5 排空。空气流量由调节阀 1 和入口放空阀联合调节，由与孔板流量计相连的 U 形压差计 4 显示读数。

四、实验方法和步骤

实验分两步进行：

① 观察并比较液-固流化床和气-固流化床的流动状况。

② 实验测定水或空气通过固体颗粒层的特性曲线。

实验开始前，按照图 4-12 的装置和流程检查泵、风机是否处于备用状态，并对系统检漏。将装置上的水和空气调节阀 1 全部关闭，空气放空阀完全打开，然后，启动循环水泵或空压机。

对于液-固流化系统，待泵运转正常后，缓慢开启水调节阀 1，使水流量逐渐增大，观察床层变化过程，测定不同流速下床层高度与压降值。

对于气-固流化系统，缓慢开启空气调节阀 1，并同时关小空气入口处的放空阀（图中未画出），借此联合调节方式改变进入系统的空气流量，以观察床层变化过程，测定不同流速下的床层高度与压降值。

实验操作要点：

① 调节各压差计液面，使其处于备用状态。

② 使用调节阀时，必须缓慢打开或关闭，并同时观察压差计中指示液的变化。特别是在开启阀门时，应严防突然将调节阀开大，以避免将压差计内的指示液冲入床层之中。

③ 操作中，调节阀开度由小至大，改变流量，测取 10 个以上数据点。

④ 当流量调节至临界点时，应更加精细致地调节阀门，并注意床层变化情况。

⑤ 实验结束后，须将设备内的水排放干净，使设备恢复初始状态，以备下次实验时使用。切勿将杂物混入循环水中，以防堵塞分布器和滤网。

五、实验数据处理

（1）测量并记录实验基本参数

① 实验设备基本参数

流化床内径：$d = 50mm$　　　静床层高度：$H_m = 100mm$

分布器形式：筛网之上填充玻璃珠

孔板流量计孔口直径：$d_0 = 3mm$

孔流系数：$c_0 = 0.60$

② 固体颗粒基本参数

参数	液-固流化床	气-固流体床	参数	液-固流化床	气-固流体床
颗粒种类	玻璃微珠	硅胶微球	堆积密度	$\rho_b = 1160 kg \cdot m^{-3}$	$\rho_b = 475 kg \cdot m^{-3}$
平均粒径	$d_p = 1.5mm$	$d_p = 0.35mm$	空隙率 $\left(\varepsilon_m = \dfrac{\rho_s - \rho_b}{\rho_s}\right)$		
颗粒密度	$\rho_s = 1937 kg \cdot m^{-3}$	$\rho_s = 924 kg \cdot m^{-3}$			

③ 流体物性数据

流体种类	水	空气
温度	$T_1 = $ ℃	$T_g = $ ℃
密度	$\rho_1 = $ kg·m^{-3}	$\rho_g = $ kg·m^{-3}
黏度	$\mu_1 = $ Pa·s	$\mu_g = $ Pa·s

（2）实验数据记录与整理（表 4-15）

表 4-15　实验现象和实验数据记录表

室温：$T=$ 　℃；大气压：$p=$ 　kPa

序号 项目	压差计 R/mm	流量 $q_V/(\text{m}^3\cdot\text{s}^{-1})$	空塔速度 $u_0/(\text{m}\cdot\text{s}^{-1})$	床层高度 H/mm	床层压降 $\Delta p/\text{mm}$	备　注
1						
2						
⋮						

（3）在双对数坐标纸上绘制 $\Delta p \sim u_0$ 关系曲线，求出临界流化速度 $u_{\text{m,f}}$，并将实验值与计算值进行比较，确定相对误差。

（4）在双对数坐标纸上绘制固定床阶段的 $Re_\text{m}\sim\lambda_\text{m}$ 关系曲线，将实验测定曲线与由计算值绘制的曲线进行比较。

六、思考题

1. 临界流化速度与哪些因素有关？

2. 在液-固流态化操作中，启动空压机前为什么要关闭调节阀 1，而将入口放空阀完全打开？

3. 在流态化过程有无异常现象，若有则是由什么原因造成的？

实验十四　流化床干燥操作

一、实验目的

1. 了解对流干燥的实验研究方法。

2. 了解流化床干燥器的主要结构与流程，以及流态化干燥过程的各种性状，进而加深对干燥原理的理解。

3. 掌握干燥操作的物料衡算、热量衡算。

4. 掌握流化床干燥操作时，被干燥物料与热空气间对流传热膜系数 α_V 的估算方法。

5. 计算干燥器的热效率 η_h 和干燥效率 η_d。

二、实验原理

干燥操作是向湿物料供热量以使其中湿分（水）汽化、分离的一种单元操作。该操作过程同时伴有传热和传质，情况比较复杂，需要实验予以解决。

连续操作的对流干燥过程是将空气经预热后送入干燥器，并和连续进入干燥器的湿物料相遇，将物料中的湿基含水量由 w_1 降为 w_2（或干基含水量由 X_1 降为 X_2），物料的温度由 $t_{\text{m},1}$ 升为 $t_{\text{m},2}$，同时，干燥的物料连续地离开干燥器。由于排出干燥器的空气会带走一部分热量，通常需要对干燥器内的空气补加热量。实际操作时，在生产能力和原料及产品要求已定的情况下，确定干燥器体积和操作条件，需要以干燥过程的物料衡算和热量换算为基础。

1. 物料衡算

（1）湿物料的水分蒸发量（脱水速率）

$$W=G_C(X_1-X_2) \tag{4-44}$$

式中　G_C——单位时间湿物料中绝对干料的质量，$\text{kg}\cdot\text{s}^{-1}$；

X_1，X_2——进干燥器和出干燥器物料的干基含水量。

① 进料速率

$$G_1 = \frac{m_1 - m_2}{\tau} \tag{4-45}$$

式中 m_1，m_2——加料管内初始物料量和加料管内剩余物料量，kg；

τ——加料总时间，s。

② 绝对干料量

$$G_C = G_1(1 - w_1) \tag{4-46}$$

（2）干基含水量

$$X = \frac{w}{1-w} \tag{4-47}$$

（3）湿基含水量

$$w = \frac{湿物料中水分的质量}{湿物料的总质量} \tag{4-48}$$

本实验中，以 w_1 表示进干燥器物料的含水量，以 w_2 表示出干燥器物料的含水量，单位为 $kg_水 \cdot kg_{湿物料}^{-1}$。

2. 热量衡算

（1）输入的热量

$$Q_入 = Q_P + Q_D = V_p^2/R_p + V_d^2/R_d \tag{4-49}$$

式中 V_p——预热器实际加热电压，V；

V_d——干燥器实际保温电压，V。

（2）输出的热量

$$Q_出 = L(I_2 - I_0) + G_C(I_2' - I_1') \tag{4-50}$$

式中 L——干空气质量流量，$kg \cdot s^{-1}$；

I_0——流量计处空气的焓值，$kJ \cdot kg_{干空气}^{-1}$；

I_2——干燥器出口处空气的焓值，$kJ \cdot kg_{干空气}^{-1}$；

I_1'——物料进口处物料的焓值，$kJ \cdot kg_{物料}^{-1}$；

I_2'——物料出口处物料的焓值，$kJ \cdot kg_{物料}^{-1}$。

（3）空气质量流量 L 计算

① 流量计处湿空气的体积流量

$$q_{V,o} = C_o A_o \sqrt{\frac{2(p_1 - p_2)}{\rho}} \tag{4-51}$$

式中 C_o——孔板流量计的流量系数，$C_o = 0.67$；

ρ——空气在实验过程中干球温度时的密度，$kg \cdot m^{-3}$；

$p_1 - p_2$——流量计处压差，Pa。

实际操作时，空气体积流量随操作的压力和温度而变化，测量时需作校正。干燥器进口温度下的空气的体积流量（进风量）$q_{V,进}$，对空气在常压下操作时常用理想气体状态方程得到。

$$q_{V,进} = q_{V,o} \frac{273 + t_1}{273 + t_0} \tag{4-52}$$

式中 t_0——进流量计前空气温度，℃；

t_1——干燥器进口处空气的温度，℃。

② 干空气流量，由湿空气的体积流量 $q_{V,进} = Lv_H$，得

$$L = \frac{q_{V,进}}{v_H} \tag{4-53}$$

v_H 为干燥器进口处湿空气的比容，其计算如下式所示：

$$v_H = (0.773 + 1.244 H_1) \frac{273 + t_1}{273} \tag{4-54}$$

式中　H_1——空气的湿度，$kg_{水} \cdot kg_{干空气}^{-1}$。

③ 干燥器进口空气湿度

$$H_1 = H_0 = 0.622 \frac{\varphi p_s}{p - \varphi p_s} \tag{4-55}$$

式中　φ——空气的相对湿度；

　　　p_s——湿空气中水的饱和蒸气压，Pa。

④ 干燥器出口空气湿度，由干空气的流量 $L = W/(H_2 - H_1)$，得

$$H_2 = \frac{W}{L} + H_1 \tag{4-56}$$

(4) 空气及物料焓值 I 的计算

① 空气的焓值

$$I_i = (1.01 + 1.88 H_i) t_i + 2492 H_i \tag{4-57}$$

式中　H_i——空气分别在流量计处，干燥器进、出口处的湿度，$kg_{水} \cdot kg_{干空气}^{-1}$；

　　　t_i——空气分别在流量计处，干燥器进、出口处的温度，℃。

② 物料的焓值

$$I_i' = (c_s + X_i c_W) t_{m,i} \tag{4-58}$$

式中　c_s——绝干硅胶的比定压热容，$c_s = 0.783 kJ \cdot kg^{-1} \cdot K^{-1}$；

　　　X_i——干燥器进、出口处的干基含水量；

　　　c_W——在蒸发水分所需的热量 Q_1、湿物料由 $t_{m,1}$ 升到 $t_{m,2}$ 所需的热量 Q_2，以及干燥器热损失 Q_3，即 $Q_1 + Q_2 + Q_3$ 时，水的比定压热容，$c_W = 4.187$ $kg \cdot kg^{-1} \cdot K^{-1}$；

　　　$t_{m,i}$——干燥器进、出口处物料的温度，℃。

3. 热量损失

$$Q_损 = \frac{Q_入 - Q_出}{Q_入} \times 100\% \tag{4-59}$$

4. 对流传热膜系数 α_V 计算

$$\alpha_V = \frac{Q}{V \Delta t_m} \tag{4-60}$$

(1) 实验中空气向固体物料（硅胶颗粒）传热，最终引起物料水分蒸发和升温。其所需热量为：

$$Q = Q_1 + Q_2$$

① 蒸发水分所需的热量

$$Q_1 = W[(2492 + 1.88 \bar{t}_m) - 4.187 t_{m,1}] \tag{4-61}$$

式中　$t_{m,1}$——干燥器进口物料温度，℃；

　　　$\bar{t}_m$——干燥器进、出口物料温度的算术平均值，℃。

② 湿物料由 $t_{m,1}$ 升到 $t_{m,2}$ 所需的热量

$$Q_2 = G_C c_m (t_{m,2} - t_{m,1}) = G_C (c_s + 4.187 X_2)(t_{m,2} - t_{m,1}) \tag{4-62}$$

（2）流化床干燥器的有效容积

$$V = \frac{\pi}{4} D_1^2 h \tag{4-63}$$

式中　D_1——流化床干燥器的内径，m；

　　　h——流化床层平均高度，m。

（3）气、固两相间的推动力

$$\Delta t_m = \frac{(t - \bar{t}_m) - (t_2 - \bar{t}_m)}{\ln \dfrac{(t_1 - \bar{t}_m)}{(t_2 - \bar{t}_m)}} \tag{4-64}$$

5. 干燥器的热效率 η_h

$$\eta_h = \frac{t_1 - t_2}{t_1 - t_0} \times 100\% \tag{4-65}$$

6. 干燥效率 η_d

$$\eta_d = \frac{Q_1}{Q_入} \times 100\% \tag{4-66}$$

三、实验装置及流程

1. 设备的主要技术数据

（1）流化床干燥器（玻璃制品，用透明膜加热新技术保温）

流化床层管：$\phi 80\text{mm} \times 2.5\text{mm}$（内径 D_i：75mm）　床层有效流化高度 h：100mm（固料出口）

总高度：530mm　流化床气流分布器：80 目不锈钢丝网（二层）

（2）物料

变色硅胶：粒径 1.0～1.6mm

绝干料比定压热容：$c_s = 0.783\text{kJ} \cdot \text{kg}^{-1} \cdot \text{K}^{-1}$（$t = 57\text{℃}$，查《无机盐工业手册》）

每次实验用量：400～500g 物料中加 25～40mL 水

（3）空气流量测定　采用自制孔板流量计，铜板材质；$d_0 = 17.0\text{mm}$。

（4）机电设备

① 风机-旋涡式气泵。该风机一机两用，即用作鼓风和抽气均可。本实验中正常操作时作鼓风机用，一旦操作结束，为取出干燥器内剩余物料就将此风机作为抽气机用，具体方法是：

a. 停风机，将气泵的吸气口与剩余料接收瓶用软管连接好；

b. 将吸管 24 放入干燥器上口 18 内（图 4-13）；

c. 打开气泵旁路阀 2；

d. 启动风机，即可将干燥器内物料抽干净。使用完毕，将气泵吸气口上软管拔出即可。

② 加料电机为直流调速电机，最大电压为 12V，使用中一般控制在 1.5～12V 即可。

③ 预热器：电阻丝加热，用调压器调节电压来控制温度。

④ 干燥器保温：干燥器（玻璃制品）外表面上镀以导电膜代替电阻丝，可通电加热，用调压器调节电压控温。

⑤ 湿度测定

a. 空气湿度：只需测实验时的室内空气湿度。用干、湿球湿度计测取。干燥器出口空气湿度由物料脱水量衡算得到。

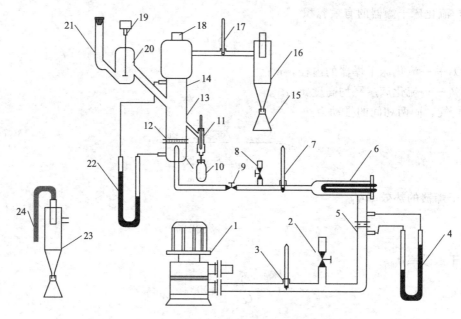

图 4-13　流化床干燥操作实验流程示意

1—风机（旋涡泵）；2—旁路阀（空气流量调节阀）；3—温度计（测气体进流量计前的温度）；4—压差计（测流量）；
5—孔板流量计；6—空气预热器（电加热器）；7—空气进口温度计；8—放空阀；9—进气阀；10—出料接收瓶；
11—出料温度计；12—分布板（80 目不锈钢丝网）；13—流化床干燥器（玻璃制品，表面镀以透明导电膜）；
14—透明膜电加热电极引线；15—粉尘接收瓶；16—旋风分离器；17—干燥器出口温度计；
18—取干燥器内剩料插口；19—带搅拌器的直流电机（进固料用）；20、21—原料（湿固料）瓶；
22—压差计；23—干燥器内剩料接收瓶；24—吸干燥器内剩料用的吸管（可移动）

b. 物料湿基含水量的测定：采用烘箱加热法，即将适量待测样品放入烘箱中，加温至 120℃，持续 60min，使样品干燥至恒重，此时样品的质量被认为是物料的干质量，然后依公式计算其含水量。

2. 实验装置及流程

流化干燥实验装置由流化床干燥器、空气预热器、风机和空气流量与温度的测量与控制仪表等几个部分组成。该实验装置及流程如图 4-13 所示。

空气由风机经孔板流量计和空气预热器进入流化床干燥器。热空气由干燥器底部鼓入，经分布板分布后，进入床层将固体颗粒流化并进行干燥。湿空气由干燥器顶排出，经扩大段沉降和过滤器过滤后放空。

空气的流量由调节阀和旁路放空阀联合调节，并由转子流量计计量。热风温度由温度控制仪自动控制，并由数字显示出床层温度。

固体物料由干燥器顶部缓慢、少量、顺序加入，实验过程中在流化状态下由下部卸料口流出。

流化床干燥器的床层压降由 U 形压差计测取。

四、实验操作与步骤

1. 实验前准备、检查工作

（1）按流程示意图检查设备，容器及仪表是否齐全、完好；

（2）将烘箱按说明书要求，调至 120℃，待用。将硅胶筛分好所需粒径，并缓慢加入适量水，搅拌均匀，备用；

（3）实验开始时，风机流量调节阀 2 全开，放空阀 8 全关，进气阀 9 全开（见图 4-13）；

（4）向干、湿球湿度计的湿球湿度计水槽内灌水，使湿球温度计处于正常状况；

（5）准备秒表一块计时用；

（6）记录流程上所有温度计的温度值。

2. 实验操作步骤

（1）从准备好的湿硅胶中用电子天平称量约 10g 的湿物料，用烘箱加热法测定进干燥器的物料的湿基含水量 w_1（方法：烘箱温度控制在 120℃，时间设定在 60min.）；

（2）用工业天平称量约 400g 湿硅胶，装入实验装置的原料瓶 20、21 中，准备好出料接收瓶；

（3）启动风机，缓慢关闭阀 2，并用阀 2 调节空气流量，使压差计 4 读数稳定在 170～180mmH_2O；

（4）接通预热器电源，将其电压逐渐升高到 110V 左右，加热空气。当干燥器进口空气温度升至 65℃ 左右时，将电压调低至 90V 左右，慢慢升温，使干燥器进口空气温度维持在 70～75℃；

（5）使干燥器进口空气温度保持在 70～75℃，同时，向干燥器通电，调节干燥器加热旋钮，将电压调至 80V 左右保温加热，使干燥器出口空气温度保持在 65℃ 左右；

（6）待干燥器进、出口空气温度都维持恒定时，记录有关数据，包括干、湿球湿度计的读数；

（7）启动直流电机，缓慢调速到 1.5rpm，开始进料。同时按下秒表，记录进料时间、进料温度 $t_{m,1}$，并观察固粒的流化情况，且注意维持进口温度 t_1 不变、保温电压不变、气体流量计读数不变；

（8）当操作到有固料从出料口连续溢流时，连续操作 30min 左右。在此期间，每隔一定时间记录一次有关数据，包括固料出口温度 $t_{m,2}$。数据处理时，取操作基本稳定后的某次记录值进行计算；

（9）关闭直流电机旋钮，停止加料，同时按停秒表，以记录加料总时间。打开放空阀 8，关闭进气阀 9，切断加热和保温电源；

（10）不停风机，用旋涡气泵吸气方法从抽料口 18 取出干燥器内剩余的干料，与原出料口收集的干料混匀，盖上瓶盖，以防吸水，连瓶盖一起用工业天平称量。然后，从中取出约 10g 在电子天平上称量，再对这 10g 物料测取湿基含水量 w_2（方法同 w_1，只是时间控制在 30min）；

（11）放出加料器内剩下的湿料，用工业天平称量，以确定干燥时的实际用料量；

（12）停风机，一切复原（包括将所有固料都放入一个容器内）。

五、实验数据处理

流化床干燥操作实验原始数据记录见表 4-16。

表 4-16　流化床干燥操作实验原始数据记录

干燥器内径 D_i＝76mm	加料总时间 τ＝
绝干硅胶比定压热容 c_s＝0.783kJ·kg^{-1}·℃$^{-1}$	进干燥器物料的含水量 w_1＝ 　　kg$_水$·kg$^{-1}_{湿物料}$
加料管内初始物料量 m_1＝	出干燥器物料的含水量 w_2＝ 　　kg$_水$·kg$^{-1}_{湿物料}$
加料管内剩余物料量 m_2＝	

名称		开始进料	开始出料后（每隔 5min 左右记录一次）				
流量压差计读数/kPa							
风机吸入口	大气干球温度 t/℃						
	大气湿球温度 t_w/℃						
	相对湿度 φ						
进流量计前空气温度 t_0/℃							
干燥器进口空气温度 t_1/℃							
干燥器出口空气温度 t_2/℃							
干燥器进口物料温度 $t_{m,1}$/℃							
干燥器出口物料温度 $t_{m,2}$/℃							
流化床层压差/mmH$_2$O							
流化床层平均高度 h/mm							
预热器加热电压显示值/V							
预热器电阻 R_p/Ω							
干燥器保温电压显示值/V							
干燥器保温电阻 R_d/Ω							
加料电机搅拌速度/rpm							

六、实验注意事项

1. 干燥器外壁带电，操作时严防触电，平时玻璃表面应保持干净。

2. 实验前一定要弄清楚应记录的数据，要掌握快速水分测定仪的用法，正确测取固料进、出料湿含量的数值。

3. 实验中，风机旁路阀一定不能全关。放空阀实验前后应全开，实验中应全关。

4. 加料搅拌速度保温稳定。

5. 注意节约使用硅胶，并严格控制加水量，绝不能过大，小于 0.5mm 粒径的硅胶也可用来做为被干燥的物料，只是干燥过程中旋风分离器不易将细粉粒分离干净而被空气带出。

6. 本实验设备，管路均未严格保温，主要目的是便于观察流化床干燥的全过程，故热损失较大。

七、思考题

1. 在 70～80℃的空气流中干燥，经过相当长的时间，能否得到绝对干料？

2. 有一些物料在热气流中干燥，要求热空气相对湿度要小；而有一些物料则要在相对湿度较大些的热气流中干燥，这是为什么？

3. 如何判断实验已经结束？

实验十五　洞道干燥速率的测定

一、实验目的

1. 了解洞道式干燥设备的基本构造与流程。

2. 掌握恒定干燥条件（即热空气温度、湿度、流速不变，物料与气流接触方式不变）

时干燥曲线、干燥速率曲线及临界湿含量的实验测定方法。

3. 学习被干燥物料与热空气之间对流传热膜系数的测定方法。

二、实验原理

干燥乃热、质同时传递过程，机理比较复杂。通常，干燥实验是在恒定的干燥条件下进行，采用大量的空气去干燥少量的湿物料，因此，干燥介质（热空气）进、出干燥器的温度、湿度、气速以及与湿物料的接触方式在整个干燥过程中均保持恒定。在干燥过程中，定时测定物料的质量变化，并记录每一时间间隔内物料的质量变化及物料的表面温度，直至物料的质量恒定为止，此时，物料与空气达到平衡状态，物料中所含水分即该条件下的平衡水分。然后，再将物料放到电烘箱内烘干到恒重为止，即可测得绝干物料的质量。将上述实验数据经整理后，可以分别绘出物料的干燥曲线和干燥速率曲线。

1. 干燥曲线

干燥曲线即物料的自由含水量 X 与干燥时间 τ 的关系曲线，反映了物料在干燥过程中，自由含水量随干燥时间变化的关系，如图 4-14 所示。物料干燥曲线的具体形状因物料性质及干燥条件而有所不同，但其变化趋势基本一致。

干燥过程分为三个阶段：物料预热阶段 I、恒速干燥阶段 II 和降速干燥阶段 III。图中 AB（I）段处于预热阶段，时间较短。此时热空气中部分热量用来加热物料，故物料含水量随时间变化不大。紧接着的第 II 阶段 BC，由于物料表面存有自由水分，物料表面温度等于空气湿球温度 t_w，传入的热量只用来蒸发物料表面的水分，物料含水量随时间成比例减少，干燥速率恒定且较大。进入第 III 阶段时，物料中含水量减少到某一临界含水量时，由于物料内部水分的扩散慢于物料表面的蒸发，难以维持物料表面润湿，故在物料表面形成干区，干燥速率开始降低。含水量越小，速率越慢，干燥曲线 CDE 逐渐达到平衡含水量 X^* 而终止。在降速阶段，随着水分汽化量的减少，传入的湿热较汽化带出的潜热为多，热空气中部分热量用于加热物料，物料温度开始上升，II 与 III 交点处的含水量称为物料的临界含水量 X_C。

恒速阶段的干燥速率和临界含水量是干燥过程研究和干燥器设计的重要数据，本实验在恒定干燥条件下对浸透水的试样进行干燥，测定干燥曲线和干燥速率曲线，目的是掌握恒速段干燥速率和临界含水量的测定方法及其影响因素。

图 4-14 中物料含水量曲线对时间的斜率即为干燥速率 U。该图关联了物料含水量 X、物料表面温度 T 与干燥时间 τ。将干燥速率 U 对物料含水量 X 进行标绘，可以得如图 4-15 所示的干燥速率曲线。

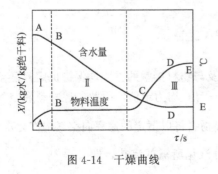

图 4-14 干燥曲线

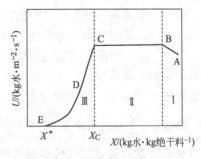

图 4-15 干燥速率曲线

2. 干燥速率曲线

干燥速率曲线是干燥速率随物料平均干基含水量的变化曲线。其具体形状与物料性质及干燥条件有关。恒速干燥阶段的干燥速率大小取决于物料外部的干燥条件，而降速干燥速率的大小主要取决于物料本身结构、形状和尺寸，与外部的干燥条件关系不大。

干燥速率 U 为单位时间在单位干燥面积上汽化的水分量 W，即

$$U = \frac{dW}{A\,d\tau} = -\frac{G_C\,dX}{A\,d\tau} = -\frac{G_C\,\Delta X}{A\,\Delta\tau} \tag{4-67}$$

式中　U——干燥速率，kg 水·m^{-2}·s^{-1}；

　　　W——汽化水分量，kg；

　　　A——干燥面积（即物料与空气的接触面积），m^2；

　　　τ——干燥时间，s；

　　　G_C——湿物料中绝干料质量，kg；

　　　X——湿物料干基含水量，kg 水·kg 绝干料$^{-1}$。

负号表示物料含水量随干燥时间的增加而减少。

图 4-15 中的横坐标 X 为相应于某干燥速率的物料的平均含水量。

$$\overline{X} = \frac{X_i + X_{i+1}}{2} = \left(\frac{G_{s(i)} + G_{s(i+1)}}{2G_c}\right) - 1 \tag{4-68}$$

式中　　　　　$\overline{X}$——某干燥速率下湿物料的平均含水量，kg；

$G_{s(i)}$，$G_{s(i+1)}$——分别为时间 $\Delta\tau$ 内开始和终了时的湿物料质量，kg；

　　　　　G_c——湿物料中绝对干物料的质量，kg。

通过实验，测得 ΔX、$\Delta\tau$ 即可求出 U。以 U 为纵坐标，某干燥速率下的湿物料的平均含水量为横坐标，即可分别绘出干燥曲线和干燥速率曲线。

3. 传质系数的求取

（1）恒速阶段　在恒速干燥阶段，物料表面与空气之间的传热和传质速率可分别用下式表示：

$$\frac{dQ}{A\,d\tau} = \alpha(t - t_w) \tag{4-69}$$

$$\frac{dW}{A\,d\tau} = k_H(H_s - H) \tag{4-70}$$

式中　Q——空气传给物料的热量，kJ；

　　　α——空气至物料表面的传热膜系数，kW·m^{-2}·℃$^{-1}$；

　　　t——空气温度，K；

　　　t_w——湿物料表面温度，K；

　　　W——由物料汽化至空气中的水分，kg；

　　　k_H——以湿度差为动力的传质系数，kg·m^{-2}·s^{-1}；

　　　H——空气的湿度，kg 水·kg 干空气$^{-1}$。

在恒定的干燥条件下，空气的温度、湿度、流速及与物料接触的方式均保持恒定。随空气条件而定的 α、k_H 值、干燥推动力 $(t - t_w)$ 及 $(H_s - H)$ 均为定值，因此，湿物料和空气之间的传热速率 $\dfrac{dQ}{A\,d\tau}$ 及传质速率 $\dfrac{dW}{A\,d\tau}$ 均可保持不变，则湿物料将以恒定的速率向空气中汽化水分。

在恒速干燥阶段，空气传给物料的显热等于水分汽化所需的潜热，即

$$dQ = r_w\,dW \tag{4-71}$$

式中　r_w——t_w 时水的汽化潜热，kJ·kg^{-1}。

由式(4-69)、式(4-70) 和式(4-71) 可得

$$U = \frac{dW}{A d\tau} = \frac{dQ}{r_w A d\tau} = k_H(H_s - H)$$

$$= \frac{\alpha}{r_w}(t - t_w) \tag{4-72}$$

由此可知，干燥速率或干燥时间也可由传热膜系数来求取。

对于静止的物料层，若空气平行地流过物料表面时，对流传热膜系数 α 可按下式求取

$$\alpha = 0.0204(\overline{L})^{0.8} \tag{4-73}$$

式中　$\overline{L}$——湿空气质量流速，$kg \cdot m^{-2} \cdot s^{-1}$；

α——对流传热膜系数，$kW \cdot m^{-2} \cdot ℃^{-1}$。

式(4-73)的应用条件为 $\overline{L} = 2450 \sim 29300 kg \cdot m^{-2} \cdot h^{-1}$，空气温度为 $45 \sim 150℃$。

（2）降速阶段　降速干燥阶段中，干燥速率曲线的形状随物料内部结构以及所含水分性质而不同，因此，干燥曲线只能通过实验得到。

降速阶段干燥时间的计算，可以根据干燥速率曲线的数据图解求得。当降速阶段的干燥速率可以近似看作与物料的自由水量 $(X - X^*)$ 成正比时，干燥速率曲线可简化为直线，即

$$U = k_X(X - X^*) \tag{4-74}$$

则

$$k_X = \frac{U}{X - X^*} \tag{4-75}$$

式中　k_X——以含水量差 ΔX 为推动力的比例系数，$kg \cdot m^{-2} \cdot s^{-1}$；

U——物料含水量为 X 时的干燥速率，$kg \cdot m^{-2} \cdot s^{-1}$；

X——在 τ 时的物料含水量，kg 水 $\cdot kg$ 绝干料$^{-1}$；

X^*——物料的平衡含水量，kg 水 $\cdot kg$ 绝干料$^{-1}$。

由实验测得的物料临界含水量 X_C 对于干燥装置的设计十分重要。

三、实验装置及流程

洞道式循环干燥器的实验装置及流程如图 4-16 所示。实验是在恒定干燥条件下干燥块状物料（如纸板或帆布）。

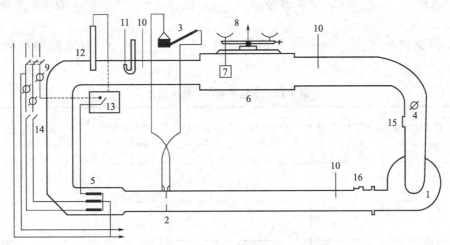

图 4-16　洞道式循环干燥实验装置流程图

1—风机；2—孔板流量计；3—压差计；4—蝶形阀；5—电加热器；
6—干燥室；7—试样；8—天平；9—电流表；10—干球温度计；
11—湿球温度计；12—触点温度计；13—晶体管继电器；
14—手动开关；15,16—片式阀门

空气由风机 1 输送，经孔板流量计 2、电加热器 5 送入干燥室 6，干燥试样 7，然后返回风机，循环使用。同时，由片式阀门 15 补充一部分新鲜空气，由阀门 16 放空一部分循环气，以保持系统湿度恒定。电加热器由触点温度计 12 及晶体管继电器 13 控制，使进入干燥室空气的温度恒定。干燥室前方装有干球温度计 10 和湿球温度计 11，干燥室后以及风机出口也装有干球温度计 10，用以确定干燥室的空气状态阐述参数。空气流速由蝶形阀 4 调节，注意任何时候阀 4 都不允许全关，以防止电加热器因空气不流动产生过热而导致毁损。

四、操作步骤及要点

（1）实验前将已知干质量和尺寸的试样放入水中浸湿，拿出稍候片刻，让水分均匀扩散至整个试样，然后称取湿试样质量，实验数据记录在表 4-17 中。

（2）开启风机，调节蝶形阀至预定风速值。适当打开阀 15、16，调好触点温度计至预定温度，开加热器，将晶体管继电器开关打开，并打开一组或两组辅助加热器。待温度接近预定温度时，视情况增减辅助加热，避免"超温失控"或"欠温失控"，直至正常，控制自动运行。

（3）检查天平并调平衡，记下支架质量。待空气状态稳定后，打开干燥室门，将湿试样放到支架上，立刻加砝码使天平接近平衡，但砝码一边稍轻，待水分干燥至天平指针平衡时开动第一只秒表（实验用两只秒表）。实验过程中，始终都要使天平能够自由摆动，这是实验成功的关键。

（4）减去 2～3g 砝码，待水分干燥再至天平平衡时，停第一只秒表，与此同时开动第二只秒表，记下干燥时间。以后再减去 2～3g 砝码，如此反复进行，直至试样接近平衡水分为止。

（5）实验结束后，先关电加热器，使系统冷却后再关风机，卸下试样，整理实验操作现场。

五、实验数据处理

1. 实验数据原始记录

试样物料：_____；试样编号：_____；试样尺寸：长_____宽_____厚_____（mm）；

干燥面积 $A =$ _____ m^2；试样绝干质量：$G_C =$ _____ g；有风时物料架质量 = _____ g。

表 4-17　干燥实验原始数据记录

序　号	湿试样质量 /g	干燥时间间隔 $\Delta\tau$/min	流量计示值 R/mmH$_2$O	风机出口 温度/℃	干燥室前 温度/℃	干燥室后 温度/℃	湿球温度 /℃
1							
2							
3							
……							

2. 实验数据处理

干燥实验数据处理与计算结果见表 4-18、表 4-19。

表 4-18　干燥实验数据处理结果

序　号	湿料含水量 X /(kg 水分·kg 绝干料$^{-1}$)	与 U 对应的湿料含水量 X /(kg 水·kg 绝干料$^{-1}$)	干燥速率 $U \times 10^3$ /(kg·m^{-2}·s^{-1})
1			
2			
3			
……			

表 4-19　干燥实验计算与结果

试　样　　　项　目	01	02
空气平均温度 t_m/℃		
空气湿球温度 t_w/℃		
空气体积流量 q_V/(m^3·s^{-1})		
物料受热面积 A/m^2		
t_w 下水的汽化潜热 r_{tw}/(kJ·kg^{-1})		
干燥器洞道流通面积 F/m^2		
空气的质量流速 $\overline{L}$/(kg·m^{-2}·s^{-1})		
临界含水量 X_C/(kg 水·kg 绝干料$^{-1}$)		
平衡含水量 X^*/(kg 水·kg 绝干料$^{-1}$)		
恒速段干燥速率 U_C/(kg·m^{-2}·s^{-1})		
恒速段对流传热系数 α/(W·m^{-2}·℃$^{-1}$)		
按 α 值估计的 U_{CH}/(kg·m^{-2}·s^{-1})		

六、实验注意事项

1. 实验过程中，关键是要保持天平始终可以自由摆动。

2. 为了保证设备安全，开车时必须先开风机，后开空气预热器。停车则相反。

3. 物料干燥之前，应测定好其绝干料质量及有关尺寸。实验操作前，必须将物料充分湿透，但放入干燥器内时，以不带水为准。

4. 准确安装湿球温度计，并保证玻璃球内有足够量的水。

5. 流量不宜过大，防止噪音大，且标定流量计时，流量计计算式应在一定读数范围内使用。

6. 加热器电流不宜过大，否则控温精度会降低。

7. 称重传感器属于贵重仪表，且极易损坏。零点受温度影响较大，使用时一定不能超重，严禁用手按压。

七、思考题

1. 测定干燥速率曲线有何意义？它对设计干燥器及指导生产有些什么帮助？

2. 为什么在操作中要先开鼓风机送气，而后再开电加热器？

3. 结合本实验装置说明影响干燥速率的因素有哪些？若要提高干燥强度时，应采取哪些措施？

4. 使用废气循环对干燥有什么好处？干燥热敏性物料或易变形、开裂的物料为什么多使用废气循环？

4.2 综合实验

实验十六 流体流动过程综合实验

一、实验目的

1. 掌握直管摩擦阻力压力降 Δp_f，直管摩擦系数 λ 的测定方法。

2. 测定直管摩擦系数 λ 与雷诺数 Re 的关系，验证中湍流区内 $\lambda\text{-}Re$ 的关系及其变化规律。

3. 掌握局部摩擦阻力压力降 $\Delta p_\mathrm{f}'$，局部阻力系数 ζ 的测定方法。

4. 学会压强差的几种测量方法和提高其测量精确度的一般技巧。

二、实验原理

1. 直管摩擦系数 λ 与雷诺数 Re 的测定

流体在管道内流动时，由于流体的黏性作用和涡流的影响会产生阻力。流体在直管内流动阻力的大小与管长、管径、流体流速和管道摩擦系数有关，它们之间存在如下关系：

$$h_\mathrm{f}=\frac{\Delta p}{\rho g}=\lambda\,\frac{l}{d}\frac{u^2}{2g} \tag{4-76}$$

$$\lambda=\frac{2d}{\rho l}\frac{\Delta p_\mathrm{f}}{2g} \tag{4-77}$$

$$Re=\frac{du\,\rho}{\mu} \tag{4-78}$$

式中　d——管径，m；

$\quad\Delta p_\mathrm{f}$——直管阻力引起的压力降，Pa；

$\quad l$——管长，m；

$\quad \rho$——流体的密度，$\mathrm{kg\cdot m^{-3}}$；

$\quad u$——流速，m/s；

$\quad \mu$——流体的黏度，$\mathrm{N\cdot s\cdot m^{-2}}$。

直管摩擦系数 λ 与雷诺数 Re 之间有一定的关系，这个关系一般用曲线来表示。在实验装置中，直管段管长 l 和管径 d 都已固定。若水温一定，则水的密度 ρ 和黏度 μ 也是定值。所以，本实验实质上是测定直管段流体阻力引起的压力降 Δp_f 与流速 u（流量 q_V）之间的关系。

根据实验数据和式(4-77)可计算出不同流速下的直管摩擦系数 λ，用式(4-78)计算对应的 Re，从而整理出直管摩擦系数和雷诺数的关系，绘出 λ 与 Re 的关系曲线。

2. 局部阻力系数 ζ 的测定

$$h_\mathrm{f}'=\frac{\Delta p_\mathrm{f}'}{\rho}=\zeta\,\frac{u^2}{2} \tag{4-79}$$

$$\zeta=\frac{2}{\rho}\frac{\Delta p_\mathrm{f}'}{u^2} \tag{4-80}$$

式中　ζ——局部阻力系数，无量纲；

$\Delta p_{\mathrm{f}}'$——局部阻力引起的压力降，Pa；

h_{f}'——局部阻力引起的能量损失，$J \cdot kg^{-1}$。

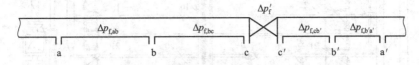

图 4-17 局部阻力测量取压口布置图

局部阻力引起的压力降可 $\Delta p_{\mathrm{f,b'a'}}'$ 用下面的方法测量：在一条各处直径相等的直管段上，安装待测局部阻力的阀门，在其上、下游开两对测压口 a-a′ 和 b-b′，见图 4-17，使

$$ab = bc \quad a'b' = b'c'$$

则 $\qquad\qquad\qquad \Delta p_{\mathrm{f,ab}} = \Delta p_{\mathrm{f,bc}}; \ \Delta p_{\mathrm{f,a'b'}} = \Delta p_{\mathrm{f,b'c'}}$

在 a~a′ 之间列伯努利方程式 $\quad p_{\mathrm{a}} - p_{\mathrm{a'}} = 2\Delta p_{\mathrm{f,ab}} + 2\Delta p_{\mathrm{f,a'b'}} + \Delta p_{\mathrm{f}}' \qquad\qquad (4\text{-}81)$

在 b~b′ 之间列伯努利方程式

$$p_{\mathrm{b}} - p_{\mathrm{b'}} = \Delta p_{\mathrm{f,bc}} + \Delta p_{\mathrm{f,b'c'}} + \Delta p_{\mathrm{f}}' = \Delta p_{\mathrm{f,ab}} + \Delta p_{\mathrm{f,a'b'}} + \Delta p_{\mathrm{f}}' \qquad (4\text{-}82)$$

联立式(4-81) 和(4-82)，则：$\Delta p_{\mathrm{f}}' = 2(p_{\mathrm{b}} - p_{\mathrm{b'}}) - (p_{\mathrm{a}} - p_{\mathrm{a'}})$

为了便于区分，称 $(p_{\mathrm{b}} - p_{\mathrm{b'}})$ 为近点压差，$(p_{\mathrm{a}} - p_{\mathrm{a'}})$ 为远点压差。其数值通过差压传感器来测量。

三、实验装置及流程

1. 实验装置技术参数

离心泵：型号 WB70/055，流量 $8m^3 \cdot h^{-1}$，扬程：12m，电机功率 550W。

金属转子流量计：型号 LZD-25R4M9ESKL，测量范围 100~1000 $(L \cdot h^{-1})$。

流量测量：数显仪表 AI501BV24。

玻璃转子流量计：型号 VA10-15F，测量范围 10~100 $(L \cdot h^{-1})$。

压差传感器：型号 LXWY，测量范围 200kPa。

压差测量：数显仪表 AI501BV24。

数字显示仪表：温度测量 Pt100，数显仪表 AI501B。

光滑管两支，一支 $d_{内} = 8mm$，另一支 $d_{内} = 10mm$；粗糙管一支，$d_{内} = 10mm$。三支测压管长度 L 均为 1.6m。局部阻力管一支，$d_{内} = 15mm$，其中安装的阀门形式为球阀。

2. 流体阻力测定实验

装置流程示意见图 4-18。

3. 流体阻力测定实验

装置面板示意见图 4-19。

四、实验操作与步骤

(1) 向水箱 1 注水至满刻度，此时离心泵 2 内也已充满水。开启实验装置面板上的总电源开关，仪表已带电并检查仪表是否正常。

(2) 光滑管阻力测定

① 关闭光滑管路的阀门 25、粗糙管路的阀门 27、局部阻力阀门 19 及所有阀门，将实验装置最上一支光滑管路阀门 26 全开。启动离心泵电源后，缓慢调节阀门 5 和 6 至全开，在大流量下将实验管路气泡全部排出。

② 关闭流量调节阀门 5 和 6 后，打开左右两侧测压阀门 11，在管路流量为零条件下，打开通向倒置 U 形管的进水阀，检查导压管内是否有气泡存在。若倒置 U 形管内液柱高度

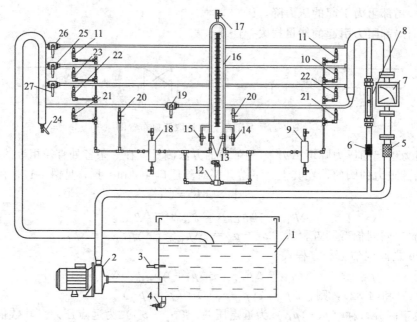

图 4-18　流体阻力测定实验装置流程

1—水箱；2—离心泵；3—温度传感器；4—水箱放水阀；5—大流量调节阀；6—小流量调节阀；
7—金属转子流量计；8—玻璃转子流量计；9、18—缓冲罐；10、11、23—光滑管测压阀；
12—压力传感器；13—倒置 U 形管进出水阀；14、15—放水阀；16—倒置 U 形管；17—倒置
U 形管放空阀；19—局部阻力管阀；20—局部阻力近端测压阀；21—局部阻力远端测压阀；
22—粗糙管测压阀；24—放水阀；25、26—光管管阀门；27—粗糙管阀门

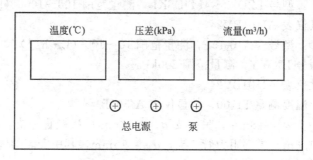

图 4-19　实验装置面板示意

差不为零，则表明导压管内存在气泡。需要进行赶气泡操作。

　　③ 导压系统如图 4-20 所示。操作方法如下：

　　全开阀门 6 加大流量，打开倒置 U 形管进、出水阀门 13，使倒置 U 形管内液体充分流动，以赶出管路内的气泡。分别缓慢打开 9 和 18 两个缓冲罐的排气阀，以达到排空缓冲罐中气体的目的。若观察气泡已赶净，将 9 和 18 的排气阀、流量调节阀 6 关闭，倒置 U 形管进、出水阀 13、14、15 关闭，慢慢旋开倒置 U 形管上部的放空阀 17 后，分别缓慢打开阀门 14、15，使液柱降至读数刻度标尺中点上下时马上关闭，管内形成气-水柱，此时管内液柱高度差不一定为零。然后关闭放空阀 17，打开倒置 U 形管进出水阀 13，此时倒置 U 形管两液柱的高度差应为零（1~2mm 的高度差可以忽略），如不为零则表明管路中仍有气泡存在，需要重复进行赶气泡操作。

　　④ 当上述调节操作完成后，再将阀门 5 全部打开稳定 3min 后从倒置 U 形压差计上读取压差及金属转子流量计 7 的数值。用改变阀门 5 的开度，改变金属转子流量计 7 的流量。

均需稳定 3min 后，取 6～8 组数据。

⑤ 缓慢开启小转子流量计流量调节阀 6 为 100L·h⁻¹，用倒置 U 形管读取两端液柱高度。改变流量稳定后测取流量和压差。

⑥ 该装置两个转子流量计并联连接，根据流量大小选择不同量程的流量计测量流量。

⑦ 差压变送器与倒置 U 形管亦是并联连接，用于测量压差，小流量时用倒置 U 形管压差计测量，大流量时用差压变送器测量。应在最大流量和最小流量之间进行实验操作，一般测取15～20 组数据。

⑧ 在测大流量的压差时应关闭倒置 U 形管的进出水阀 14、15，防止水利用倒置 U 形管形成回路影响实验数据。

（3）分别测取实验前后水箱水温。待数据测量完毕，关闭流量调节阀，停泵。

（4）粗糙管、局部阻力测量方法同上。

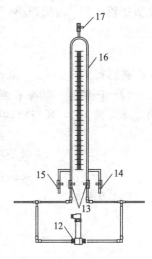

图 4-20　导压系统示意图

五、实验注意事项

1. 启动离心泵之前以及从光滑管阻力测量过渡到其他测量之前，都必须检查所有流量调节阀是否关闭。

2. 利用压力传感器测量大流量下 Δp 时，应切断空气-水倒置 U 形玻璃管的阀门，否则将影响测量数值的准确。

3. 在实验过程中每调节一个流量之后应待流量和直管压降的数据稳定以后方可记录数据。

实验十七　离心泵性能的测定

一、实验目的

1. 熟悉离心泵的结构、性能及特点，并掌握其操作方法。

2. 测定离心泵在一定转速下的特性曲线和流量调节阀在某一开度下的管路特性曲线。

3. 了解孔板、涡轮流量计的构造、工作原理和主要特点。

4. 掌握节流式流量计的标定方法。

5. 掌握节流式流量计流量系数 C 的确定方法，并能够根据实验结果分析流量系数 C 随雷诺数 Re 的变化规律。

二、实验原理

1. 离心泵特性曲线测定实验

离心泵是最常见的液体输送设备。在一定的型号和转速下，离心泵的扬程 H、轴功率 P 及效率 η 均随流量 q_V 而改变。通常通过实验测出 H-q_V、P-q_V 及 η-q_V 关系，并用曲线表示之，称为特性曲线。特性曲线是确定泵的适宜操作条件和选用泵的重要依据。泵特性曲线的具体测定方法如下。

（1）H 的测定　在泵的吸入口和排出口之间列伯努利方程

$$z_入 + \frac{p_入}{\rho g} + \frac{u_入^2}{2g} + H = z_出 + \frac{p_出}{\rho g} + \frac{u_出^2}{2g} + H_{f入\text{-}出} \qquad (4\text{-}83)$$

$$H = (z_出 - z_入) + \frac{p_出 - p_入}{\rho g} + \frac{u_出^2 - u_入^2}{2g} + H_{f入\text{-}出} \qquad (4\text{-}84)$$

上式中 $H_{f入-出}$ 是泵的吸入口和压出口之间管路内的流体流动阻力，与伯努利方程中其他项比较，$H_{f入-出}$ 值很小，故可忽略。于是上式变为：

$$H=(z_{出}-z_{入})+\frac{p_{出}-p_{入}}{\rho g}+\frac{u_{出}^2-u_{入}^2}{2g} \tag{4-85}$$

将测得的 $z_{出}-z_{入}$ 和 $p_{出}-p_{入}$ 值以及计算所得的 $u_{入}$，$u_{出}$ 代入上式，即可求得 H。

（2）P 测定　功率表测得的功率为电动机的输入功率。由于泵由电动机直接带动，传动效率可视为1，所以电动机的输出功率等于泵的轴功率。即：

泵的轴功率 P＝电动机的输出功率，kW

电动机输出功率＝电动机输入功率×电动机效率

泵的轴功率 P＝功率表读数×电动机效率，kW。

（3）η 测定

$$\eta=\frac{P_e}{P} \tag{4-86}$$

$$P_e=\frac{Hq_V\rho g}{1000}=\frac{Hq_V\rho}{102} \tag{4-87}$$

式中　η——泵的效率；

P——泵的轴功率，kW；

P_e——泵的有效功率，kW；

H——泵的扬程，m；

q_V——泵的流量，$m^3 \cdot s^{-1}$；

ρ——水的密度，$kg \cdot m^{-3}$。

2. 管路特性曲线测定实验

当离心泵安装在特定的管路系统中工作时，实际的工作压头和流量不仅与离心泵本身的性能有关，还与管路特性有关，也就是说，在液体输送过程中，泵和管路二者相互制约。

管路特性曲线是指流体流经管路系统的流量与所需压头之间的关系。若将泵的特性曲线与管路特性曲线标在同一坐标图上，两曲线交点即为泵在该管路的工作点。因此，如同通过改变阀门开度来改变管路特性曲线，求出泵的特性曲线一样，可通过改变泵转速来改变泵的特性曲线，从而得出管路特性曲线。泵的压头 H 计算同上。

3. 节流式流量计标定实验

流体通过节流式流量计时在流量计上、下游两取压口之间产生压强差，它与流量的关系为：

$$q_V=CA_0\sqrt{\frac{2(p_上-p_下)}{\rho}} \tag{4-88}$$

式中　q_V——被测流体（水）的体积流量，$m^3 \cdot s^{-1}$；

C——流量系数，无量纲；

A_0——流量计节流孔截面积，m^2；

$p_上-p_下$——流量计上、下游两取压口之间的压强差，Pa；

ρ——被测流体（水）的密度，$kg \cdot m^{-3}$。

用涡轮流量计作为标准流量计来测量流量 q_V。每个流量在压差计上都有一个对应的读数，测量一组相关数据并作好记录，以压差计读数 Δp 为横坐标，流量 q_V 为纵坐标，在半对数坐标上绘制成一条曲线，即为流量标定曲线。同时，通过上式整理数据，可进一步得到

流量系数 C 随雷诺数 Re 的变化关系曲线。

三、实验装置及流程

1. 实验设备主要技术参数

离心泵：型号 WB70/055，电机效率为 60％，实验管路 $d=0.042\text{m}$。

真空表测压位置管内径 $d_入=0.042\text{m}$。

压强表测压位置管内径 $d_出=0.042\text{m}$。

真空表与压强表测压口之间垂直距离 $h_0=0.240\text{m}$。

流量测量：涡轮流量计，型号 LWY-40C，量程 $0\sim20\text{m}^3 \cdot \text{h}^{-1}$，数字仪表显示。

文丘里流量计：喉径 $\phi315\text{mm}$。

压差变送器：$0\sim200\text{kPa}$，数显仪表。

功率测量：功率表，型号 PS-139，精度 1.0 级，数字仪表显示。

泵入口真空度测量：真空表表盘直径 100mm，测量范围 $-0.1\sim0\text{MPa}$。

泵出口压力的测量：压力表表盘直径 100mm，测量范围 $0\sim0.25\text{MPa}$。

温度测量：温度计 Pt100 数字仪表显示。

2. 离心泵性能测定流程示意图

离心泵性能测定流程示意见图 4-21、仪表面板示意图见图 4-22。

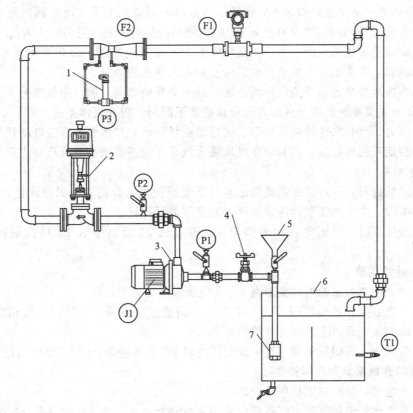

图 4-21　离心泵性能测定流程示意图

1—压差传感器；2—电动调节阀；3—离心泵；4—离心泵入口阀门；5—离心泵入口灌水漏斗；

6—水箱；7—底阀；F1—涡轮流量计；F2—文丘里流量计；P1—泵入口真空表；

P2—泵出口压力表；P3—文丘里压差变送器；

J1—电机输入功率；T1—温度计

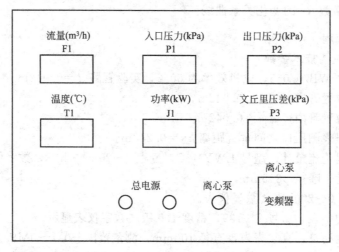

图 4-22　设备面板示意图

四、实验操作与步骤

1. 离心泵性能测定实验和流量计标定实验

（1）向水箱内注入蒸馏水，检查泵入口阀 4 是否打开（应保持全开），电动调节阀 4（将流量仪表调为手动状态，仪表 SV 窗显示（π.00）时，用上下键改变阀门开度。◉键是手动自动切换键）。压力表 P2 及真空表 P1 的控制阀门是否关闭（应保持关闭）。

（2）启动实验装置总电源，由于离心泵安装有一定安装高度，因此要灌泵才能启动泵，打开灌水控制阀，由灌水口灌水直至水满为止后关闭灌水控制阀。

（3）按面板离心泵启动开关启动离心泵，逐渐全开电动调节阀（用仪表上下键改变阀门开度），待全开并流量稳定后开启压力表及真空表下阀门，测取流体流量、离心泵入口压力、离心泵出口压力、离心泵电机输入功率、文丘里流量计压差和水温。改变电动调节阀开度以改变流量，稳定后测取数据，实验顺序可从最大流量开始逐渐减小流量至 0 或反之。一般测取 10~20 组数据。

（4）测定数据时，一定要在系统稳定条件下进行记录，分别读取涡轮流量计、压力表、真空表、功率表、文丘里流量计压差及流体温度等数据并记录。

（5）实验结束时，关闭电动调节阀门 4、压力表 P2 及真空表 P1 的控制阀门，切断电源。

2. 管路特性实验

（1）首先关闭离心泵的电动调节阀 4、真空表和压力表控制阀。

（2）启动离心泵，调节阀门 4 到一定开度记录数据（流量、入口真空度和出口压力）。改变变频器的频率记录以上数据（参照数据表）。

（3）实验结束，关闭流量调节阀 4 及其压力表 P2 及真空表 P1 的控制阀门后停离心泵。

3. 计算机数据采集和控制操作

（1）打开电脑，找出应用程序并启动。

（2）全开手动流量调节阀。将流量仪表调为自动状态［仪表 SV 窗显示（0.00）时，表示仪表处于自动状态无须再变。如仪表 SV 窗显示（π 0）时，表示处于手动状态，此时先按先按◉键，SV 窗显示（A100）时，再按◎键 SV 窗显示（0.00）时，这时仪表就处于自动状态］。

（3）利用程序启动离心泵（程序界面卧式离心泵开关上的绿色按键），利用计算机程序自动控制开始实验，进行数据采集、数据处理及绘制图像。

其实际操作过程是这样的：在手动控制状态下，在电动阀阀位调节窗中输入相应数值，按"流量调节"键，则计算机程序会按所输入的数值进行自动调节，此时，测量仪表显示数值做出相应变化，待各测量仪表显示数值稳定后，按下"采集数据"键进行数据采集，所采集到的数据会在界面上方显示出来。

待数据采集完毕后，选择"数据处理"中的"计算数据"程序，计算机系统将对所采集的数据进行计算处理，并将计算结果显示在表格中。计算结束后点击"绘制图像"程序，计算机系统会将计算结果的图像显示出来。

（4）实验结束时，关闭流量调节阀，停泵，切断电源。

五、实验注意事项

1. 该装置电路采用五线三相制配电，实验设备应良好接地。

2. 启动离心泵之前，一定要关闭压力表 P2 和真空表 P1 的控制阀门，以免离心泵启动时对压力表和真空表造成损害。

3. 离心泵不能长时间空转或出口阀全关下运行。

实验十八　双套管传热实验

一、实验目的

1. 了解气-汽对流传热的机理。

2. 熟悉实验流程及相关设备（风机、蒸汽发生器、套管换热器）的结构。

3. 采用实测和理论计算给出管内传热膜系数 $\alpha_{测}$、$\alpha_{计}$、$Nu_{测}$、Nu 计及总传热系数 $K_{测}$、$K_{计}$ 的值进行比较；并对光滑管与螺纹管的结果进行比较。

4. 在双对数坐标纸上标出 $Nu_{测}$、$Nu_{计}$ 与 Re 关系，以最小二乘法回归出 $Nu_{测}$ 与 Re 关系，并给出回归的精度（相关系数 R）；并对光滑管与螺纹管的结果进行比较。

5. 获得 K 更接近 α_i 或 α_0 的信息，了解传热膜系数的影响因素及工程上强化传热的措施。

二、实验原理

对于流体在圆形直管内作强制湍流，对流传热特征数关联式的形式为：

$$Nu = A \cdot Re^m \cdot Pr^n \tag{4-89}$$

式中，$Nu = \dfrac{\alpha_i d}{\lambda}$，$Re = \dfrac{d_i u \rho}{\mu}$，系数 A，指数 m 需由实验测定，本实验中，管内的空气被加热，可取 $n = 0.4$。

实验测得不同流速下孔板流量计的压差，空气进、出口温度及换热管壁温，经查取物性数据并计算，即可求得不同流量下的 Nu，Re。再将式(4-89) 简化成单变量方程。两边取对数，得到直线方程如下：

$$\lg \frac{Nu}{Pr^{0.4}} = \lg A + m \lg Re \tag{4-90}$$

用线性回归方法（最小二乘法）可以确定式中的 A 和 m 值。

1. 管内 Nu，α 的测定计算

（1）管内空气质量流量 G（$kg \cdot s^{-1}$）的计算

孔板流量计的标定条件：$p_0 = 101325 Pa$，$T_0 = 273 + 20 K$，$\rho_0 = 1.205 kg \cdot m^{-3}$。

孔板流量计的实际条件：$p_1 = p_0 + \Delta p Pa$，Δp 为进气压力表读数，$T_1 = 273 + t_1 K$，t_1

为进气温度。

$$\rho_1 = \frac{p_1 T_0}{p_0 T_1} \rho_0 \quad (\text{kg} \cdot \text{m}^{-3})$$

则实际风量为：

$$q_{V1} = C_0 A_0 \sqrt{\frac{2\Delta p_2}{\rho_1} \times 3600} \tag{4-91}$$

式中　C_0——孔流系数，取 0.7；

　　　A_0——孔面积，m^2；

　　　Δp——孔板压差，Pa；

　　　ρ——空气的实际密度，$\text{kg} \cdot \text{m}^{-3}$。

管内空气的质量流量为：$G = q_{V1} \times \rho_1$，$\text{kg} \cdot \text{s}^{-1}$。

（2）管内雷诺数 Re 的计算　因为空气在管内流动时，其温度、密度、风速均发生变化，而质量流量却为定值，因此，其雷诺数计算按下式进行：

$$Re = \frac{du\rho}{\mu} = \frac{4G}{\pi d \mu} \tag{4-92}$$

上式中的物性数据 μ 可按管内定性温度 $t_{定} = (t_2 + t_4)/2$ 求出。

（3）热负荷计算　套管换热器在管外蒸汽和管内空气的换热过程中，管外蒸汽冷凝释放出潜热传递给管内空气，可以以空气为恒算物料流进行换热器的热负荷计算。

根据热量衡算式：　　　　　　　　$\Phi = GC_p \Delta t$

式中　Δt——空气的温升（$\Delta t = t_4 - t_2$），℃；

　　　C_p——定性温度下的空气定压比热容，$\text{kJ} \cdot \text{kg}^{-1} \cdot \text{K}^{-1}$；

　　　G——空气的质量流量，$\text{kg} \cdot \text{s}^{-1}$。

（4）α_i，Nu 的测定值　又由传热率度方程 $\Phi_i = \alpha_i A \Delta t_m$，则

$$\alpha_i = \frac{\Phi_i}{A \Delta t_m} \tag{4-93}$$

式中　α_i——管内传热膜系数，$\text{kW} \cdot \text{m}^{-2} \cdot \text{K}^{-1}$；

　　　A——管内表面积 $A = \pi d_i L$，m^2；$d_i = 18\text{mm}$，$L = 1000\text{mm}$。

$$\Delta t_m = \frac{\Delta t_A - \Delta t_B}{\ln(\Delta t_A / \Delta t_B)} \tag{4-94}$$

$$\Delta t_A = t_3 - t_2, \quad \Delta t_B = t_5 - t_4$$

$$Nu = \frac{\alpha_i d}{\lambda} \tag{4-95}$$

（5）α_i，Nu 经验计算

$$\alpha_i = 0.023 \frac{\lambda}{d} Re^{0.8} Pr^{0.4} \tag{4-96}$$

上式中的物性数据 λ，Pr 均按管内定性温度求出。

$$Nu = 0.023 Re^{0.8} Pr^{0.4} \tag{4-97}$$

2. 管外 α 的测定计算

（1）管外 α 测定值　已知管内热负荷 Φ_i

管外蒸汽冷凝传热速率方程为：$\Phi_o = \alpha_o A \Delta t_m$

$$\alpha_o = \frac{\Phi_i}{A \Delta t_m} \tag{4-98}$$

式中 α_o ——管外传热膜系数，$kW \cdot m^{-2} \cdot K^{-1}$；

A ——管外表面积 $A = \pi d_o L$，m^2；$d_o = 22mm$，$L = 1000mm$。

管外平均温度差 Δt_m 计算同式（4-94），其中，$\Delta t_A = t_6 - t_3$，$\Delta t_B = t_6 - t_5$。

（2）管外 α_o 的计算 根据蒸汽在单根水平圆管外按膜状冷凝传热膜系数计算公式计算：

$$\alpha_o = 0.725\left(\frac{\rho^2 g \lambda^3 r}{d_o \Delta t \mu}\right)^{\frac{1}{4}} \tag{4-99}$$

上式中有关水的物性数据均按管外膜平均温度查取。

$$t_{定} = \frac{t_6 + \bar{t}_W}{2} \quad \bar{t}_W = \frac{t_3 + t_5}{2} \quad \Delta t = t_6 - \bar{t}_W$$

3. 总传热系数 K 的测定

（1）K 测定 已知管内热负荷 Φ，传热速度方程：$\Phi = KA\Delta t_m$

$$K = \frac{\Phi}{A\Delta t_m} \tag{4-100}$$

式中参数计算及数据如式（4-98）要求。

（2）K 计算（以管外表面积为基准）

$$\frac{1}{K_{计}} = \frac{d_o}{\alpha_i d_i} + \frac{d_o}{d_i}R_i + \frac{d_i \delta}{\lambda d_m} + R_o + \frac{1}{\alpha_o} \tag{4-101}$$

式中 R_i，R_o ——管内、外污垢热阻，可忽略不计；

λ ——铜导热系数，$\lambda = 380 W \cdot m^{-1} \cdot K^{-1}$；

δ ——铜管壁厚，mm。

由于污垢热阻可忽略，而铜管管壁热阻也可忽略，则上式可简化为

$$\frac{1}{K_{计}} = \frac{d_o}{d_i} \cdot \frac{1}{\alpha_i} + \frac{1}{\alpha_o} \tag{4-102}$$

三、实验装置及流程

本装置主体套管换热器内为一根紫铜管，外套管为不锈钢管。两端法兰连接，外套管设置有两对视镜，方便观察管内蒸汽冷凝情况。管内铜管测点间有效长度1000mm。下套管换热器内有弹簧螺纹，作为管内强化传热与上光滑管内无强化传热进行比较。

空气由风机送出，经孔板流量计后进入被加热铜管进行加热升温，自另一端排出放空。在进出口两个截面上铜管管壁内和管内空气中心分别装有两支热电阻，可分别测出两个截面上的壁温和管中心的温度；一个热电阻 t1 可将孔板流量计前进口的气温测出，另一热电阻可将蒸汽发生器内温度 t6 测出，其分别用1、2、3、4、5、6来表示，如图 4-23 所示。

蒸汽来自蒸汽发生器，发生器内装有两组 2kW 加热源，由调压器控制加热电压以便控制加热蒸汽量。蒸汽进入套管换热器的铜管外套，冷凝释放潜热，为防止蒸汽内有不凝气体，本装置设置有放空口，不凝气体排空，而冷凝液则回流到蒸汽发生器内再利用。

设备仪表参数：

套管换热器：内加热紫铜管 $\phi 22mm \times 2mm$，有效加热长 1000mm。

外抛光不锈钢套管：$\phi 100mm \times 2mm$。

旋涡气泵：风压 18kPa，风量 140$m^3 \cdot h^{-1}$，750W。

蒸汽发生器：容积 20L，电加热 4kW。

操作压力：常压（配 0~2500Pa 压力传感器）。

孔板流量计：DN20 标准环隙取压，$m = (12.65/20)^2 = 0.4$，$C_o = 0.7$。

热电阻传感器：Pt100。

差压压力传感器：0～5kPa。

本实验消耗和自备设施：电负荷 2.75kW。

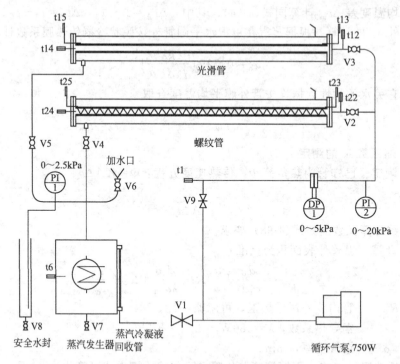

图 4-23　双套管传热实验流程

温度：t1—风机出口气温（校正用）；t12—光滑管进气温度；t22—螺纹管进气温度；t13—光滑管进口截面壁温；t23—螺纹管进口截面壁温；t14—光滑管出气温度；t24—螺纹管出气温度；t15—光滑管出口截面壁温；t25—螺纹管出口截面壁温；t6—蒸汽发生器内水温＝管外蒸汽温度

说明：因为蒸汽与大气相通，蒸汽发生器内接近常压，因此 t6 也可看作管外饱和蒸汽温度。

压力：PI1—蒸汽发生器压力（控制蒸气量用）；PI2—进气压力传感器（校正流量用）

压差：DP1 孔板流量计差压传感器

阀门：V1—放空阀；V2—螺纹管冷空气进口阀；V3—光滑管冷空气进口阀；V4—螺纹管蒸汽进口阀；V5—光滑管蒸汽进口阀；V6—加水口阀；V7—蒸汽发生器排水口阀门；V8—液封排水口阀门；V9—流量调节阀

说明：风机启动时，必须保证 V1 是全开状态，V2 或 V3 全开。加热启动时，必须保证 V4 或 V5 全开。

四、实验操作与步骤

1. 实验前准备工作

（1）检查水位：通过蒸汽发生器液位计观察蒸汽发生器内水位是否处于液位计的70%～90%，少于 70%～90%需要补充蒸馏水；通过加水口，开启 V6，补充蒸馏水。

检查安全水封内水位是否能达到 70%～90%，少于 70%～90%需要补充蒸馏水。

（2）检查电源：检查装置外供电是否正常供电（空开是否闭合等情况）。

检查装置控制柜内空开是否闭合（首次操作时需要检查，控制柜内多是电气原件，建议控制柜空开可以长期闭合，不要经常开启控制柜）。

（3）启动装置控制柜上面"总电源"和"控制电源"按钮，启动后，检查触摸屏上温度、压力等测点是否显示正常；是否有坏点或者显示不正常的点。

（4）检查阀门：风机放空阀 V1 是否处于全开状态；若先作上边光滑管，则 V3 全开、

V5 全开，其他阀门关闭。

2. 开始实验

蒸汽发生器加热时间较长，同时启动触摸屏面板上面的"固定加热"按钮和"调节加热"按钮，并点击蒸汽发生器"SV ＿％功率"数值，打开"压力控制设置面板"，如显示"功率模式"，直接点击"功率定值"数值，打开数值设定窗口，设定 100，如打开"压力控制设置面板"当前显示"压力模式"，则点击"压力模式"，切换到"功率模式"，操作步骤同功率模式；

当 t6≥98℃时，关闭"固定加热"，点击"泵启动"启动气泵开关，并点击蒸汽发生器"SV ＿％功率"数值，打开"压力控制设置面板"，设置为"压力模式"，点击"压力定值"数值，打开数值设定窗口，设定 1.0～1.5kPa（建议 1.0kPa），调节放空阀 V1、流量调节阀 V9 控制风量至预定值，当 t6≥98℃时，稳定约 2min，即可记录数据。

建议风量调节按如下孔板压差计 DP1 显示记录：

0.4、0.5、0.65、0.85、1.15、1.5、2.0kPa，共 7 个点即可。

完成数据记录，需要切换阀门进行螺纹管实验：

（1）阀门切换

蒸汽转换：全开 V4 关闭 V5；

风量切换：全开 V1，全开 V2，关闭 V3。

（2）当 t6≥98℃时，调节放空阀 V1、流量调节阀 V9 控制风量至预定值，当 t6≥98℃时，稳定约 2min，即可记录数据。

建议风量调节按如下孔板压差计 DP1 显示记录：

0.4、0.5、0.65、0.85、1.15kPa，4～5 个点即可。

（3）实验结束时，点击"调节加热"按钮，使其关闭。开启 V1 放空阀，最后点击"泵启动"关闭气泵电源，关闭装置外供电。

3. 实验结束

实验结束如长期不使用需放净蒸汽发生器和液封中的水，并用部分蒸馏水冲洗蒸汽发生器 2～3 次，保持装置洁净。

五、实验注意事项

1. 在启动风机前，应检查三相动力电是否正常，若缺相，极易烧坏电机；为保证安全，检查接地是否正常。

2. 每组实验前应观察蒸汽发生器内的水位是否合适，水位过低或无水，电加热会烧坏，因为电加热是湿式，严禁干烧。

3. 长期不用时，应将设备内水放净。

4. 严禁触摸操作面板后面，以免发生触电。

<h2 style="text-align:center">实验十九　吸收与解吸实验</h2>

一、实验目的

1. 了解吸收与解吸装置的设备结构、流程和操作。

2. 了解填料塔流体力学性能。

3. 学会吸收塔传质系数的测定方法；了解气速和喷淋密度对吸收总传质系数的影响。

4. 学会解吸塔传质系数的测定方法；了解影响解吸传质系数的因素。

5. 练习单个吸收操作、单个饱和液解吸操作及吸收解吸联合操作。

二、实验原理

1. 填料塔流体力学性能测定

气体在填料层内的流动一般处于湍流状态。在干填料层内，气体通过填料层的压降与流速（或风量）成正比。

当气液两相逆流流动时，液膜占去了一部分气体流动的空间。在相同的气体流量下，填料空隙间的实际气速有所增加，压降也有所增加。同理，在气体流量相同的情况下，液体流量越大，液膜越厚，填料空间越小，压降也越大。因此，当气液两相逆流流动时，气体通过填料层的压降要比干填料层大。

当气液两相逆流流动时，低气速操作时，膜厚随气速变化不大，液膜增厚所造成的附加压降并不显著。此时压降曲线基本与干填料层的压降曲线平行。在气速提高到一定值时，由于液膜增厚对压降影响显著，此时压降曲线开始变陡，这些点称之为载点。不难看出，载点的位置不是十分明确的，但它提示自载点开始，气液两相流动的交互影响已不容忽视。（在实验中可以根据一些明显的现象判断出载点。如当某一喷淋密度情况下，从小到大改变风量，当风量调大并很快稳定，说明还没有到载点。当风量调大后，风量会逐渐下降，说明此时塔内已开始液膜变厚，此时为载点）

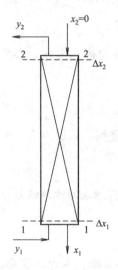

图 4-24 吸收流程

自载点以后，气液两相的交互作用越来越强，当气液流量达到一定值时，两相的交互作用恶性发展，将出现液泛现象，在压降曲线上压降急剧升高，此点称为泛点。在实验中，当超过载点后，达到稳定的风量时间变长。当增加风量到一定时，塔内液量急剧增多，压降升高，甚至从塔底排液处逸出气体。

对本实验装置，我们为避免由于液泛导致测压管线进水，更为严重的是防止取样管线进水，对检测仪器造成损坏，因此，我们只要一看到塔内出现明显液泛（一般在最上填料表面先出现液泛，液泛开始时，上填料层开始积聚液体），立刻调小风量。

本装置采用某一定水量不变时，测出不同风量下的压降：

(1) 风量的测定　用质量流量计，可直接读数 q，$m^3 \cdot h^{-1}$。

(2) 全塔压差的读取　用差压传感器可直接读取 p_2，Pa。

2. 吸收实验

图 4-24 是一连续逆流操作的吸收流程。根据传质速率方程，在假定 $K_X a$ 为常数、等温、低吸收率（或低浓、难溶等）条件下推导得出吸收速率方程：

$$G_a = K_X a V \Delta x_m \tag{4-103}$$

则

$$K_X a = G_a / (V \Delta x_m) \tag{4-104}$$

式中　$K_X a$——体积传质系数（CO_2），$kmol \cdot m^{-3} \cdot h^{-1}$；

　　　G_a——填料塔的吸收量（CO_2），$kmol \cdot h^{-1}$；

　　　V——填料层的体积，m^3；

　　　Δx_m——填料塔的平均推动力。

(1) G_a 的计算　测定：由质量流量计可测得水流量 q_{VA}（$m^3 \cdot h^{-1}$），空气流量 q_{VB}（$m^3 \cdot h^{-1}$）（显示为 0℃，101.325kPa 标准状态流量）；y_1 及 y_2（可由 CO_2 分析仪直接读出）。

$$L_S = q_{VA} \rho_水 / M_水 \tag{4-105}$$

$$G_B = q_{VB} \rho_0 / M_{空气} \tag{4-106}$$

标准状态下：$\rho_0 = 1.293$，故可计算出 L_S，和 G_B。

又由全塔物料衡算（图 4-24）：

$$G_a = L_S(X_1 - X_2) = G_B(Y_1 - Y_2) \tag{4-107}$$

$$Y_1 = \frac{y_1}{1-y_1} \quad Y_2 = \frac{y_2}{1-y_2}$$

若吸收剂自来水中不含 CO_2，则 $X_2 = 0$，则可计算出 G_a 和 X_1。

（2）Δx_m 的计算 根据测出的水温可插值求出亨利常数 E（atm，表 4-20），本实验为 $p = 1$（atm）则 $m = E/p$。

$$\Delta x_m = \frac{\Delta x_2 - \Delta x_1}{\ln \dfrac{\Delta x_2}{\Delta x_1}} \qquad \begin{array}{l} \Delta x_2 = x_{e2} - x_2 \\[4pt] \Delta x_1 = x_{e1} - x_1 \end{array} \qquad \begin{array}{l} x_{e2} = \dfrac{y_2}{m} \\[6pt] x_{e1} = \dfrac{y_1}{m} \end{array}$$

表 4-20 不同温度下 CO_2-H_2O 的亨利常数

温度 t	5	10	15	20	25	30
E(大气压)	877	1040	1220	1420	1640	1860

3. 解吸实验

根据传质速率方程，在假定 $K_Y a$ 为常数、等温、低解吸率（或低浓、难溶等）条件下推导得出解吸速率方程：

$$G_a = K_Y a V \Delta Y_m \tag{4-108}$$

则

$$K_Y a = G_a / (V \Delta Y_m) \tag{4-109}$$

式中 $K_Y a$——体积解吸系数（CO_2），$kmol \cdot m^{-3} \cdot h^{-1}$；

  G_a——填料塔的解吸量（CO_2），$kmol \cdot h^{-1}$；

  V——填料层的体积，m^3；

  ΔY_m——填料塔的平均推动力。

（1）G_a 的计算   测定：由质量流量计可测得水流量 q_{VA}（$m^3 \cdot h^{-1}$），空气流量 q_{VB}（$m^3 \cdot h^{-1}$）及 y_1、y_2（可由 CO_2 分析仪直接读出）。

$$L_S = q_{VA} \rho_水 / M_水 \tag{4-110}$$

$$G_B = q_{VB} \rho_0 / M_{空气} \tag{4-111}$$

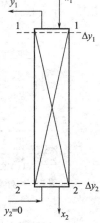

图 4-25 解收流程图

标准状态下：$\rho_0 = 1.293$，故可计算出 L_S 和 G_B。

又由全塔物料衡算（图 4-25）：$G_a = L_S(X_1 - X_2) = G_B(Y_1 - Y_2)$

$$Y_1 = \frac{y_1}{1-y_1} \quad Y_2 = \frac{y_2}{1-y_2} = 0$$

若空气中不含 CO_2，则 $y_2 = 0$；又因为进塔液体中 X_1 有两种情况，一是直接将吸收后的液体用于解吸，则其浓度即为前吸收计算出来的实际浓度 X_1；二是只作解吸实验，可将 CO_2 充分溶解在液体中，可近似形成该温度下的饱和浓度，其 X_1^* 可由亨利定律求出：

$$x_1^* = \frac{y}{m} = \frac{1}{m} \tag{4-112}$$

则可计算出 G_a 和 X_2。

（2）ΔY_m 的计算 根据测出的水温可插值求出亨利常数 E（atm），本实验为 $p = 1$（atm）则 $m = E/p$。

$$\Delta Y_m = \frac{\Delta Y_2 - \Delta Y_1}{\ln \dfrac{\Delta Y_2}{\Delta Y_1}}$$

$$\Delta Y_2 = Y_2 - Y_{e2} \qquad y_{e2} = m x_2$$

$$\Delta Y_1 = Y_1 - Y_{e1} \qquad y_{e1} = m x_1$$

(4-113)

根据公式 $Y = \dfrac{y}{1-y}$ 将 y_e 换算成 Y_e

三、实验装置及流程

本实验是在填料塔中用水吸收空气与 CO_2 混合气中的 CO_2，和用空气解吸水中的 CO_2，以求取填料塔的吸收传质系数和解吸系数。实验流程见图 4-26。

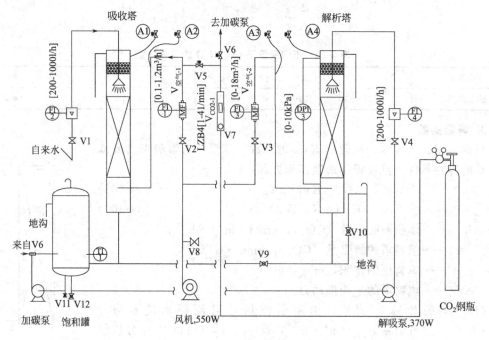

图 4-26　吸收与解吸实验流程

阀门：V1—吸收液调节阀；V2—吸收空气调节阀；V3—解吸气调节阀；V4—解吸液调节阀；

V5—吸收 CO_2 开关阀；V6—饱和 CO_2 开关阀；V7—CO_2 调节阀；V8—空气旁路阀；

V9—解吸液回流阀，V10—解吸液溢流阀，A1—吸收塔出气采样阀，A2—吸收塔进气采样阀；

A3—解吸塔进气采样阀；A4—解吸塔出气采样阀

温度：T1—液相温度

流量：FI1—吸收空气流量；FI2—吸收液流量；FI13—解吸空气流量；FI4—解吸液流量

1. 流程说明

空气：空气来自风机出口总管，分成两路：一路经流量计 V 空气-1 与来自流量计 VCO₂-1 的 CO_2 气混合后进入填料吸收塔底部，与塔顶喷淋下来的吸收剂（水）逆流接触吸收，吸收后的尾气排入大气。另一路经流量计 V 空气-2 进入填料解吸塔底部，与塔顶喷淋下来的含 CO_2 水溶液逆流接触进行解吸，解吸后的尾气排入大气。

CO_2：钢瓶中的 CO_2 经减压阀、调节阀 V5、流量计 VCO₂-1，分成两路：一路经电磁阀 V5 进入吸收塔；另一路经电磁阀 V6 进入加碳泵后与饱和罐中的循环水充分混合可形成饱和 CO_2 水溶液。

水：吸收用水来自自来水，经流量计 V 水-1 送入吸收塔顶，吸收液自塔底，分两种情况：一是若只作吸收实验，吸收液流入饱和罐且充满；二是若做吸收-解吸联合操作实验，可开启解吸泵，将溶液经流量计 V 水-2 送入解吸塔顶，经解吸后的溶液从解吸塔底经 V10 流经倒 U 管排入地沟。

取样：在吸收塔气相进口设有取样点 A2，出口管上设有取样点 A1，在解吸塔气体进口设有取样点 A3，出口有取样点 A4，样气从取样口进入二氧化碳分析仪进行含量分析。

2. 设备仪表参数

填料塔：塔内径 100mm；填料层高 600mm；填料为陶瓷拉西环；丝网除沫。

风机：旋涡气泵 550W。

泵：加碳泵为增压泵 260W；解吸泵为离心泵 370W。

饱和罐：PE，50L。

温度：Pt100 传感器。

流量计：水涡轮流量计，$0\sim1000L\cdot h^{-1}$；

气相质量流量计，$0\sim1.5m^3\cdot h^{-1}$，$0\sim18m^3\cdot h^{-1}$；

气相转子流量计，$1\sim4L\cdot min^{-1}$。

四、实验操作与步骤

1. 填料塔流体力学性能测定

(1) 实验前检查阀门，V8 全开，其余阀门全部关闭状态。开总电源、仪表上电。

(2) 饱和罐内注入自来水至有溢流，打开 V9（可打开 V1，通过吸收塔向水箱内注水）。

(3) 启动解吸泵，调节 V4，使流量大约调到 $400L\cdot h^{-1}$。

(4) 启动风机，全开 V3，关小 V8，调节风量分别在 2、3、$4\sim10m^3\cdot h^{-1}$，风量调节稳定后，分别记录不同风量下的风量、全塔压差。

(5) 分别将水量稳定在 400、300、200、$0L\cdot h^{-1}$，重复（4）步骤。

注意：① 有水加入后，出现液泛现象时，应及时调小风量。

② 塔底有漏气现象时，可半关 V9，保持塔底有一定液位。

③ 流量和差压传感器精度较高，检测数据时会产生一定波动，应取中间值作为实验数据。

④ 每套塔体加工和填料装填情况存在差异，流体力学性能测定数据也存在差异，以实际测得实验数据为准。

(6) 全开 V8，关闭 V2、V3，停风机，使设备复原。

2. 单独吸收实验

(1) 接通自来水，开启水流量调节阀 V1 到第一个流量（按 750、600、450、$300L\cdot h^{-1}$ 水量调节，从大流量开始做，最后是小流量，便于做解吸实验）。

(2) 全开 V2，启动风机，逐渐关小 V8，可微调 V7 使 V 空气-1 风量在 $0.4\sim0.5m^3\cdot h^{-1}$。实验过程中维持此风量不变。

(3) 开启 V5，全开 V7，开启 CO_2 钢瓶总阀，微开减压阀，根据 CO_2 流量计读数可微调 V7 使 CO_2 流量在约 $2\sim3L\cdot min^{-1}$。实验过程中维持此流量不变。

特别提示：由于从钢瓶中经减压释放出来的 CO_2，流量需要一定稳定时间，因此，为减少先开水和风机造成的浪费，最好将此步骤提前半小时进行，约半小时后，CO_2 流量可以达到稳定，然后再开水和风机。

(4) 当各流量维持一定时间后（填料塔体积约 9L，气量按 $0.4m^3\cdot h^{-1}$ 计，全部置换时间约 90s，既按 2min 为稳定时间），打开 A2 电磁阀，在线分析进口 CO_2 浓度，等待 2min，检测数据稳定后采集数据，再打开 A1 电磁阀，等待 2min，检测数据稳定后采集数据。

（5）调节水量（按 750、600、450、300L·h^{-1} 此水量调节），每个水量稳定后（气量和 CO_2 流量在整个实验中维持不变，因此进口样不需再取），只取出口气样进行分析。

（6）实验完毕，应先关闭 CO_2 钢瓶总阀，等 CO_2 流量计无流量后，关闭减压阀。停风机。关闭水流量 V1，关闭自来水上水。

3. 吸收解吸联合实验

（1）在吸收实验维持水量最小时，出塔液体中 CO_2 的浓度最大，此时解吸效果较好，因此建议在水量 300L·h^{-1} 吸收实验点时，同时作解吸实验。

（2）开启 V10，启动解吸泵，调节 V4，使解吸塔流量也维持在 300L·h^{-1}。解吸塔底部出液由塔底的倒 U 形管直接排入地沟。

（3）全开 V3、V8，启动风机，调节 V3，使 V 空气-2 风量维持在 0.4~0.5m^3·h^{-1}，并注意保持 V 空气-1 风量维持不变。

（4）当各流量维持一定时间后（填料塔体积约 9L，气量按 0.4m^3·h^{-1} 计，全部置换时间约 90s，既按 2min 为稳定时间），依次打开采样点阀门（A2、A1、A3、A4 电磁阀），在线分析 CO_2 浓度，注意每次要等待检测数据稳定后再采集数据。

（5）实验完毕，可先关吸收塔水、气，再关解吸塔水、气。最后将饱和罐中的水保留，以便后续单独解吸实验操作。

4. 单独解吸实验

（1）在单独解吸实验时，因液体中 CO_2 浓度未知，所以，需要在饱和罐中制作饱和液。只要测得液体温度，即可根据亨利定律求得其饱和浓度。在上面实验结束时，在饱和罐中有不饱和的液体（若没有作吸收解吸实验，可将水直接从吸收塔送入饱和罐）。

（2）启动加碳泵，开启 V6，全开 V7，开启 CO_2 钢瓶总阀，微开减压阀，根据 CO_2 流量计读数可微调 V7 使 CO_2 流量在约 2~3L·min^{-1}，实验过程中维持此流量不变，约 10min 后，饱和罐内的溶液饱和。

（3）关闭 V10，开启 V9。开启解吸泵，调节 V4，使解吸水量维持在一定值（为了与不饱和解吸比较建议在同一水量 300L·h^{-1}）。

（4）全开 V3、V8，启动风机，调节 V3，使 V 空气-2 风量维持在 0.4~0.5m^3·h^{-1}。

（5）当各流量维持一定时间后（填料塔体积约 9L，气量按 0.4m^3·h^{-1} 计，全部置换时间约 90s，既按 2min 为稳定时间），打开 A3 电磁阀，在线分析进口 CO_2 浓度，等待 2min，检测数据稳定后采集数据，再打开 A4 电磁阀，等待 2min，检测数据稳定后采集数据。

（6）实验完毕后，应先关闭 CO_2 钢瓶总阀，等 CO_2 流量计无流量后，关闭钢瓶减压阀和总阀。停风机、饱和泵和解吸泵，使各阀门复原。

五、实验数据处理

1. 计算不同条件下的填料吸收塔的液相体积总传质系数。
2. 在双对数坐标上绘出 K_Xa 与水喷淋密度（kmol·m^{-2}·h^{-1}）之间的关系图线。
3. 计算不饱和液解吸传质系数。
4. 计算饱和液解吸传质系数，与不饱和液解吸传质系数比较。
原始数据记录、计算结果参考表 4-21。

表 4-21　流体力学数据测定记录表

水量=0L·h⁻¹		水量=200L·h⁻¹		水量=300L·h⁻¹		水量=400L·h⁻¹	
流量计风量 /m³·h⁻¹	全塔压差 DP /Pa	流量计风量 /m³·h⁻¹	全塔压差 DP /Pa	流量计风量 /m³·h⁻¹	全塔压差 DP /Pa	流量计风量 /m³·h⁻¹	全塔压差 DP /Pa
3		2		2		2	
4		3		3		3	
5		4		4		4	
6		5		5		5	
7		6		6			
8		7		6.5			
9		8					
10		8.3					

注：每套装置的液泛流量存在差异，以上表格仅作为样例，具体数据请以实际数据为准。

六、实验注意事项

1. 在启动风机前，应检查三相动力电是否正常，若缺相，极易烧坏电机；为保证安全，检查接地是否正常。

2. 因为泵是机械密封，必须在有水时使用，若泵内无水空转，易造成机械密封件升温损坏而导致密封不严，需专业厂家更换机械密封。因此严禁泵内无水空转。

3. 长期不用时，应将设备内水放净。

4. 严禁学生打开电柜，以免发生触电。

实验二十　筛板精馏实验

一、实验目的

1. 熟悉板式精馏塔的结构、流程及各部件的结构、作用。
2. 了解精馏塔的正确操作，学会正确处理各种异常情况。
3. 用作图法和计算法确定精馏塔部分回流时理论板数，并计算出全塔效率。

二、实验原理

蒸馏技术原理是利用液体混合物中各组分的挥发度不同而达到分离目的，现已广泛应用于石油、化工、食品加工及其他领域，其主要目的是将混合液进行分离。根据料液分离的难易、产品的纯度，又可分为一般蒸馏、普通精馏及特殊精馏等。本实验是针对乙醇与正丙醇体系作普通精馏的验证性实验。

根据验证性实验要求，本实验只作全回流和某一回流比下的部分回流两种情况下的实验。

1. 基本关系

实验采用二元组分乙醇-正丙醇，其 t-x-y 关系见表 4-22。

表 4-22　乙醇-正丙醇 t-x-y 关系

t	97.60	93.85	92.66	91.60	88.32	80.25	84.98	84.13	83.06	80.59	78.30
x	0	0.126	0.188	0.210	0.358	0.461	0.546	0.600	0.633	0.844	1.0
y	0	0.240	0.318	0.349	0.550	0.650	0.711	0.760	0.799	0.914	1.0

注：均以乙醇的摩尔分数表示，x-液相，y-气相。

① 折射率与溶液浓度之间的关系　对于 30℃ 下质量分数与折射率之间关系可按回归方程 $W=58.844116-42.61325n_D$ 进行计算。式中 W 为乙醇的质量分数；n_D 为折射率。

② 由质量分数求摩尔分数：（乙醇 $M_A=46.07\text{kg·kmol}^{-1}$；正丙醇 $M_A=60.10\text{kg·kmol}^{-1}$）

$$x_A=\frac{W_A/M_A}{\frac{W_A}{M_A}+\frac{1-W_A}{M_B}} \tag{4-114}$$

乙醇-正丙醇有关计算参数见附录八。

乙醇：

$$r=-0.0042t_s^2-1.5074t_s+985.14 \tag{4-115}$$

$$C_p=0.00004\left(\frac{t_s+t_F}{2}\right)^2+0.0062\left(\frac{t_s+t_F}{2}\right)+2.2332 \tag{4-116}$$

正丙醇：

$$r=-0.0031t_s^2-1.1843t_s+839.79 \tag{4-117}$$

$$C_p=-8\times10^{-7}\left(\frac{t_s+t_F}{2}\right)^3+0.0001\left(\frac{t_s+t_F}{2}\right)^2+0.0037\left(\frac{t_s+t_F}{2}\right)+2.222 \tag{4-118}$$

混合液：

$$q=\frac{r_m+Cp_m(t_s-t_F)}{r_m} \tag{4-119}$$

$$r_m=x_Ar_A+x_Br_B=x_Fr_A\times46+(1-x_F)r_B\times60 \tag{4-120}$$

$$C_{pm}=x_ACp_A+x_BCp_B=x_FCp_A\times46+(1-x_F)Cp_B\times60 \tag{4-121}$$

式中　r_m——进料的平均摩尔汽化热，kJ·kmol^{-1}；

C_{pm}——进料的平均摩尔热容，$\text{kJ·kmol}^{-1}·\text{K}^{-1}$。

2. 全回流操作

特征：

(1) 塔与外界无物料流，不进料，无产品；

(2) 操作线 $y=x$，即每板间上升的气相组成＝下降的液相组成；

(3) x_D-x_W 最大化，亦即理论板数最小化。

图 4-27、图 4-28 分别表示乙醇-正丙醇系统的 y-x 相图及其全回流操作情况下的理论塔板数图解情况。

在实际工业生产中应用于设备的开停车阶段，使系统运行尽快达到稳定。

3. 部分回流操作

可以测出以下数据：

温度，℃　t_D, t_F, t_W

组成（摩尔分数）　x_D, x_F, x_W

流量，L·h^{-1}　F, D, L（塔顶回流量）

回流比：$R=L/D$

精馏段操作线方程

$$y=\frac{R}{R+1}x+\frac{x_D}{R+1} \tag{4-122}$$

进料热状况 q

根据 x_F 在 t-$x(y)$ 相图中可分别查出露点温度 t_V 和泡点温度 t_L。

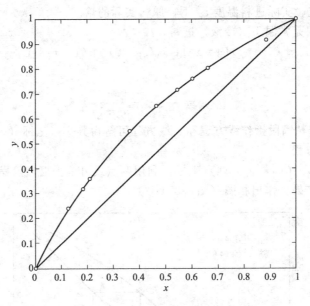

图 4-27　乙醇-正丙醇相图

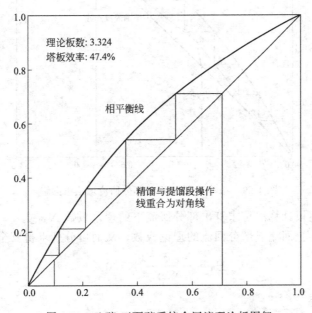

图 4-28　乙醇-正丙醇系统全回流理论板图解

$$q=\frac{I_V-I_F}{I_V-I_L}=\frac{1\text{kmol 原料变成饱和蒸气所需的热量}}{\text{原料的摩尔汽化热}}$$

I_V：在 x_F 组成和露点 t_V 下，饱和蒸气的焓

$$I_V=x_FI_A+(1-x_F)I_B=x_F[C_{PA}(t_V-0)+r_A]+(1-x_F)[C_{PB}(t_V-0)+r_B]$$

C_{PA}，C_{PB}——乙醇和正丙醇在定性温度 $t=(t_V+0)/2$ 下的定压比热容，kJ·
　　　　kmol^{-1}·K^{-1}；

r_A、r_B：乙醇和正丙醇在露点温度 t_V 下的汽化潜热，kJ·kmol^{-1}。

I_L：在 x_F 组成和泡点 t_L 下，饱和液体的焓，按下式计算：

$$I_L=x_FI_A+(1-x_F)I_B=x_F[C_{PA}(t_L-0)]+(1-x_F)[C_{PB}(t_L-0)]$$

I_F：在 x_F 组成、实际进料温度 t_F 下，原料实际的焓。

根据实验，进料是常温下（冷液）进料，$t_F < t_L$

$$I_F = x_F I_A + (1-x_F) I_B = x_F [C_{PA}(t_F - 0)] + (1-x_F)[C_{PB}(t_F - 0)]$$

q 线方程：

$$y_q = \frac{q}{q-1} x_q - \frac{x_F}{q-1} \tag{4-123}$$

d 点坐标：根据精馏段操作线方程和 q 线方程可解得其交点坐标 (x_d, y_d)

提馏段操作线方程：

根据 $(x_W, x_W)(x_d, y_d)$ 两点坐标，利用两点式可求得提馏段操作线方程；

根据以上计算结果，作出相图（图 4-29）；

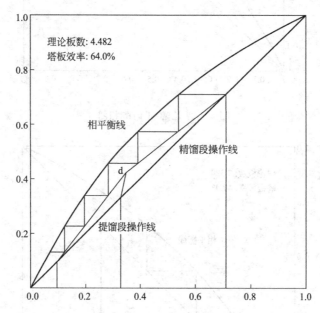

图 4-29   乙醇-正丙醇系统部分回流理论板图解

根据作图法或逐板计算法可求算出部分回流下的理论板数 $N_{理论}$。

根据以上求得的全回流或部分回流的理论板数，从而可分别求得其全塔效率 E_T：

$$E_T = \frac{N_{理论} - 1}{N_{实际}} \times 100\% \tag{4-124}$$

三、实验装置及流程

筛板精馏实验流程如图 4-30 所示。

1. 流程说明

进料：进料泵从原料罐内抽出原料液，经过塔釜换热器，原料液走管程，塔釜溢流液走壳程，热交换后原料液由塔体中间进料口进入塔体。

塔顶出料：塔内蒸气上升至冷凝器，蒸气走壳程，冷却水走管程，蒸气冷凝成液体，流入馏分器，经回流比调节电磁阀流至塔内和塔顶产品罐。

塔釜出料：塔釜溢流液经塔釜出料阀 VA03 溢流至塔釜换热器，塔釜溢流液走壳程，原料液走管程，热交换后塔釜溢流液流入塔釜产品罐。

冷却水：冷却水来自实验室自来水，经冷却水流量调节阀 VA06 控制，转子流量计计量，流入冷凝器，冷却水走管程，蒸气走壳程，热交换后冷却水排入地沟。

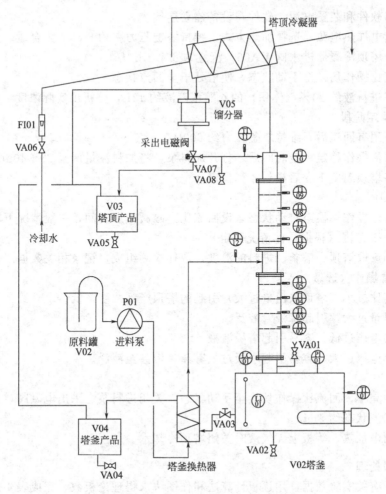

图 4-30　筛板精馏实验流程

阀门：VA01—塔釜加料阀；VA02—塔釜放净阀；VA03—塔釜出料阀；VA04—塔釜产品罐放净阀；
VA05—塔顶产品罐放净阀；VA06—冷却水流量调节阀；VA07—回流比调节电磁阀；VA08—采样阀
温度：TI01—塔釜温度；TI02～TI09—塔板温度；TI10—塔顶温度；TI11—回流温度；TI12—进料温度
压力：PI01—塔釜压力
流量：FI01—冷却水流量
液位：LI01—塔釜液位

2. 设备仪表参数

精馏塔：塔内径 $D=50\text{mm}$，塔内采用筛板及圆形降液管，共有 8 块板，板间距 $H_\text{T}=$ 55mm。塔板：筛板上孔径 $d=1.5\text{mm}$，筛孔数 $N=127$ 个，开孔率 11%。

进料泵：蠕动泵，25# 进料管，流量 1.6mL·min^{-1}，转速 0～100.0rpm。

冷却水流量计：16～160L·h^{-1}。

总加热功率：3.3kW。

压力传感器：0～10kPa。

温度传感器：PT100，直径 3mm。

四、实验操作与步骤

1. 开车

（1）一般是在塔釜先加入一定量的蒸馏水，使釜液位与塔釜出料口持平。

（2）开启软件和装置电源，软件与设备建立连接。

（3）开启电加热电源，选择加热方式，维持塔釜压力在约 600Pa 为合适。

（4）打开塔顶冷凝器进水阀 VA06，流量约 80L·h^{-1}。

（5）回流比操作切换至手动状态，使塔处于全回流状态。

（6）配好进料液约 20%（体积）的乙醇水溶液约 12L，分析出实际浓度，加入进料罐。

2. 进料稳定阶段

（1）当塔顶有回流后，维持塔釜压力约 600Pa

（2）全回流操作稳定一定时间后，打开加料泵，将加料流量调至 20～40mL·min^{-1}。

（3）维持塔顶温度不变后操作才算稳定。

3. 部分回流

（1）回流比操作切换至自动状态，设回流比电磁阀开启时间，一般情况下回流比控制在 $R=L/D=2\sim5$ 范围（根据具体情况而定）。

（2）分别读取塔顶、塔釜、进料的温度，取样检测组成，记录相关数据。

4. 非正常操作（选做）

（1）回流比过小（塔顶采出量过大）引起的塔顶产品浓度降低。

（2）进料量过大，引起降液管液泛。

（3）加热电压过低，容易引起塔板漏液。

（4）加热电压过大，容易引起塔板过量雾沫夹带甚至液泛。

5. 停车

（1）实验完毕，回流比操作切换至手动状态，关闭进料泵、采出电磁阀，开启回流电磁阀，维持全回流状态约 5min。

（2）关闭电加热，等板上无气液时关闭塔顶冷却水。

五、实验数据处理

（1）记录有关实验数据，用逐板计算法和作图法求得理论板数，完成表 4-23～表 4-25。

表 4-23　塔板温度实验数据

温度/℃ 回流比	$T_{塔顶}$	$T_{进料}$	$T_{塔釜}$
$R=$			

表 4-24　塔顶产品、进料液、塔釜产品实验数据

部分回流($R=$　)					
塔顶产品		原料液		塔釜产品	
$T_{塔顶}$	x_D	$T_{进料}$	x_F	$T_{塔釜}$	x_W

表 4-25　数据结果汇总（部分回流）

部分回流	
实验参数	实验数据
压力/Pa	
塔顶温度/℃	
塔釜温度/℃	

续表

部分回流		
实验参数		实验数据
进料流量 $F/(\text{mL} \cdot \text{min}^{-1})$		
回流比 R		
热状况 q	泡点温度 t_B	
	进料温度 t_F	
	q 值	
理论板 $N_{理论}$	作图法	
总板效率 E_T		

注：计算热状况的进料温度 t_F 与表 4-24 中测定进料取样温度一致。

$$q = 1 + \frac{C_p(t_b - t_F)}{r}$$

式中，C_p 为原料液的平均比定压热容；r 为原料液的汽化热。

（2）作部分回流下的图解图（为保证作图的精确，要求在塔釜和塔顶进行放大处理）。

（3）在作图求出的总理论板数时，要求精确到 0.1 块。这就要求在计算到最后一板时，根据塔釜组成 x_W 和 x_n，x_{n-1} 数据进行比例计算。作图时，在塔釜放大图中也应作如此比例计算。

六、实验注意事项

1. 每组实验前应观察蒸汽发生器内的水位是否合适，水位过低或无水，电加热会烧坏。因为电加热是湿式，必须在塔釜有足够液体时（必须掩埋住电加热管）才能启动电加热，严禁塔釜干烧。

2. 塔釜出料操作时，应严密观察塔釜液位，防止液位过高或过低。严禁无人看守塔釜放料操作。

3. 长期不用时，应将设备内水放净。在冬季室内温度可能达到冰点时，设备内严禁存水。

4. 严禁学生打开电柜，以免发生触电。

实验二十一　管式反应器停留时间分布与流动特性的测定

化学反应进行的完全程度与反应物料在反应器内停留时间的长短有关，时间越长，反应进行的越完全。对于间歇反应器，这个问题比较简单，因为反应物是一次装入，所以在任何时刻下反应器内所有物料的停留时间都是一样的，不存在停留时间分布问题。对于流动系统，由于流体连续流入系统而又连续地从系统流出，且流体在反应器内流速分布不均匀，存在流体扩散以及反应器内死区等问题，流体的停留时间问题比较复杂，不像间歇反应器那样是同一个值，由停留时间分布描述。

物料在反应器内的停留时间分布是连续流动反应器的一个重要性质，可定量描述反应器内物料的流动特性。物料在反应器内停留时间不同，其反应的程度也不同。通过测定流动反应器停留时间，即可由已知的化学反应速率计算反应器出口的物料浓度、平均转化率，还可以了解反应器内物料的流动混合状况，确定实际反应器对理想反应器的偏离程度，从而找出改进和强化反应器的途径。通过测定停留时间分布，求出反应器的流动模型参数，为反应器的设计及放大提供依据。

停留时间分布与反应器流动特性测定实验装置是测定带搅拌器的釜式液相反应器以及管式反应器内物料返混情况的一种设备，它对加深了解釜式与管式反应器的特性是最好的实验手段之一。通常是在固定搅拌转速和液体流量的条件下，加入示踪剂，由各级反应釜流出口测定示踪剂浓度随时间变化曲线，再通过数据处理得以证明返混对釜式反应器的影响，并能通过计算机得到停留时间分布密度函数与三釜串联流动模型的关系。此外，也可通过与管式反应器进行对比实验，进而更深刻地理解各种反应器的特性。

一、实验目的

1. 掌握停留时间分布的测定及其数据处理方法。
2. 对反应器进行模拟计算。
3. 熟悉根据停留时间分布测定结果判定反应器混合状况和改进反应器的方法。
4. 了解管式反应器、串联釜式反应器对化学反应的影响规律，学会釜式反应器的配置，以及管式反应器循环比的调节方法。

二、实验原理

本实验设置典型的多釜串联性能测定实验，模拟化学工业中最具代表性的釜式反应。是一个接近实际情况的反应体系。串联釜反应器比单釜反应器有更充分的停留时间，使反应更加完全，理想反应釜单釜流动状况接近全混流，多釜串联接近平推流。

在工业生产上，对某些反应为了控制反应物的合适浓度，以便控制温度、转化率和收率，同时需要使物料在反应器内有足够的停留时间，并具有一定的线速度，而将反应物的一部分物料返回到反应器进口，使其与新鲜的物料混合再进入反应器进行反应。在连续流动的管式反应器内，不同停留时间的物料之间的混合称为返混。对于这种反应器循环与返混之间的关系，需要通过实验来测定。

在连续均相管式循环反应器中，若循环流量等于零，则反应器的返混程度与平推流反应器相近，由于管内流体的速度分布和扩散，会造成较小的返混。若有循环操作，则反应器出口的流体被强制返回反应器入口，也就是返混。返混程度的大小与循环流量有关，通常定义循环比 R 为：

$$R = \frac{循环物料的体积流量}{离开反应器物料的体积流量}$$

其中，离开反应器物料的体积流量就等于进料的体积流量。循环比 R 是连续均相管式循环反应器的重要特征，可自零变至无穷大。

当 $R=0$ 时，相当于平推流管式反应器；当 $R=\infty$ 时，相当于全混流反应器。因此，对于连续均相管式循环反应器，可以通过调节循环比 R，得到不同返混程度的反应系统。一般情况下，循环比大于 20 时，系统的返混特性已经非常接近全混流反应器。

停留时间分布测定所采用的方法主要是示踪响应法。它的基本思路是：在反应器入口以一定的方式加入示踪剂，然后通过测量反应器出口处示踪剂浓度的变化，间接地描述反应器内流体的停留时间。常用的示踪剂加入方式有脉冲输入、阶跃输入和周期输入等。本实验选用脉冲输入法。

脉冲输入法是在极短的时间内，将示踪剂从系统的入口处注入主流体，在不影响主流体原有流动特性的情况下随之进入反应器。与此同时，在反应器出口检测示踪剂浓度 $C(t)$ 随时间的变化。整个过程可以用图 4-31 形象地描述。

在反应器出口处测得的示踪剂浓度 $C(t)$ 与时间 t 的关系曲线叫响应曲线。有响应曲线就可以计算出 $E(t)$ 与时间 t 的关系，并绘出 $E(t) \sim t$ 关系曲线。根据 $E(t)$ 的定义得：

$$VC(t)dt = ME(t)dt \tag{4-125}$$

则

$$E(t) = \frac{VC(t)}{M} \tag{4-126}$$

式中，V 表示主流体的流量，M 为示踪剂的加入量。由式(4-126) 即可根据响应曲线求停留时间分布密度函数 $E(t)$。

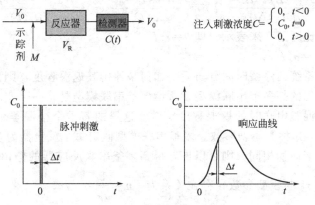

图 4-31 脉冲法停留时间分布

物料在反应器内的停留时间是随机的，须用概率分布方法来描述。用停留时间分度密度函数 $E(t)$ 和停留时间分布函数 $F(t)$ 来描述系统的停留时间，给出了很好的统计分布规律。停留时间分布密度函数 $E(t)$ 有 2 个概率特征值，平均停留时间（数学期望）和方差。停留时间分布密度函数 $E(t)$ 的物理意义是：同时进入的 N 个流体粒子中，停留时间介于 t 到 $t+dt$ 间的流体粒子所占的比例 dN/N 为 $E(t)dt$。停留时间分布函数 $F(t)$ 的物理意义是：流过系统的物料中停留时间小于 t 的物料的比例。

数学期望对停留时间分布而言就是平均停留时间，即：

$$\bar{t} = \frac{\int_0^\infty tE(t)dt}{\int_0^\infty E(t)dt} = \int_0^\infty tE(t)dt \tag{4-127}$$

方差是和理想反应器模型关系密切的参数，表示对均值的离散程度，方差越大，则分布越宽。它的定义是：

$$\sigma_t^2 = \frac{\int_0^\infty (t-\bar{t})^2 E(t)dt}{\int_0^\infty E(t)dt} = \int_0^\infty (t-\bar{t})^2 E(t)dt = \int_0^\infty t^2 E(t)dt - \bar{t}^2 \tag{4-128}$$

由式(4-126) 可见 $E(t)$ 与示踪剂浓度 $C(t)$ 成正比。因此，实验中用水作为连续流动的物料，以饱和氯化钾作示踪剂，在反应器出口处检测溶液电导值。在一定范围内，氯化钾浓度与电导值成正比，则可用电导值来表达物料的停留时间变化关系，即 $E(t) \propto L_t$，这里，$L(t) = L_t - L_\infty$，L_t 为 t 时刻的电导值，L_∞ 为无示踪剂时电导值。

由实验测定的停留时间分布密度函数 $E(t)$，有两个重要的特征值，即平均停留时间 $\bar{t}$ 和方差 σ_t^2，可由实验数据计算得到。若用离散形式表达，并取相同时间间隔 Δt 则：

$$\bar{t} = \frac{\int_0^\infty tE(t)dt}{\int_0^\infty E(t)dt} = \frac{\int_0^\infty tC(t)dt}{\int_0^\infty C(t)dt} = \frac{\int_0^\infty tL(t)dt}{\int_0^\infty L(t)dt}$$

$$\bar{t} = \frac{\sum t E(t) \Delta t}{\sum E(t) \Delta t} = \frac{\sum t C(t)}{\sum C(t)} = \frac{\sum t L(t)}{\sum L(t)}$$

$$\sigma_t^2 = \frac{\int_0^\infty t^2 E(t) \, dt}{\int_0^\infty E(t) \, dt} - (\bar{t})^2$$

$$\sigma_t^2 = \frac{\sum t^2 \cdot E(t) \Delta t}{\sum E(t) \Delta t} - (\bar{t})^2 = \frac{\sum t^2 \cdot c(t)}{\sum c(t)} - (\bar{t})^2 = \frac{\sum t^2 \cdot L(t)}{\sum L(t)} - (\bar{t})^2$$

若用无量纲对比时间 θ 来表示，即 $\theta = t/\bar{t}$，

无量纲方差 $\sigma_\theta^2 = \sigma_t^2 / \bar{t}^2$。

在测定了一个系统的停留时间分布后，如何来评价其返混程度，则需要用反应器模型来描述，这里我们采用的是多釜串联模型。所谓多釜串联模型是将一个实际反应器中的返混情况作为与若干个全混釜串联时的返混程度等效。这里的若干个全混釜个数 n 是虚拟值，并不代表反应器个数，n 称为模型参数。多釜串联模型假定每个反应器为全混釜，反应器之间无返混，每个全混釜体积相同，则可以推导得到多釜串联反应器的停留时间分布函数关系，

并得到无量纲方差 σ_θ^2 与模型参数 n 存在关系为：$n = \dfrac{1}{\sigma_\theta^2} = \bar{t}^2 / \sigma_t^2$

当 $n = 1$，$\sigma_\theta^2 = 1$，为全混釜 CSTR 特征；

当 $n = \infty$，$\sigma_\theta^2 \to 0$，为平推流 PFR 特征。

当 n 为整数时，代表该非理想流动反应器可以用 n 个等体积的全混流反应器的串联来建立模型。当 n 为非整数时，可以用四舍五入的方法近似处理。

三、实验装置及流程

装置流程见图 4-32。

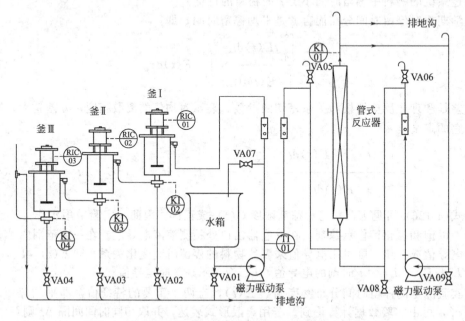

图 4-32　停留时间分布与反应器流动特性测定实验装置流程

1. 参数

（1）操作温度：常温；操作压力：常压；

（2）管式反应器容积：1L；

（3）串联反应釜容积：1L，3 个，带搅拌，且搅速可调；

（4）示踪剂为 KCl 饱和溶液，通过注射器注入反应器内，混合后由出口处电导仪检测，电导信号反馈到中控单元再传输到计算机，记录下电导变化曲线，绘制停留时间分度密度函数 $E(t) \sim t$ 关系曲线，并计算出平均停留时间和方差；

（5）水流量：$5 \sim 20 \text{L} \cdot \text{h}^{-1}$；

（6）温度传感器：PT100。

2. 公用设施

水：装置自带水箱，连接自来水接入。

电：电压 AC220V，功率 0.5kW，标准单相三线制。

实验物料：水-KCl。

配套设备：完成此实验相关的仪器。

四、实验操作与步骤

1. 准备工作

（1）配制饱和 KCl 溶液；

（2）检查电极导线连接是否正确；

（3）检查仪表柜内接线有无脱落；

（4）向水箱内注满水，打开泵出口处阀门 VA07，检查每个阀门开关状况。

2. 实验部分

（1）三釜串联实验

① 启动磁力驱动泵，调节阀门 VA07，将三釜转子流量计维持在 $5 \sim 20 \text{L} \cdot \text{h}^{-1}$ 之间，（注意：初次通水必须排净管路中气泡，然后关闭三釜下端的三个排水阀，关闭管式反应器进水转子流量计的阀门），使各釜充满水，并能正常地从最后一级流出。

② 分别开启釜Ⅰ、釜Ⅱ、釜Ⅲ搅拌开关，调节转速，使三釜搅拌程度大致相同，转速维持在 $100 \sim 300 \text{rpm}$ 左右。开启电导仪开关，电导率分别"调零"。调整完毕，备用。

③ 开启计算机，在桌面上双击"停留时间分布与反应器流动特性测定实验装置"图标，选择"三釜串联实验"，进入软件画面，实验开始并打开"响应曲线"绘制窗口，然后再单击"数据记录"按钮，并在窗口内分别输入数据间隔时间（如 $3 \sim 10 \text{s}$）、待搅拌转速稳定、且釜Ⅰ、釜Ⅱ流体分别可以向后一级流出，向釜Ⅰ的示踪剂注入口用注射器注入一定量（约 $1 \sim 1.2 \text{mL}$）的饱和 KCl 溶液，同时单击"开始记录"按钮，此时可进行电导率数据的实时采集。记录数据 $50 \sim 150$ 个。

④ 待采集结束（两分钟电导率数值不变化），按下保存数据按钮，记录相关数据到相关文件夹，然后按下"数据处理"按钮，会弹出"数据处理"窗口，并显示平均停留时间（数学期望）和方差计算结果，并绘制出停留时间分度密度函数 $E(t) \sim t$ 关系曲线，最后按"退出系统"结束实验。

⑤ 改变电机转数，按照上面相同的步骤重新实验。

⑥ 改变水流量，按照上面相同的步骤重新实验。

（2）管式反应器流动特性测定实验

① 实验内容

用脉冲示踪法测定循环反应器停留时间分布；

改变循环比，确定不同循环比下的系统返混程度；

观察循环反应器的流动特征。

② 关闭三釜进水转子流量计的阀门，慢慢打开管式反应器进水转子流量计的阀门，启动水泵，调节水流量维持在 $20\sim40\text{L}\cdot\text{h}^{-1}$ 之间，使管式反应器充满水，并能正常地从顶端溢流出。（注意：初次通水打开各放空阀排净管路中的所有气泡，特别是死角处，最后关闭放空阀 VA05、VA06）

③ 控制系统的进口流量 $30\text{L}\cdot\text{h}^{-1}$，采用不同循环比，$R=0$，2，4，通过测定停留时间的方法，借助多釜串联模型定量分析不同循环比下系统的返混程度。

④ 待反应器内流动状态稳定，选择"管式反应器流动特性测定实验"，进入软件画面，实验开始并打开"响应曲线"绘制窗口，然后再单击"数据记录"按钮，并在窗口内分别输入数据间隔时间（如 $3\sim10\text{s}$）、记录数据在 $50\sim150$ 个之间，向示踪剂注入口用注射器注入一定量（如 2.0mL）的饱和 KCl 溶液，同时单击"开始记录"按钮，此时可进行电导率数据的实时采集。

操作要点：

a. 调节流量稳定后方可注入示踪剂，整个操作过程中注意控制流量；

b. 一旦失误，应等示踪剂全部出峰走平后，再重做。

⑤ 待采集结束（两分钟电导率数值不变化），则按下数据保存按钮，保存至相关文件夹，然后按下"数据处理"按钮后，会弹出"数据处理"窗口，并显示平均停留时间（数学期望）和方差计算结果，并绘制出停留时间分度密度函数 $E(t)\sim t$ 关系曲线，最后按"退出系统"结束本实验。

⑥ 改变循环比 $R=0$、2、4，重复④、⑤步骤。

（3）实验结束

① 先关闭磁力驱动泵，再依次关闭流量计、电导率仪、设备总电源、退出实验程序、关闭计算机；

② 打开放净阀 VA01、VA02、VA03、VA04、VA08、VA09，将水排空。

五、实验数据处理

1. 记录数据

时间 t/s	电导率 $L(t_1)$	电导率 $L(t_2)$	电导率 $L(t_3)$
0	900	0	0
3	876	10	2
6	850	50	10
9	830	100	30
…	…	…	…

2. 数据处理

（1）求模拟釜数 n。由公式 $n=\dfrac{1}{\sigma_\theta^2}=\bar{t}^2/\sigma_t^2$ 可得。

（2）绘制停留时间分度密度函数 $E(t)\sim t$ 关系曲线。根据所测的电导率值，及 $k\sim c$ 关系式，$k/c=10.0006c^{0.5}+0.016$，计算出相应温度下的 $c(t)$ 值，根据以下公式计算 $E(t)$，并绘制 $E(t)\sim t$ 关系曲线。

并验证理论公式 $E(t)=\dfrac{VC(t)}{M}$

（3）管式反应器计算及数据记录同上。

3. 实验结果讨论

（1）观察模拟釜数与实际釜数的区别，并分析原因；

（2）观察管式反应器模拟釜数与什么有关联，怎样加大平均停留时间。

六、实验注意事项

1. 长时间不用仪器应放置于干燥的地方，还应定期进行仪器的开启并维持一定时间操作，以防止仪器受潮。

2. 示踪剂 KCl 的氯离子与搅拌桨长时间接触对其会产生腐蚀，建议实验结束后继续通清水，对釜内壁特别是搅拌桨的叶片进行冲洗，最后将水排净。

3. 在启动磁力驱动泵前，必须保证水箱内有水，磁力泵长期空转会使温度升高而损坏磁力泵。第一次运行磁力泵，须排除泵内空气。若不进料时应及时关闭进料泵。

4. 搅拌马达有异常声音，应检查搅拌轴是否处于合适位置，重新调整后可以达到正常。

实验二十二 多釜串联反应器停留时间分布与流动特性的测定

一、实验目的

1. 掌握停留时间分布 RTD 的测定及其数据处理方法。

2. 掌握阶跃法测定 CSTR 的 RTD 曲线的方法，了解返混与 RTD 之间的关系，以及如何利用 RTD 测定来估计反应器的性能。

二、实验原理

化学反应工程学的任务是着重研究各种宏观动力学因素对反应结果的影响，而宏观动力学就是包罗了反应器内一切过程影响的物理因素，其中包括流体流动、传热、传质等。由于流体流动是反应器放大过程中最不易确定的因素，大型生产装置和小型实验设备中的流动情况往往会有较大出入，同时，在流体流动过程中又伴随着传热、传质过程，因此，流体流动便成为放大过程中的一个关键问题。工业生产中，连续流动反应器内的流动现象一般比较复杂，由于各种影响造成的涡流、短路、死区以及速度分布所产生的不同程度的逆向混合（或称返混），使得物料粒子流经反应器的停留时间不同，产生停留时间分布 RTD，从而影响反应的转化率。

物料粒子的返混程度是很难测定的，但是，一定的返混必然会造成一定的 RTD，因此，目前判断返混的方法是测 RTD，即在反应器入口处输入一个信号，然后分析出口处信息的变化，从而掌握设备的某些特性。停留时间分布有两种表示方法，在反应器内物料粒子停留时间小于 t 的概率称为停留时间分步函数 $F(t)$，其一阶导数为停留时间分布密度函数 $E(t)$（图 4-35）。

$$E(t) = \frac{dF(t)}{dt} \tag{4-129}$$

停留时间分布密度函数 $E(t)$ 的物理意义是：同时进入的 N 个流体粒子中，停留时间介于 $t \sim t + dt$ 间的流体粒子所占的比例 dN/N 为 $E(t)dt$，根据 $E(t)$ 的定义可以知道 $\int_0^\infty E(t)dt = 1$。

$F(t)$ 和 $E(t)$ 的测定比较容易，前者可用阶跃法测定，后者可用脉冲示踪法测定，并且可以根据式（4-129）互相转换。现在对全混流反应器的 RTD 进行讨论，以便得出全混流反应器的 RTD 曲线的数学表达式。假定反应器内的流体处于全混流状态，则反应器内的浓度处处相等，且等于出口处物料的浓度。

用阶跃示踪法测定反应器的 RTD，只要实验数据与全混流 RTD 分布数学表达式相吻合，则就证明该反应器为全混流反应器。

本实验采用阶跃示踪法，其基本要点是，当系统内流动的物料达到定态流动后，将原来在反应器内流动的物料从某一时刻开始，瞬间切换成另一种流量相同，流况不发生变化的含有示踪剂的物料（如第一种物料为水，以 A 表示，则第二种物料为含有示踪剂的水，以 B 表示，本实验以 KCl 为示踪剂），从以 B 切换 A 开始的同一瞬间，开始计时，并在出口处随时检测出口物料中示踪剂浓度的变化。如图 4-33 所示。

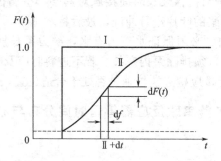

图 4-33　以示踪剂的阶跃函数作为输入时的典型输出，响应曲线—$F(t) \sim t$ 曲线
Ⅰ—示踪剂输入的阶跃函数；Ⅱ—示踪剂输出（F—曲线）

用停留时间分布密度函数 $E(t)$ 和停留时间分布函数 $F(t)$ 来描述系统的停留时间，给出了很好的统计分布规律。停留时间分布密度函数 $E(t)$ 有两个概率特征值，即平均停留时间（数学期望）和方差。

三、实验装置及流程

装置流程见图 4-34。

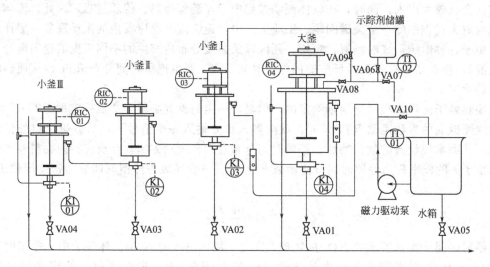

图 4-34　停留时间分布与反应器流动特性测定实验装置流程

1. 参数

（1）操作温度：常温，操作压力：常压；

（2）单反应釜：3L，1 个，带搅拌，且搅速可调；

（3）串联反应釜容积：1L，3 个，带搅拌，且搅速可调；

（4）示踪剂为 KCl 饱和溶液，通过注射器注入反应器内，混合后由出口处电导仪检测，电导信号反馈到中控单元再传输到计算机，记录下电导变化曲线，绘制停留时间分布函数 $F(t) \sim t$ 关系曲线，并计算出平均停留时间和方差；

（5）水流量：$5 \sim 20 \text{L} \cdot \text{h}^{-1}$；

（6）温度传感器：PT100。

2. 公用设施

水：装置自带水箱，连接自来水。

电：电压 AC220V，功率 0.5kW，标准单相三线制。

实验物料：水-KCl。

配套设备：完成此实验相关的仪器。

四、实验操作与步骤

1. 准备工作

（1）配制 $0.5 \text{mol} \cdot \text{L}^{-1}$ KCl 溶液；

（2）检查电极导线连接是否正确；

（3）检查仪表柜内接线有无脱落；

（4）向水箱内注满水，打开泵出口处阀门 VA10，检查每个阀门开关状况。

2. 实验部分

（1）三釜串联实验

① 调节示踪剂流量：打开阀门 VA07、关闭阀门 VA08、VA09，调节阀门 VA06（调节好之后阀门开度不能再改变，否则流量会发生改变），采用体积标定法，使得示踪剂的流量为 $0.3 \sim 0.5 \text{L} \cdot \text{h}^{-1}$ 之间某值，稳定流量后关闭阀门 VA07 待用。

② 启动磁力驱动泵，调节阀门 VA10，将三釜转子流量计维持在 $5 \sim 20 \text{L} \cdot \text{h}^{-1}$ 之间某值，（注意：初次通水必须排净管路中气泡，然后关闭三釜下端的三个排水阀，关闭单釜进水转子流量计的阀门），使各釜充满水，并能正常地从最后一级流出。

③ 分别开启釜Ⅰ、釜Ⅱ、釜Ⅲ搅拌开关，调节转速，使三釜搅拌程度大致相同，转速维持在 $200 \sim 400$ rpm 左右。开启电导仪开关，电导率分别"调零"。调整完毕，备用。

④ 开启计算机，在桌面上双击"停留时间分布与反应器流动特性测定实验装置"图标，选择"三釜串联实验"，进入软件画面，实验开始并打开"响应曲线"绘制窗口，然后再单击"数据记录"按钮，并在窗口内分别输入数据间隔时间（比如 $3 \sim 10s$）、记录数据 $50 \sim 150$ 个。待搅拌转速稳定，且釜Ⅰ、釜Ⅱ流体分别可以向后一级流出，迅速打开阀门 VA09 使得 KCl 溶液顺利进入釜Ⅰ，同时单击"开始记录"按钮，此时可进行电导率数据的实时采集。

⑤ 待采集结束（两分钟电导率数值不变化），则按下"数据处理"按钮后，会弹出"数据处理"窗口，并显示平均停留时间（数学期望）和方差计算结果，并绘制出停留时间分布函数 $F(t) \sim t$ 关系曲线，按下"保存数据"按钮保存数据文件，最后按"退出系统"结束实验。

⑥ 改变电机转数，按照上面相同的步骤重新实验。

⑦ 改变水流量，按照上面相同的步骤重新实验。

（2）单釜实验

① 调节示踪剂流量：调节阀门 VA06 开度与三釜串联实验保持一致，待用。

② 启动磁力驱动泵，调节阀门 VA10，将大釜转子流量计维持在 $5 \sim 20 \text{L} \cdot \text{h}^{-1}$ 之间某值（注意：初次通水必须排净管路中气泡，然后关闭大釜下端的排水阀，关闭三釜进水转子

流量计的阀门），使釜充满水，并能正常地从出口流出。

③ 开启大釜搅拌开关，调节转速，使搅拌速度与三釜串联时保持一致，转速维持在 200～400rpm。开启电导仪开关，电导率分别"调零"。调整完毕，备用。

④ 开启计算机，在桌面上双击"停留时间分布与反应器流动特性测定实验装置"图标，选择"单釜实验"，进入软件画面，实验开始并打开"响应曲线"绘制窗口，然后再单击"数据记录"按钮，并在窗口内分别输入数据间隔时间（比如 3～10s）、记录数据 50～150 个。待搅拌转速稳定，且水能正常地从出口流出，迅速打开阀门 VA08 使得 KCl 溶液顺利进入大釜，同时单击"开始记录"按钮，此时可进行电导率数据的实时采集。

⑤ 待采集结束（两分钟电导率数值不变化），则按下"数据处理"按钮后，会弹出"数据处理"窗口，并显示平均停留时间（数学期望）和方差计算结果，并绘制出停留时间分布密度函数 $E(t) \sim t$ 关系曲线，按下"保存数据"按钮保存数据文件，最后按"退出系统"结束实验。

⑥ 改变电机转数，按照上面相同的步骤重新实验。

⑦ 改变水流量，按照上面相同的步骤重新实验。

（3）实验结束

① 先关闭磁力驱动泵，再依次关闭流量计、电导率仪、设备总电源、退出实验程序、关闭计算机；

② 打开放净阀 VA01、VA02、VA03、VA04、VA05 将水排空，打开阀门 VA06、VA07，用容器将剩余的示踪剂溶液封存，待下次实验使用。

五、实验数据处理

（1）数据处理计算结果表。

反应器	$\bar{t}/s$	σ_t^2/s^2	σ_θ^2	n	实际釜
小釜 I					
小釜 II					
小釜 III					
大釜					

（2）停留时间分度函数 $F(t) \sim t$ 关系曲线。根据所测的电导率值，根据 $k \sim c$ 关系式 $k/c = 10.0006c^{0.5} + 0.016$，计算出相应温度下的 $c(t)$ 值，并按照 $F(t) = c(t)/c_0$，计算出 $F(t)$ 值［注意：c_0 即反应器出口流出最后不变的 $c(t)$ 值］。

六、实验注意事项

1. 长时间不用该仪器应放置于干燥的地方，还应定期进行仪器的开启并维持一定时间操作，以防止仪器受潮。

2. 示踪剂 KCl 的氯离子与搅拌桨长时间接触会产生腐蚀，建议实验结束后继续通清水，对釜内壁特别是搅拌桨的叶片进行冲洗，最后将水排净。

3. 在启动磁力驱动泵前，必须保证水箱内有水，长期使磁力泵空转会使磁力泵温度升高而损坏磁力泵。第一次运行磁力泵，须排除磁力泵内空气。若不进料时应及时关闭进料泵。

4. 搅拌马达有异常声音，应检查搅拌轴是否处于合适位置，重新调整后可以达到正常。

实验二十三　超临界流体萃取实验

一、实验目的

1. 掌握超临界二氧化碳萃取的基本流程及工作原理。

2. 了解萃取温度、萃取压力和萃取时间对萃取效率的影响。

3. 掌握夹带剂在超临界二氧化碳萃取中的作用及根据物料性质选择合适的夹带剂。

二、实验原理

超临界萃取是现代化工分离中出现的最新学科，是目前国际上兴起的一种先进的分离工艺。所谓超临界流体是指热力学状态处于临界点 CP (P_c, T_c) 的流体，临界点是气、液界面刚刚消失的状态点，超临界流体具有十分独特的物理化学性质，它的密度接近于液体，黏度接近于气体，而扩散系数大、黏度小、介电常数大等特点，使其分离效果较好，是很好的溶剂。超临界萃取即在高压和合适温度下在萃取缸中溶剂与被萃取物接触，溶质扩散到溶剂中，再在分离器中改变操作条件，使溶解物质析出以达到分离目的。

超临界装置由于选择了 CO_2 介质作为超临界萃取剂，使其具有以下特点：

(1) 操作范围广，便于调节。

(2) 选择性好，可通过控制压力和温度，有针对性地萃取所需成分。

(3) 操作温度低，在接近室温条件下进行萃取，这对于热敏性成分尤其适宜，萃取过程中排除了遇氧氧化和见光反应的可能性，萃取物能够保持其自然风味。

(4) 从萃取到分离一步完成，萃取后的 CO_2 不残留在萃取物上。

(5) CO_2 无毒、无味、不燃、价廉易得，且可循环使用。

(6) 萃取速度快。

近几年来，超临界萃取技术的国内外得到迅猛发展，先后在啤酒花、香料、中草药、油脂、石油化工、食品保健等领域实现工业化。

三、仪器、设备及试剂、材料

1. 仪器

①超临界二氧化碳流体萃取装置；②天平；③水浴锅；④筛子；⑤烘箱；⑥粉碎机；⑦索氏提取器。

2. 试剂

二氧化碳气体（纯度≥99.9%）、山核桃仁、松子、亚麻籽、正己烷、无水乙醇（分析纯）、氯仿（分析纯）、硼酸（分析纯）、氢氧化钠（分析纯）、石油醚（分析纯）、丁基羟基茴香醚、3,4,5-三羟基苯甲酸丙酯、生育酚、油酸、亚油酸、亚麻酸、硫酸钾、乙酸乙酯、氢氧化钾、β-环糊精、亚硝酸钠、钼酸铵、氨水、无水乙醚。

3. 材料

一次性塑料口杯、封口膜。

四、实验步骤

1. 原料预处理

取 700g 核桃仁（松子、葵花子）用多功能粉碎机破碎成 4～10 瓣，利用木棍将预备好颗粒状料轧成薄片（0.5～1mm 厚）。在 105℃下分别加热 0min、20min、30min、40min，将其粉碎，过 20 目筛。

2. 萃取

工艺流程如图 4-35 所示。取 600g 核桃仁（松子、南瓜子）过 20 目筛后送入萃取釜 5，由高压泵 3 将 CO_2 加压至 30MPa，经过热交换热器 4 加温至 35℃左右，使其成为既具有气体的扩散性、又有液体密度的超临界流体。该流体通过萃取釜萃取出植物油料后，进入第一级分离柱 6，经减压至 4～6MPa，升温至 45℃。由于压力降低，CO_2 流体密度减小，溶解能力降低，植物油便被分离出来。CO_2 流体在第二级分离釜 7 中进一步经减压，植物油料中的水分、游离脂肪酸便全部析出，纯 CO_2 由冷凝器 8 冷凝，经储罐 2 后，再由高压泵加压，如此循环使用。

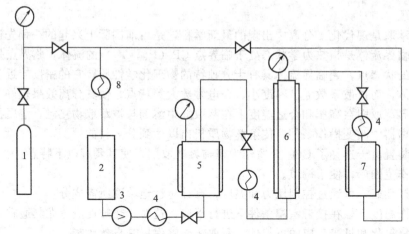

图 4-35 超临界 CO_2 萃取装置工艺流程图

1—CO_2 钢瓶；2—储罐；3—高压泵；4—热交换器；5—萃取釜；
6—第一级分离柱；7—第二级分离釜；8—冷凝器

五、实验数据记录与处理

1. 实验数据记录

实验数据记录

测 试 内 容		实 验 结 果
原料中的脂肪质量/g		
原料中的水分质量/g		
每隔 30min 从分离器中取出萃取物/g	1	
	2	
	3	
	4	
	5	
萃取后残渣的脂肪质量/g		
萃取物的相对密度(ρ_4^{20})		
萃取物折射率(20℃)		
萃取物酸价/(mgKOH·g^{-1})		
萃取物色泽		
出油率/%		
脂肪萃取率/%		

2. 数据处理

计算公式：

$$出油率 = \frac{萃取物的质量}{原料的质量}$$

$$脂肪萃取率 = \frac{原料中的脂肪质量 - 萃取后残渣中的脂肪质量}{原料中的脂肪质量}$$

六、思考题

1. 超临界流体具有哪些特性？
2. 在食品加工中采用超临界流体技术，为什么选用二氧化碳？
3. 根据什么确定分离柱（或釜）的操作参数？

附 录

附录一 常用正交设计表

(1) L$_4$(2^3)

列号 试验号	1	2	3
1	1	1	1
2	1	2	2
3	2	1	2
4	2	2	1

(2) L$_8$(2^7)

列号 试验号	1	2	3	4	5	6	7
1	1	1	1	1	1	1	1
2	1	1	1	2	2	2	2
3	1	2	2	1	1	2	2
4	1	2	2	2	2	1	1
5	2	1	2	1	2	1	2
6	2	1	2	2	1	2	1
7	2	2	1	1	2	2	1
8	2	2	1	2	1	1	2

L$_8$(2^7) 表头设计

列号 因素数	1	2	3	4	5	6	7
3	A	B	A×B	C	A×C	B×C	
4	A	B	A×B C×D	C	A×C B×D	B×C A×D	D
4	A	B C×D	A×B	C B×D	A×C	D B×C	A×D
5	A D×E	B C×D	A×B C×E	C B×D	A×C B×E	D A×E B×C	E A×D

L$_8$(2^7) 二列间的交互作用

列号	1	2	3	4	5	6	7
(1)	(1)	3	2	5	4	7	6
(2)		(2)	1	6	7	4	5
(3)			(3)	7	6	5	4
(4)				(4)	1	2	3
(5)					(5)	3	2
(6)						(6)	1
(7)							(7)

(3) L$_8$(4×2^4)

列号 试验号	1	2	3	4	5
1	1	1	1	1	1
2	1	2	2	2	2
3	2	1	1	2	2
4	2	2	2	1	1
5	3	1	2	1	2
6	3	2	1	2	1
7	4	1	2	2	1
8	4	2	1	1	2

L$_8$(4×2^4) 表头设计

列号 因素数	1	2	3	4	5
2	A	B	(A×B)$_1$	(A×B)$_2$	(A×B)$_3$
3	A	B	C		
4	A	B	C	D	
5	A	B	C	D	E

(4) L$_9$(3^4)

列号 试验号	1	2	3	4
1	1	1	1	1
2	1	2	2	2
3	1	3	3	3
4	2	1	2	3
5	2	2	3	1
6	2	3	1	2
7	3	1	3	2
8	3	2	1	3
9	3	3	2	1

注：任意二列间的交互作用为另外二列。

(5) $L_{12}(2^{11})$

列号 试验号	1	2	3	4	5	6	7	8	9	10	11
1	1	1	1	1	1	1	1	1	1	1	1
2	1	1	1	1	1	2	2	2	2	2	2
3	1	1	2	2	2	1	1	1	2	2	2
4	1	2	1	2	2	1	2	2	1	1	2
5	1	2	2	1	2	2	1	2	1	2	1
6	1	2	2	2	1	2	2	1	2	1	1
7	2	1	2	2	1	1	2	2	1	2	1
8	2	1	2	1	2	2	2	1	1	1	2
9	2	1	1	2	2	2	1	2	2	1	1
10	2	2	2	1	1	1	1	2	2	1	2
11	2	2	1	2	1	2	1	1	1	2	2
12	2	2	1	1	2	1	2	1	2	2	1

(6) $L_{16}(2^{15})$

列号 试验号	1	2	3	4	5	6	7	8	9	10	11	12	13	14	15
1	1	1	1	1	1	1	1	1	1	1	1	1	1	1	1
2	1	1	1	1	1	1	1	2	2	2	2	2	2	2	2
3	1	1	1	2	2	2	2	1	1	1	1	2	2	2	2
4	1	1	1	2	2	2	2	2	2	2	2	1	1	1	1
5	1	2	2	1	1	2	2	1	1	2	2	1	1	2	2
6	1	2	2	1	1	2	2	2	2	1	1	2	2	1	1
7	1	2	2	2	2	1	1	1	1	2	2	2	2	1	1
8	1	2	2	2	2	1	1	2	2	1	1	1	1	2	2
9	2	1	2	1	2	1	2	1	2	1	2	1	2	1	2
10	2	1	2	1	2	1	2	2	1	2	1	2	1	2	1
11	2	1	2	2	1	2	1	1	2	1	2	2	1	2	1
12	2	1	2	2	1	2	1	2	1	2	1	1	2	1	2
13	2	2	1	1	2	2	1	1	2	2	1	1	2	2	1
14	2	2	1	1	2	2	1	2	1	1	2	2	1	1	2
15	2	2	1	2	1	1	2	1	2	2	1	2	1	1	2
16	2	2	1	2	1	1	2	2	1	1	2	1	2	2	1

$L_{16}(2^{15})$ 二列间的交互作用

列号	1	2	3	4	5	6	7	8	9	10	11	12	13	14	15
(1)	(1)	3	2	5	4	7	6	9	8	11	10	13	12	15	14
(2)		(2)	1	6	7	4	5	10	11	8	9	14	15	12	13
(3)			(3)	7	6	5	4	11	10	9	8	15	14	13	12
(4)				(4)	1	2	3	12	13	14	15	8	9	10	11
(5)					(5)	3	2	13	12	15	14	9	8	11	10
(6)						(6)	1	14	15	12	13	10	11	8	9
(7)							(7)	15	14	13	12	11	10	9	8
(8)								(8)	1	2	3	4	5	6	7
(9)									(9)	3	2	5	4	7	6
(10)										(10)	1	6	7	4	5
(11)											(11)	7	6	5	4
(12)												(12)	1	2	3
(13)													(13)	3	2
(14)														(14)	1

附录二　常用均匀设计表

(1) U₅ (5⁴)

试验号 \ 列号	1	2	3	4
1	1	2	3	4
2	2	4	1	3
3	3	1	4	2
4	4	3	2	1
5	5	5	5	5

U₅ (5⁴) 表的使用

因素数	列 号			
2	1	2		
3	1	2	4	
4	1	2	3	4

(2) U₇ (7⁶)

试验号 \ 列号	1	2	3	4	5	6
1	1	2	3	4	5	6
2	2	4	6	1	3	5
3	3	6	2	5	1	4
4	4	1	5	2	6	3
5	5	3	1	6	4	2
6	6	5	4	3	2	1
7	7	7	7	7	7	7

U₇ (7⁶) 表的使用

因素数	列 号					
2	1	3				
3	1	2	3			
4	1	2	3	6		
5	1	2	3	4	6	
6	1	2	3	4	5	6

(3) U₉ (9⁶)

试验号 \ 列号	1	2	3	4	5	6
1	1	2	4	5	7	8
2	2	4	8	1	5	7
3	3	6	3	6	3	6
4	4	8	7	2	1	5
5	5	1	2	7	8	4
6	6	3	6	3	6	3
7	7	5	1	8	4	2
8	8	7	5	4	2	1
9	9	9	9	9	9	9

U₉ (9⁶) 表的使用

因素数	列 号					
2	1	3				
3	1	3	5			
4	1	2	3	5		
5	1	2	3	4	5	
6	1	2	3	4	5	6

(4) U₁₁ (11¹⁰)

试验号 \ 列号	1	2	3	4	5	6	7	8	9	10
1	1	2	3	4	5	6	7	8	9	10
2	2	4	6	8	10	1	3	5	7	9
3	3	6	9	1	4	7	10	2	5	8
4	4	8	1	5	9	2	6	10	3	7
5	5	10	4	9	3	8	2	7	1	6
6	6	1	7	2	8	3	9	4	10	5
7	7	3	10	6	2	9	5	1	8	4
8	8	5	2	10	7	4	1	9	6	3
9	9	7	5	3	1	10	8	6	4	2
10	10	9	8	7	6	5	4	3	2	1
11	11	11	11	11	11	11	11	11	11	11

U_{11} （11^{10}） 表的使用

因素数	列 号									
2	1	7								
3	1	5	7							
4	1	2	5	7						
5	1	2	3	5	7					
6	1	2	3	5	7	10				
7	1	2	3	4	5	7	10			
8	1	2	3	4	5	6	7	10		
9	1	2	3	4	5	6	7	9	10	
10	1	2	3	4	5	6	7	8	9	10

（5） U_{13} （13^{12}）

试验号 \ 列号	1	2	3	4	5	6	7	8	9	10	11	12
1	1	2	3	4	5	6	7	8	9	10	11	12
2	2	4	6	8	10	12	1	3	5	7	9	11
3	3	6	9	12	2	5	8	11	1	4	7	10
4	4	8	12	3	7	11	2	6	10	1	5	9
5	5	10	2	7	12	4	9	1	6	11	3	8
6	6	12	5	11	4	10	3	9	2	8	1	7
7	7	1	8	2	9	3	10	4	11	5	12	6
8	8	3	11	6	1	9	4	12	7	2	10	5
9	9	5	1	10	6	2	11	7	3	12	8	4
10	10	7	4	1	11	8	5	2	12	9	6	3
11	11	9	7	5	3	1	12	10	8	6	4	2
12	12	11	10	9	8	7	6	5	4	3	2	1
13	13	13	13	13	13	13	13	13	13	13	13	13

U_{13} （13^{12}） 表的使用

因素数	列 号										
2	1	5									
3	1	3	4								
4	1	6	8	10							
5	1	6	8	9	10						
6	1	2	6	8	9	10					
7	1	2	6	8	9	10	12				
8	1	2	6	7	8	9	10	12			
9	1	2	3	6	7	8	9	10	12		
10	1	2	3	5	6	7	8	9	10	12	
11	1	2	3	4	5	6	7	8	9	10	12
12	1	2	3	4	5	6	7	8	9	10	11	12

（6） U_{15}（15^8）

试验号 \ 列号	1	2	3	4	5	6	7	8
1	1	2	4	7	8	11	13	14
2	2	4	8	14	1	7	11	13
3	3	6	12	6	9	3	9	12
4	4	8	1	13	2	14	7	11
5	5	10	5	5	0	10	5	10
6	6	12	9	12	3	6	3	9
7	7	14	13	4	11	2	1	8
8	8	1	2	11	4	13	14	7
9	9	3	6	3	12	9	12	6
10	10	5	10	10	5	5	10	5
11	11	7	14	2	13	1	8	4
12	12	9	3	9	6	12	6	3
13	13	11	7	1	14	8	4	2
14	14	13	11	8	7	4	2	1
15	15	15	15	15	15	15	15	15

U_{15} （15^8）表的使用

因素数	列　号							
2	1	6						
3	1	3	4					
4	1	3	4	7				
5	1	2	3	4	7			
6	1	2	3	4	6	8		
7	1	2	3	4	6	7	8	
8	1	2	3	4	5	6	7	8

（7）U_{17} （17^{16}）

试验号 \ 列号	1	2	3	4	5	6	7	8	9	10	11	12	13	14	15	16
1	1	2	3	4	5	6	7	8	9	10	11	12	13	14	15	16
2	2	4	6	8	10	12	14	16	1	3	5	7	9	11	13	15
3	3	6	9	12	15	1	4	7	10	13	16	2	5	8	11	14
4	4	8	12	16	3	7	11	15	2	6	10	14	1	5	9	13
5	5	10	15	3	8	13	1	6	11	16	4	9	14	2	7	12
6	6	12	1	7	13	2	8	14	3	9	15	4	10	16	5	11
7	7	14	4	11	1	8	15	5	12	2	9	16	6	13	3	10
8	8	16	7	15	6	14	5	13	4	12	3	11	2	10	1	9
9	9	1	10	2	11	3	12	4	13	5	14	6	15	7	16	8
10	10	3	13	6	16	2	12	5	15	8	1	11	4	14	14	7
11	11	5	16	10	4	15	9	3	14	8	2	13	7	1	12	6
12	12	7	2	14	9	4	16	11	6	1	13	8	8	15	10	5
13	13	9	5	1	14	10	6	2	15	11	7	3	16	12	8	4
14	14	11	8	5	2	16	13	10	7	4	1	15	12	9	6	3
15	15	13	11	9	7	5	3	1	16	14	12	10	8	6	4	2
16	16	15	14	13	12	11	10	9	8	7	6	5	4	3	2	1
17	17	17	17	17	17	17	17	17	17	17	17	17	17	17	17	17

U_{17} （17^{16}）表的使用

因素数	列　号										
2	1	10									
3	1	10	15								
4	1	10	14	15							
5	1	4	10	14	15						
6	1	4	6	10	14	15					
7	1	4	6	9	10	14	15				
8	1	4	5	9	9	10	14	15			
9	1	4	5	7	9	10	10	15	16		
10	1	4	5	6	7	9	9	14	15	16	
11	1	2	4	5	6	7	7	10	14	15	16
12	1	2	3	4	5	6	7	9	13	14	15	16
13	1	2	3	4	5	6	7	9	11	13	14	15	16
14	1	2	3	4	5	6	7	9	10	11	13	14	15	16
15	1	2	3	4	5	6	7	9	9	10	11	13	14	15	16
16	1	2	3	4	5	6	7	9	9	10	11	12	13	14	15	16

附录三　铜-康铜热电偶分度表　　(参考端温度：0℃)

温度℃	0	1	2	3	4	5	6	7	8	9
	热电动势/mV									
0	0.000	0.039	0.078	0.117	0.156	0.195	0.234	0.273	0.312	0.351
10	0.391	0.430	0.470	0.510	0.549	0.589	0.629	0.669	0.709	0.749
20	0.789	0.830	0.870	0.911	0.951	0.992	1.032	1.073	1.114	1.155
30	1.196	1.237	1.279	1.320	1.361	1.403	1.444	1.786	1.528	1.569
40	1.611	1.653	1.695	1.738	1.780	1.822	1.865	1.907	1.950	1.992
50	2.035	2.078	2.121	2.164	2.207	2.250	2.294	2.337	2.380	2.424
60	2.467	2.511	2.555	2.599	2.643	2.687	2.731	2.775	2.819	2.864
70	2.908	2.953	2.997	3.042	3.087	3.131	3.176	3.221	3.266	3.312
80	3.357	3.402	3.447	3.493	3.538	3.584	3.630	3.676	3.721	3.767
90	3.813	3.859	3.906	3.952	3.998	4.044	4.091	4.137	4.148	4.231
100	4.277	4.324	4.371	4.418	4.465	4.512	4.559	4.607	4.651	4.701

附录四　我国高压气体钢瓶标记

序号	气体	钢瓶颜色	瓶上所标字样	瓶上所标字样颜色
1	H_2	深绿	氢	红
2	O_2	天蓝	氧	黑
3	N_2	黑	氮	黄
4	Ar	灰	氩	绿
5	Cl_2	草绿	氯	白黄
6	NH_3	黄	氨	黑
7	CO_2	黑	CO_2	黄
8	C_2H_2	白	C_2H_2	红
9	压缩气体瓶(冷气)	黑	冷气	白
10	氟里昂	银灰	氟里昂	黑
11	其他可燃气体	红	—	白
12	其他不可燃气体	黑	—	黄

附录五　水的蒸气压　　(0～100℃)

$T/℃$	mmHg	Pa	$T/℃$	mmHg	Pa	$T/℃$	mmHg	Pa	$T/℃$	mmHg	Pa
0	4.579	610.5									
1	4.926	656.7	6	7.013	935.0	11	9.844	1312.4	16	13.634	1817.7
2	5.294	705.8	7	7.513	1001.6	12	10.518	1402.3	17	14.530	1937.2
3	5.685	757.9	8	8.045	1072.6	13	11.231	1497.3	18	15.477	2063.4
4	6.101	813.4	9	8.609	1147.8	14	11.987	1598.1	19	16.477	2196.8
5	6.543	827.3	10	9.209	1227.8	15	12.788	1704.9	20	17.535	2337.8

续表

T/℃	mmHg	Pa	T/℃	mmHg	Pa	T/℃	mmHg	Pa	T/℃	mmHg	Pa
21	18.650	2486.5	41	58.34	7778.0	61	156.43	20856	81	369.7	49289
22	19.827	2643.4	42	61.50	8199.3	62	163.77	21834	82	384.9	51316
23	21.068	2808.8	43	64.80	8639.3	63	171.38	22849	83	400.6	53409
24	22.377	2983.4	44	68.26	9100.6	64	179.31	23906	84	416.8	55569
25	23.756	3167.2	45	71.88	9583.2	65	187.54	25003	85	433.6	57808
26	25.209	3360.9	46	75.65	10086	66	196.09	26143	86	450.9	60115
27	26.739	3564.9	47	79.60	10612	67	204.96	27326	87	468.7	62488
28	28.349	3779.6	48	83.71	11160	68	214.17	28554	88	487.1	64941
29	30.043	4005.4	49	88.02	11735	69	223.73	29828	89	506.1	67474
30	31.824	4242.8	50	92.51	12334	70	233.7	31157	90	525.96	70096
31	33.695	4492.3	51	97.20	12959	71	243.9	32517	91	546.05	72801
32	35.663	4754.7	52	102.09	13611	72	254.6	33944	92	566.99	75592
33	37.729	5030.1	53	107.20	14292	73	265.7	35424	93	588.60	78474
34	39.898	5319.3	54	112.51	15000	74	277.2	36957	94	610.90	81447
35	41.167	5489.5	55	118.04	15737	75	289.1	38544	95	633.90	84513
36	44.563	5941.2	56	123.80	16505	76	301.4	40183	96	657.62	87675
37	47.067	6275.1	57	129.82	17308	77	314.1	41876	97	682.07	90935
38	49.692	6625.0	58	136.08	18142	78	327.3	43636	98	707.27	94295
39	52.442	6991.7	59	142.60	19012	79	341.0	45463	99	733.24	97757
40	55.324	7375.9	60	149.38	19916	80	355.1	47343	100	760.00	101325

附录六　水在不同温度下的密度和黏度

温度 t/℃	0.0	0.1	0.2	0.3	0.4	0.5	0.6	0.7	0.8	0.9	黏度 μ/mPa·s
10	996.9	996.9	996.8	996.7	996.6	996.5	996.4	996.3	996.2	996.1	1.3077
11	996.0	995.9	995.8	995.7	995.6	995.5	995.4	995.3	995.2	995.0	1.2713
12	994.9	994.8	994.7	994.6	994.5	994.3	994.2	994.1	994.0	993.8	1.2363
13	993.7	993.6	993.5	993.3	993.2	993.1	992.9	992.8	992.7	992.5	1.2028
14	992.4	992.3	992.1	992.0	991.8	991.7	991.5	991.4	991.2	991.1	1.1709
15	990.9	990.8	990.6	990.5	990.3	990.2	990.0	989.9	989.7	989.5	1.1404
16	989.4	989.2	989.1	988.9	988.7	988.6	988.4	988.2	988.0	987.9	1.1111
17	987.7	987.5	987.4	987.2	987.0	986.8	986.6	986.5	986.3	986.1	1.0828
18	985.9	985.7	985.5	985.3	985.2	985.0	984.8	984.6	984.4	984.2	1.0559
19	984.0	983.8	983.6	983.4	983.2	983.0	982.3	982.6	982.4	982.2	1.0299
20	982.0	981.8	981.6	981.4	981.2	980.9	980.7	980.5	980.3	980.1	1.0050
21	979.9	979.7	979.4	979.2	979.0	978.8	978.6	978.3	978.1	977.9	0.9810
22	977.7	977.4	977.2	977.0	976.7	976.5	976.3	976.0	975.8	975.6	0.9579
23	975.3	975.1	974.9	974.6	974.4	974.1	973.9	973.7	973.4	973.2	0.9358
24	972.9	972.7	972.4	972.2	971.9	971.7	971.4	971.2	970.9	970.7	0.9142
25	970.4	970.1	969.9	969.6	969.4	969.1	968.8	968.6	968.3	968.1	0.8937
26	967.8	967.5	967.3	967.0	966.7	966.4	966.2	965.9	965.6	965.4	0.8737
27	965.1	964.8	964.5	964.3	964.0	963.7	963.3	963.1	962.9	962.6	0.8545
28	962.3	962.0	961.7	961.4	961.1	960.9	960.6	960.3	960.0	959.7	0.8360

温度 t /℃	0.0	0.1	0.2	0.3	0.4	0.5	0.6	0.7	0.8	0.9	黏度 μ/mPa·s
29	959.4	959.1	958.8	958.5	958.2	957.9	957.6	957.3	957.0	956.7	0.8180
30	956.4	956.1	955.8	955.5	955.2	954.9	954.6	954.3	954.0	953.7	0.8007
31	953.4	953.1	952.7	952.4	952.1	951.8	951.5	951.2	950.9	950.5	0.7840
32	950.2	949.9	949.6	949.3	948.9	948.6	948.3	948.0	947.6	947.3	0.7679
33	947.0	946.7	946.3	946.0	945.7	945.3	945.0	944.7	944.3	944.0	0.7523
34	943.7	943.3	943.0	942.7	942.3	942.0	941.6	941.3	941.0	940.6	0.7371
35	940.3	939.9	939.6	939.2	938.9	938.5	938.2	937.8	937.5	937.1	0.7225
36	936.8	936.4	936.1	935.7	935.4	935.0	934.7	934.3	934.0	933.6	0.7085
37	933.2	932.9	932.5	932.2	931.8	931.4	931.1	930.7	930.3	930	0.6947

附录七　干空气的物理性质

(p=101.325kPa)

温度 T/℃	密度 ρ/(kg·m^{-3})	比定压热容 c_p/(kJ·kg^{-1}·K^{-1})	热导率 $\lambda \times 10^2$/(W·m^{-1}·K^{-1})	黏度 $\mu \times 10^5$/(Pa·s)	普朗特数 Pr
0	1.293	1.009	2.442	1.72	0.707
10	1.247	1.009	2.512	1.77	0.705
20	1.205	1.013	2.593	1.81	0.703
30	1.165	1.013	2.675	1.86	0.701
40	1.128	1.013	2.756	1.91	0.699
50	1.093	1.017	2.826	1.96	0.698
60	1.060	1.017	2.896	2.01	0.696
70	1.029	1.017	2.966	2.06	0.694
80	1.000	1.022	3.047	2.11	0.692
90	0.972	1.022	3.128	2.15	0.690
100	0.946	1.022	3.210	2.19	0.688
200	0.746	1.034	3.931	2.60	0.680

附录八　乙醇、正丙醇有关计算参数

(1) 乙醇、正丙醇气化热和定压比热容

温度	乙醇		正丙醇	
	气化热 /(kJ·kg^{-1})	定压比热容 /(kJ·kg^{-1}·K^{-1})	气化热 /(kJ·kg^{-1})	定压比热容 /(kJ·kg^{-1}·K^{-1})
0	985.29	2.23	839.88	2.21
10	969.66	2.30	827.62	2.28
20	953.21	2.38	814.80	2.35
30	936.03	2.46	801.42	2.43
40	918.12	2.55	787.42	2.49
50	899.31	2.65	772.86	2.59
60	879.77	2.76	757.60	2.69
70	859.32	2.88	741.78	2.79
80	838.05	3.01	725.34	2.89
90	815.79	3.14	708.20	2.92
100	792.52	3.29	690.30	2.96

（2）乙醇-正丙醇折射率与液相组成之间的关系

折射率温度质量分数	n_D		
	25℃	30℃	35℃
0	1.3827	1.3809	1.3790
0.05052	1.3815	1.3796	1.3775
0.09985	1.3797	1.3784	1.3762
0.1974	1.3770	1.3759	1.3740
0.2950	1.3750	1.3755	1.3719
0.3977	1.3730	1.3712	1.3692
0.4970	1.3705	1.3690	1.3670
0.5990	1.3680	1.3668	1.3650
0.6445	1.3607	1.3657	1.3634
0.7101	1.3658	1.3640	1.3620
0.7983	1.3640	1.3620	1.3600
0.8442	1.3628	1.3607	1.3590
0.9064	1.3618	1.3593	1.3573
0.9509	1.3606	1.3584	1.3653
1.000	1.3589	1.3574	1.3551

$$25℃ \quad x(w) = 56.63359 - 40.86484 n_D$$
$$30℃ \quad x(w) = 58.84412 - 42.61325 n_D$$
$$40℃ \quad x(w) = 59.06124 - 42.77679 n_D$$

式中　$x(w)$——乙醇的质量分数；

n_D——折射率。

附录九　部分液体的折射率（25℃）

钠光 $\lambda = 589.3$nm

名　称	n_D	名　称	n_D
甲醇	1.326	氯仿	1.444
水	1.33252	四氯化碳	1.459
乙醚	1.352	乙苯	1.493
丙酮	1.357	甲苯	1.494
乙醇	1.359	苯	1.498
醋酸	1.370	苯乙烯	1.545
乙酸乙酯	1.370	溴苯	1.557
正己烷	1.372	苯胺	1.583
丁醇-1	1.397	溴仿	1.587

附录十　阿贝折光仪

阿贝折光仪（也称阿贝折射仪）是在教学和科研工作中常见的、根据光的全反射原理设计的光学仪器。它可以直接用来测定液体的折射率，定量地分析溶液的组成，确定液体的纯度和浓度，判断物质的品质等。

1. 阿贝折光仪的结构

图 1 是一种典型的阿贝折光仪的结构示意图（辅助棱镜 6 呈开启状态）。该仪器由望远系统和读数系统两部分组成，分别由测量镜筒 1 和读数镜筒 12 进行观察，属于双镜筒折光仪。在测量系统中，主要部件是两块直角棱镜，上面一块表面光滑，为折光棱镜 4，下面一块是磨砂面的，为辅助棱镜 6（进光棱镜）。两块棱镜可以自由启闭。当两棱镜平面叠合时，两镜之间有一细缝，即加液槽 7，将待测溶液注入细缝中，便形成一薄层液。当光由反光镜 9 入射而透过表面粗糙的棱镜时，光在此毛玻璃面产生漫射，以不同的入射角进入液体层，然后，到达表面光滑的棱镜，光线在液体与棱镜界面上则发生折射。

转动圆盘组（内有刻度板）10 上的转轴旋钮，调节棱镜组的角度，视野内明暗分界线通过正好落在测量镜筒视野的"×"型线的交点上，表示光线从棱镜入射角达到了临界角。由于刻度盘与棱镜组的转轴 11 是同轴的，因此，与试样折光率相

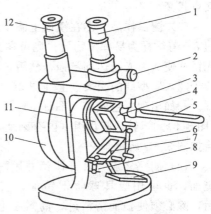

图 1　典型的阿贝折光仪结构示意图
1—测量镜筒；2—消色散旋钮；3—恒温水入口；
4—折光棱镜；5—温度计；6—辅助棱镜；
7—加液槽；8—旋转锁钮；9—反光镜；
10—圆盘组；11—转轴；12—读数镜筒

对应的临界角位置能通过刻度盘反映出来。刻度盘上的示值有两行，右边一行为折射率；左边一行为工业上用来测量固体物质在水中浓度的标准，如蔗糖的浓度（0～95%）。

阿贝折光仪光源采用的日光通过棱镜时，由于其不同波长的光的折射率不同，因而产生色散，使临界线模糊。为此在测量镜筒下面设计了一套消色散棱镜，旋转消色散旋钮 2，以消除色散现象。

另一类折光仪是将望远系统与读数系统合并在同一个镜筒之内，通过同一目镜进行观察，属于单镜筒折光仪。其结构如图 2 所示，工作原理与上述折光仪类相似。

2. 阿贝折光仪的使用

（1）准备工作　将折光仪与恒温水浴连接，调节所需要的温度，同时检查保温套的温度计是否准确。将棱镜 4 和 6 打开（如图 1 所示），让磨砂的斜面处于水平位置，用滴定管加少量丙酮清洗镜面，促使难挥发的玷污

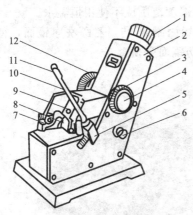

图 2　单镜筒阿贝折光仪结构示意图
1—目镜；2—盖板；3—折射棱镜座；
4—棱镜锁紧手轮；5—温度计座；
6—照明刻度盘聚光镜；7—转轴折光棱镜；
8—反射镜；9—遮光板；10—进光棱镜；
11—温度计；12—色散调节手轮

物逸走。注意用滴定管时勿使管尖碰着镜面，必要时可用擦镜纸轻轻吸干镜面。

（2）仪器校准　使用之前应用已知折射率的重蒸馏水（$n_D^{20}=1.3325$），亦可用每台折光仪中附有已知折射率的"玻块"来校正。如果使用标准折光玻璃块来校正，先拉开下面棱

镜，用一滴1-溴代萘把标准玻璃块贴在折光棱镜4下，转动圆盘组（内有刻度板）10上的转轴旋钮，调节棱镜组的角度，视野内明暗分界线落在测量镜筒视野的"×"型线上，为使读数镜筒内的刻度值等于标准玻璃块上标注的折光率，可用附件方孔调节扳手转动示值调节螺钉（该螺钉处于测量镜筒中部），使明暗界线刚好和"×"型线交点相交（图3）；如果使用重蒸馏水作为标准液，只要把水滴在下面棱镜的毛玻璃面上，并合上两棱镜，旋转棱镜转轴旋钮，使读数镜内刻度值等于水的折射率，然后同上方法操作，使明暗界线和"×"型线交点相交。

（3）测试样品　①在镜面上滴少量待测液体，并使其铺满整个镜面，关上棱镜，锁紧锁钮8。若试样为易挥发物质，则可在两棱镜接近闭合时从加液槽7将待测液加入。②调节反光镜9使入射光线达到最强，然后，转动棱镜使测量镜筒1（目镜）出现半明半暗，分界线位于"×"型线的交叉点上［图3(c)］，这时从读数镜筒12即可在标尺上读出液体的折射率。③如出现彩色光带［图3(a)］，调节消色散旋钮2，使彩色光带消失，阴暗界面清晰［图3(b)］，转动圆盘组（内有刻度板）10上的转轴旋钮，调节棱镜组的角度，使明暗界面恰如图3(c)所示。

（4）测完之后，打开棱镜并用丙酮洗净镜面，也可用吸耳球吹干镜面，实验结束后，除必须使镜面清洁外，尚需夹上两层擦镜纸才能扭紧两棱镜的闭合螺丝，以防镜面受损。

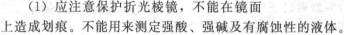

(a)　　　　　　(b)　　　　　　(c)

图3　测量镜筒中看到的图像变化示意图

3. 注意事项

（1）应注意保护折光棱镜，不能在镜面上造成划痕。不能用来测定强酸、强碱及有腐蚀性的液体。

（2）测量时应注意恒温温度是否控制正确。如欲测准至±0.0001℃，则温度变化应控制在±0.1℃的范围内。若测量精度不要求很高，则可以放宽温度范围或不使用恒温水。

（3）每次使用前和使用后，都应洗净镜面；清洁时应用丙酮或95%乙醇洗净镜面，待晾干后再夹上两层擦镜纸才能扭紧两棱镜的旋转锁钮，以防镜面受损。

（4）仪器在使用或贮藏时均不得暴露在日光下。不用时应将仪器金属夹套内的水倒干净，管口封起来后放入木箱之内，存放在干燥的地方。

目前，为了能快速、稳定、精确地测量透明、半透明液体的折射率 n_D，广泛采用具有友好的全彩色操作界面、自动测量、重复性好、有温度修正功能，并且体积小巧、具有数据存储和打印功能的自动阿贝折射仪，见图4。

如WYA-Z型自动阿贝折光仪的主要技术参数：折射率 n_D 测量范围：1.30000～1.70000；测量示值误差：±0.0002；测量分辨率：0.00001；温度显示范围：0～50℃。

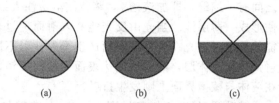
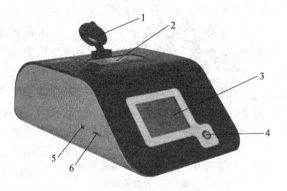

图4　自动阿贝折光仪
1—盖子；2—样品测试槽；3—触摸屏；
4—电源开关；5—USB接口；6—SD卡接口

自动阿贝折光仪是一种精密的光学仪器，测试时对样品测试槽及棱镜表面清洁度要求比较高，温度对液体折射率的影响比较大，故使用时应注意以下几点：

（1）每次使用前要仔细清洁样品测试槽，确保测试槽内没有任何其他液体；

（2）在设定温度时，应减小环境温度与设定温度之间的差距，以便加快控温的稳定速度和稳定性；

（3）测试时，应将滴入测试槽内的液体放置一定的时间，使液体的温度与设定的温度达到一致时再进行测量。

附录十一 DDS-11A 型电导率仪

DDS-11A 型电导率仪是实验室用电导率测量仪器，它广泛应用于石油化工、生物医药、污水处理、环境监测、矿山冶炼等行业及大专院校和科研单位。若配用适当常数的电导电极，除了能够测量一般液体的电导率外，还可用于测量纯水或超纯水的电导率。仪器有 0～10mV 信号输出，可接长图自动平衡记录仪进行连续记录。

1. 工作原理

在电解质溶液中，带电的离子在电场影响下产生移动而传递电子，因此，具有导电性。因为电导是电阻的倒数，因此，测量溶液的电导，可以用两个电极插入溶液中，测出两极间的电阻 R。根据欧姆定理，温度一定时，其电阻值 R 与两极的间距 L 成正比，与电极的截面积 A 成反比，即 R 正比于 L/A。为保持两电极间的距离和位置不变，电导电极的两个测量电极板平等地固定在一个玻璃罩内，这样电极的有效截面积 A 及其间距 L 均为定值。

因为电导 $S=1/R$，所以 S 正比于 A/L。写成等式：

$$S=\kappa \left(\frac{A}{L}\right)$$

即

$$\kappa=S \left(\frac{L}{A}\right)$$

式中　A/L——电极常数；

　　　　κ——电导率。

对于溶液来说，电导率 κ 表示相距 1cm，截面积 $1cm^2$ 的两个平行电极之间溶液的电导，单位是 $S \cdot cm^{-1}$（西/厘米）。由于单位太大，故采用其 10^{-6} 或 10^{-3} 作为单位，即 $\mu S \cdot cm^{-1}$ 或 $mS \cdot cm^{-1}$。

电导率仪的工作原理如图 5 所示。

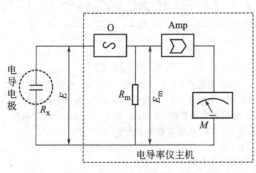

图 5　测量仪器电路原理图

把振荡器产生的一个交流电压源 E，送到电导池 R_x 与量程电阻（分压电阻）R_m 的串联回路里，电导池里的溶液电导愈大，R_x 愈小，R_m 获得的电压 E_m 也就越大。将 E_m 送至交流放大器（amplifier）放大，再经过信号整流，以获得推动表头的直流信号输出，故可从表头直读电导率。由图 5 可知：

$$\frac{E_m}{R_m}=\frac{E}{R_m+R_x} \Rightarrow E_m=\frac{ER_m}{R_m+\dfrac{L}{A\kappa}}$$

式中，R_x 为液体电阻；R_m 为分压电阻。

由上式可知，当 E、R_m、A、L 均为常数时，电导率 κ 的变化必将引起 E_m 作相应的变化，所以通过测试 E_m 的大小也就测得液体电导率的数值。

2. 测量范围

(1) 测量范围　$0 \sim 10^5 \mu S \cdot cm^{-1}$，分 12 个量程。

(2) 配套电极　DJS-1 型光亮电极、DJS-1 型铂黑电极和 DJS-10 型铂黑电极。光亮电极用于测量较小的电导率（$0 \sim 10 \mu S \cdot cm^{-1}$），而铂黑电极用于测量较大的电导率（$10 \sim 10^5 \mu S \cdot cm^{-1}$）。通常用铂黑电极，因为它的表面比较大，这样降低了电流密度，减少或消除极化，但在测量低电导率溶液时，铂黑对电解质有强烈的吸附作用，出现不稳定的现象，这时宜用光亮铂电极。具体选择时可参照下表。

电导率、测量频率与配套电极

量程	电导率/$(\mu S \cdot cm^{-1})$	测量频率	配套电极
1	$0 \sim 0.1$	低周	DJS-1 型光亮电极
2	$0 \sim 0.3$	低周	DJS-1 型光亮电极
3	$0 \sim 1$	低周	DJS-1 型光亮电极
4	$0 \sim 3$	低周	DJS-1 型光亮电极
5	$0 \sim 10$	低周	DJS-1 型光亮电极
6	$0 \sim 30$	低周	DJS-1 型铂黑电极
7	$0 \sim 10^2$	低周	DJS-1 型铂黑电极
8	$0 \sim 3 \times 10^2$	低周	DJS-1 型铂黑电极
9	$0 \sim 10^3$	高周	DJS-1 型铂黑电极
10	$0 \sim 3 \times 10^3$	高周	DJS-1 型铂黑电极
11	$0 \sim 10^4$	高周	DJS-1 型铂黑电极
12	$0 \sim 10^5$	高周	DJS-10 型铂黑电极

3. 仪器结构

DDS-11A 型电导率仪的仪器面板如图 6 所示。

4. 使用方法

(1) 未开电源开关前，应先检验电表指针是否指零。若不指零，则可调节表头上的校正螺丝 11 使之指零。

(2) 将校正、测量开关 4 拨到"校正"位置。

(3) 接通电源，打开电源开关 1 预热 5～10min，调节校正调节旋钮 5，使表针在满刻度上。

(4) 将高、低周开关 3 拨到所在位置。测量电导率低于 $300 \mu S \cdot cm^{-1}$ 的溶液，用高周；测量电导率高于 $300 \mu S \cdot cm^{-1}$ 的溶液，用低周。

(5) 将量程选择开关拨到所需的范围内。如预先不知待测溶液电导率大小，防表针打

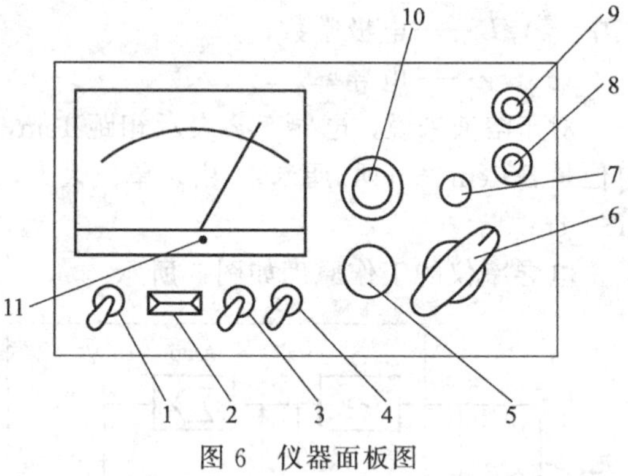

图 6　仪器面板图

1—电源开关；2—指示灯；3—高、低周开关；
4—校正、测量开关；5—校正调节旋钮；6—量程选择开关；
7—电容补偿调节器；8—电极插口；9—10mV 输出插口；
10—电极常数调节旋钮；11—校正螺丝

弯，可先将量程选择开关 6 拨到最大量程挡，然后逐挡下调。

(6) 将电极常数调节旋钮 10 调到所用电导电极标注的常数值的相应位置。

(7) 将电极夹夹紧电导电极的胶木帽，电极插头插入电极插口 8，上紧螺丝，用少量待测溶液冲洗电极 2～3 次。将电极插入待测溶液时，电极上的铂片应全部浸入待测溶液中。当待测溶液的电导率低于 $10 \mu S \cdot cm^{-1}$ 时，使用 DJS-1 型铂光亮电极；当待测溶液的电导率在 $10 \sim 10^4 \mu S \cdot cm^{-1}$ 范围时，使用 DJS-1 型铂黑电极。

（8）再次调节校正调节旋钮 5，使指针满刻度，将校正、测量开关 4 拨到"测量"位置，读得表针的指示值，再乘以量程选择开关 6 所指示的倍数，即得待测溶液的电导率。

测量过程中要随时检查指针是否在满刻度上。如有变动，立即调节校正调节旋钮 5，使指针指在满刻度位置。量程选择开关用 1、3、5、7、9 挡时，读表头黑色刻度；量程选择开关用 2、4、6、8、10 挡时，读表头红色刻度。

（9）测量完毕，速将校正、测量开关 4 扳回到"校正"位置。关闭电源开关 1，将电极用蒸馏水冲洗数次后，放入专备的盒内。

参 考 文 献

[1] 陈敏恒等编. 化工原理. 第四版. 北京：化学工业出版社，2015.
[2] 谭天恩等编. 化工原理. 第四版. 北京：化学工业出版社，2013.
[3] 李德华编著. 化学工程基础. 第三版. 北京：化学工业出版社，2017.
[4] 王志魁等编. 化工原理. 第四版. 北京：化学工业出版社，2010.
[5] 朱炳辰主编. 化学反应工程. 第五版. 北京：化学工业出版社，2012.
[6] 张金利等主编. 化工原理实验. 第二版. 天津：天津大学出版社，2016.
[7] 大连理工大学化工原理教研室组编. 化工原理实验. 第三版. 大连：大连理工大学出版社，2008.
[8] 化工原理仿真实验操作手册-天大版，北京：北京东方仿真软件技术有限公司，2007.
[9] 吴嘉主编. 化工原理仿真实验. 北京：化学工业出版社，2001.
[10] 陈寅生主编. 化工原理实验及仿真（第二版）. 上海：东华大学出版社，2008.